高等职业教育系列教材

UG NX 12.0 三维建模与自动编程项目教程

主　编　程　越　黄浙剑
副主编　吴晓庆　肖国华　孙高峰
　　　　左桂兰　原俊卿
参　编　陈　华　韩　杰　吴　斌
　　　　温　咏　金海斌　董　军

机械工业出版社

本书以4个项目、15个任务为载体，介绍UG NX 12.0软件CAD/CAM各模块的功能，内容由浅入深、循序渐进，采取项目引领的方式，引导学习者自主训练，最终实现能够独立进行产品建模、造型设计、型腔铣削加工和曲面加工。同时，在本书实例任务训练中，培养学习者的分析能力和探究能力，耐心细致的学习态度，精益求精的工匠精神，以及解决实际问题的能力。

本书可作为高等职业院校装备制造大类专业和职业院校中高职一体化相关专业教材，也可作为培训教材和工程技术人员的参考用书。

本书配有微课视频，可扫描书中二维码直接观看，还配有电子课件、素材文件等，需要的教师可登录机械工业出版社教育服务网（www.cmpedu.com）免费注册后下载，或联系编辑索取（微信：13261377872，电话：010-88379739）。

图书在版编目（CIP）数据

UG NX 12.0三维建模与自动编程项目教程 / 程越，黄浙剑主编. -- 北京 : 机械工业出版社，2025.7. （高等职业教育系列教材）. -- ISBN 978-7-111-78365-7

Ⅰ. TP391.72

中国国家版本馆CIP数据核字第2025XK5281号

机械工业出版社（北京市百万庄大街22号　邮政编码100037）
策划编辑：曹帅鹏　　　　　　　　责任编辑：曹帅鹏
责任校对：邓冰蓉　王小童　景　飞　责任印制：单爱军
北京华宇信诺印刷有限公司印刷
2025年7月第1版第1次印刷
184mm×260mm·11.5印张·288千字
标准书号：ISBN 978-7-111-78365-7
定价：49.00元

电话服务　　　　　　　　　网络服务
客服电话：010-88361066　　机　工　官　网：www.cmpbook.com
　　　　　010-88379833　　机　工　官　博：weibo.com/cmp1952
　　　　　010-68326294　　金　书　网：www.golden-book.com
封底无防伪标均为盗版　　机工教育服务网：www.cmpedu.com

Preface
前　言

  UG NX 是一款集成化的计算机辅助设计与制造软件。UG NX 12.0 的特色功能有：强大的三维建模工具，用于创建复杂的零部件和装配体结构；计算机辅助制造（CAM）功能，用于生成机床控制代码，支持各种数控加工操作，如铣削、车削和电火花加工等；计算机辅助工程（CAE）工具，用于有限元分析（FEA）、流体动力学分析、热分析等，以评估设计的性能；通过装配设计功能，用户可以创建和管理复杂的装配体结构，进行碰撞检测和运动模拟；高质量的渲染和可视化工具，用于创建逼真的渲染图像和动画以展示设计概念；工程图和详细设计文档创建功能，包括尺寸标注、注释和剖面视图的创建；模型管理功能，用于跟踪和管理设计中使用的零部件和装配体结构；支持自定义和自动化的工作流程，以提高设计效率；支持多轴加工，包括 4 轴加工和 5 轴加工，用于加工复杂的几何形状。

  本书以 UG NX 12.0 中文版为操作平台，内容涵盖草图绘制、实体建模、曲面设计、机械装配、数控加工等多个模块。在当今制造业面临转型升级，零部件复杂程度越来越高，要求配合加工精度越来越高的背景下，大型集成化的软件在缩短从产品设计、制造到装配的过程中更具有整体优势。

  本书具体内容安排如下：

  项目 1 实体建模的前 6 个任务主要介绍平面草图绘制和三维实体建模。精选机械手底座、肥皂盒、五角星板、灯罩、弯管和篮球 6 个产品，指导学习者借助 UG 软件完成各类产品的三维建模。其中，平面草图的绘制，主要内容涉及草图平面的选择、草图轮廓的绘制、草图编辑、尺寸标注和修改。在三维实体建模中，运用拉伸、旋转和扫掠等基本命令，结合镜像几何体等编辑命令提升建模效率。

  项目 1 实体建模的任务 1.7 和 1.8 侧重于曲面建模，利用鼠标和玩具飞机两个模型，主要介绍三维曲线设计和三维曲面建模。内容涉及投影曲线、相交曲线、通过曲线网格曲面、扫掠曲面、修剪体、变半径倒圆角和制作拐角等命令。同时，为得到更好的视觉效果，增加了模型着色和渲染功能的介绍。

  项目 2 装配建模主讲机械设计和装配，主要介绍"自底向上"和"自顶向下"两种主要装配方法，以滑动式轴承座和工业机器人手臂为例，在装配环境下，通过添加各零件的约束、新建组件和加载 WAVE 几何链接器等形式，装配各个零件，实现不同的功能。同时，还介绍了装配爆炸图创建和装配动画制作等操作。

  项目 3 平面类产品的加工主要介绍三轴加工技术的应用，应用数控加工应用模块功能，自动生成数控铣削轨迹。精选了迷宫模型、胸章模型、象棋模型 3 个案例，主要介绍深度轮廓铣、剩余铣、底壁铣和型腔铣等常用的铣削策略，让学习者学会选择合适的加工刀具、设置合理的参数以及拟定优化后的加工方案。

  项目 4 曲面类产品的加工主要介绍曲面精加工。在用型腔铣策略完成粗加工的基础上，应用区域轮廓铣、清根参考刀具等常用的曲面精加工策略，完成曲面精加工自动编程。

  本书由教学经验丰富、熟知职业教育规律的一线教师编写，内容编排符合技术技能型人才培养规律，具有鲜明的职教特色。本书由浙江工商职业技术学院程越和宁波第二技师学院黄浙剑担任主编，宁波第二技师学院吴晓庆、孙高峰、原俊卿和浙江工商职业技术学院肖国华、左桂兰担任副主编，参与本书编写的人员还有宁波第二技师学院陈华、吴斌、温咏、金海斌，宁波技师学院韩杰和宁波米博机电科技有限公司董军。在编写本书过程中，编者参考了大量书籍，在此向相关作者表示由衷的谢意。

  虽然编者有丰富的教学经验，且在编写本书过程中本着认真负责的态度，力求做到精益求精，但鉴于时间仓促，书中难免有疏漏之处，欢迎广大读者批评指正。

编　者

目　录　Contents

前言

项目1　实体建模 1

任务1.1　机械手底座的设计 1
  1.1.1　任务目标 2
  1.1.2　任务分析 2
  1.1.3　任务实施 2
  1.1.4　任务注释——草图绘制 7
  1.1.5　任务注释——基准创建 8
  1.1.6　任务注释——拉伸 8
  1.1.7　任务拓展 9

任务1.2　肥皂盒的设计 9
  1.2.1　任务目标 9
  1.2.2　任务分析 10
  1.2.3　任务实施 11
  1.2.4　任务注释——孔特征 14
  1.2.5　任务注释——阵列特征 14
  1.2.6　任务注释——边倒圆 15
  1.2.7　任务注释——抽壳 15
  1.2.8　任务拓展 16

任务1.3　五角星板的设计 16
  1.3.1　任务目标 16
  1.3.2　任务分析 17
  1.3.3　任务实施 17
  1.3.4　任务注释——三维曲线 23
  1.3.5　任务注释——有界平面 24
  1.3.6　任务注释——圆形阵列 25
  1.3.7　任务注释——缝合 26
  1.3.8　任务拓展 27

任务1.4　灯罩的设计 27
  1.4.1　任务目标 27
  1.4.2　任务分析 28
  1.4.3　任务实施 29
  1.4.4　任务注释——通过曲线组 ... 34
  1.4.5　任务拓展 34

任务1.5　弯管的设计 35
  1.5.1　任务目标 35
  1.5.2　任务分析 36
  1.5.3　任务实施 36
  1.5.4　任务注释——沿引导线扫掠 . 40
  1.5.5　任务注释——倒斜角 41
  1.5.6　任务注释——螺纹特征 42
  1.5.7　任务拓展 42

任务1.6　篮球的设计 43
  1.6.1　任务目标 43
  1.6.2　任务分析 43
  1.6.3　任务实施 45
  1.6.4　任务注释——旋转 50
  1.6.5　任务注释——投影曲线 51
  1.6.6　任务注释——相交曲线 51
  1.6.7　任务拓展 52

任务1.7　鼠标的设计 52
  1.7.1　任务目标 52
  1.7.2　任务分析 53
  1.7.3　任务实施 54
  1.7.4　任务注释——修剪体 58
  1.7.5　任务注释——变半径倒圆角 . 59

1.7.6 任务注释——渲染及着色 ………………… 59	1.8.3 任务实施 …………………… 62
1.7.7 任务拓展 …………………… 60	1.8.4 任务注释——通过曲线网格 …………………… 71
任务 1.8 玩具飞机的设计 ………… 60	1.8.5 任务注释——延伸曲面 … 72
1.8.1 任务目标 …………………… 61	1.8.6 任务注释——制作拐角 … 73
1.8.2 任务分析 …………………… 61	1.8.7 任务注释——修剪片体 … 73
	1.8.8 任务拓展 …………………… 74

项目 2 / 装配建模 …………………………………………………………… 75

任务 2.1 滑动式轴承座的设计及装配 ………………… 75	2.1.8 任务注释——装配动画 … 102
	2.1.9 任务拓展 …………………… 102
2.1.1 任务目标 …………………… 75	**任务 2.2 工业机器人手臂的设计及装配** ………………… 104
2.1.2 任务分析 …………………… 76	
2.1.3 任务实施 …………………… 77	2.2.1 任务目标 …………………… 104
2.1.4 任务注释——自底向上 … 100	2.2.2 任务分析 …………………… 104
2.1.5 任务注释——添加组件 … 100	2.2.3 任务实施 …………………… 105
2.1.6 任务注释——装配约束 … 100	2.2.4 任务注释——自顶向下 … 117
2.1.7 任务注释——爆炸图 …… 101	2.2.5 任务拓展 …………………… 119

项目 3 / 平面类产品的加工 …………………………………………………… 120

任务 3.1 迷宫模型的设计及加工 ………………… 120	**任务 3.2 胸章模型的设计及加工** ………………… 140
3.1.1 任务目标 …………………… 120	3.2.1 任务目标 …………………… 141
3.1.2 任务分析 …………………… 121	3.2.2 任务分析 …………………… 141
3.1.3 任务实施 …………………… 121	3.2.3 任务实施 …………………… 142
3.1.4 任务注释——刀具创建 …………………… 138	3.2.4 任务注释——深度轮廓铣策略 …………………… 149
3.1.5 任务注释——创建几何体 …………………… 139	3.2.5 任务注释——剩余铣策略 …………………… 149
3.1.6 任务注释——创建工序 … 139	3.2.6 任务拓展 …………………… 149
3.1.7 任务注释——创建程序 … 139	**任务 3.3 象棋模型的设计及加工** ………………… 150
3.1.8 任务注释——平面铣策略 …………………… 140	
3.1.9 任务注释——轮廓铣策略 …………………… 140	3.3.1 任务目标 …………………… 150
	3.3.2 任务分析 …………………… 151
3.1.10 任务拓展 ………………… 140	3.3.3 任务实施 …………………… 152

3.3.4 任务注释——底壁铣
策略 …………………… 158
3.3.5 任务注释——型腔铣
策略 …………………… 159
3.3.6 任务拓展 …………………… 159

项目 4 曲面类产品的加工 …………………… 160

任务 4.1 鼠标外壳模型的加工 …… 160
4.1.1 任务目标 …………………… 160
4.1.2 任务分析 …………………… 160
4.1.3 任务实施 …………………… 161
4.1.4 任务注释——曲面铣
策略 …………………… 166
4.1.5 任务注释——区域轮廓铣
策略 …………………… 167
4.1.6 任务拓展 …………………… 167

任务 4.2 玩具飞机模型的加工 …… 168
4.2.1 任务目标 …………………… 168
4.2.2 任务分析 …………………… 168
4.2.3 任务实施 …………………… 168
4.2.4 任务注释——清根参考
刀具策略 …………………… 174
4.2.5 任务拓展 …………………… 174

参考文献 …………………… 176

项目 1　　实体建模

UG NX 是 SIEMENS PLM SOFTWEAR 公司开发的一款大型 CAD/CAM/CAE 软件，广泛应用于航空航天、汽车工业、机械设计制造和模具工业等领域。该款软件的三维建模功能十分强大，主要包括草图绘制、三维曲线绘制、三维实体建模、曲面建模和特征编辑的相关命令。为帮助大家更好地理解和掌握这些模块内容，本项目遴选了机械手底座、灯罩、玩具飞机等 8 个产品，希望大家勤加练习，逐步完成各项任务。

任务 1.1　机械手底座的设计

草图是绘制在任何平面上的二维图形，一般作为三维实体模型的基础。NX 草图可以实现线条绘制和线条约束功能。拉伸特征是 NX 的基础建模特征，可以完成片体拉伸和实体拉伸。NX 基准特征可以完成基准轴、基准面、基准点等基准特征的创建。本任务主要介绍三维实体建模的草图绘制相关命令、拉伸特征的基本操作以及基准特征的创建。

请根据机械手底座图样要求，如图 1-1-1 所示，完成机械手底座三维零件的设计。

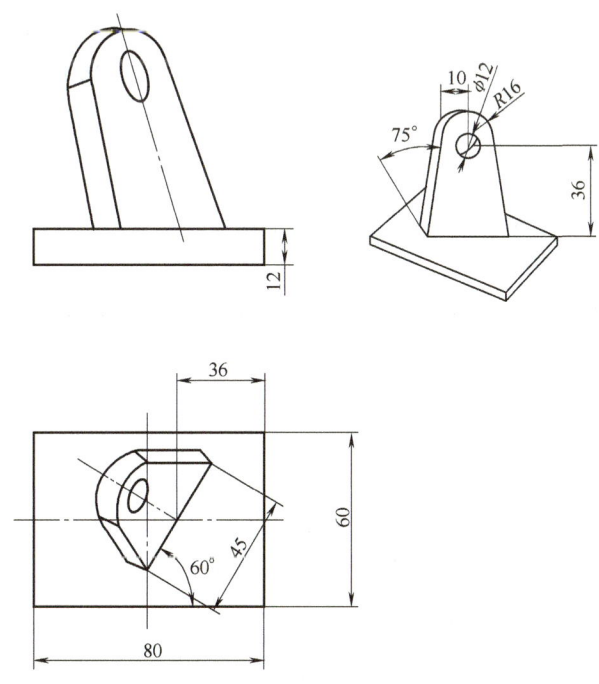

图 1-1-1　机械手底座产品图

1.1.1 任务目标

1. 知识目标

1）理解草图的含义。
2）了解拉伸操作的功能和步骤。
3）掌握基准特征创建方法。

2. 技能目标

1）熟练运用草图功能进行线条约束，完成草图绘制。
2）学会运用拉伸特征进行拉伸操作，并会进行参数化编辑。
3）能够分析几何关系，掌握创建基准平面和基准轴的方法。

3. 素养目标

1）培养耐心细致的学习态度，树立精益求精的工匠精神。
2）动手动脑，学会举一反三，培养分析能力和探究能力。
3）加强融会贯通多种知识、解决实际问题的能力。

1.1.2 任务分析

根据图样分析可知，机械手底座主要由两块板组成，倾斜板的建立需要创建基准平面，绘制草图，进行拉伸，如图 1-1-2 所示。

知识要点：

（1）基准特征是零件建模的参考特征，它的主要用途是为实体造型提供参考，也可以作为绘制草图时的参考面。

（2）草图是与实体模型相关联的二维图形，一般作为三维实体模型的基础。

（3）拉伸可以将实体边缘、二维曲线或草图沿指定矢量扫描，构成实体或片体。

图 1-1-2　机械手底座产品建模

1.1.3 任务实施

根据任务分析以及知识要点的学习，机械手底座建模的操作步骤如下。

1. 新建文件

选择菜单中的【文件】→【新建】命令，或选择 图标，系统弹出【新建】对话框。在【模型】→【模板】栏中选择"建模"，在【单位】下拉列表框中选择"毫米"，在【名称】文本框中输入"机械手底座.prt"，如图 1-1-3 所示，单击【确定】按钮。

1-1　机械手底座的设计

2. 创建长方体

选择菜单中的【插入】→【设计特征】→【长方体】命令，系统弹出【长方体】对话框。在对话框【尺寸】栏的【长度】、【宽度】、【高度】中输入参数"80""60""12"，如图 1-1-4 所示，单击【确定】按钮。绘制的长方体如图 1-1-5 所示。

3. 创建基准平面 1

选择菜单中的【插入】→【基准】→【基准平面】命令，系统弹出【基准平面】对话框，如图 1-1-6 所示。选取长方体的前后表面，系统自动创建基准平面 1，如图 1-1-7 所示。

项目 1 实体建模

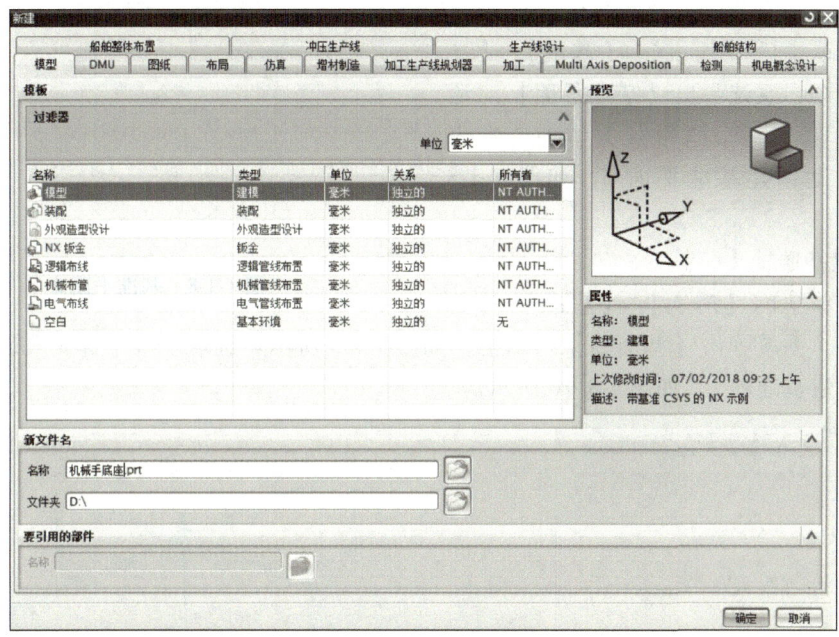

图 1-1-3 新建文件

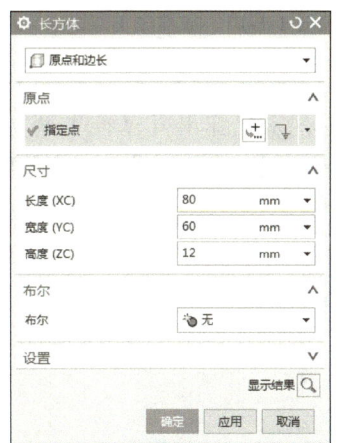

图 1-1-4 创建长方体

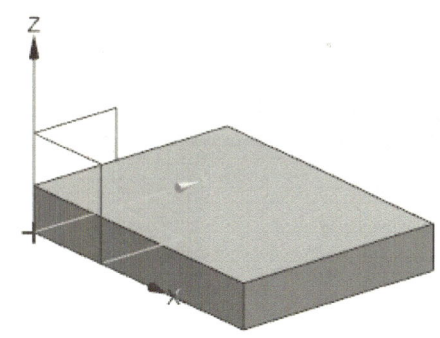

图 1-1-5 长方体

图 1-1-6 【基准平面】对话框 1

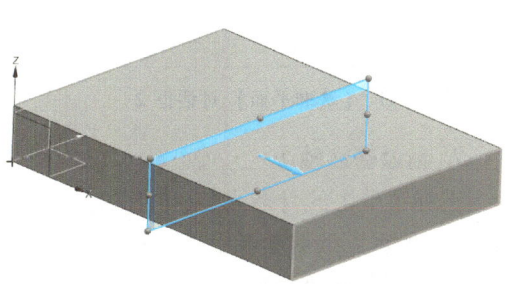

图 1-1-7 基准平面 1

4. 创建基准平面 2

选择菜单中的【插入】→【基准】→【基准平面】命令，系统弹出【基准平面】对话框，如图 1-1-6 所示。选取长方体的左右表面，系统自动创建基准平面 2，如图 1-1-8 所示。

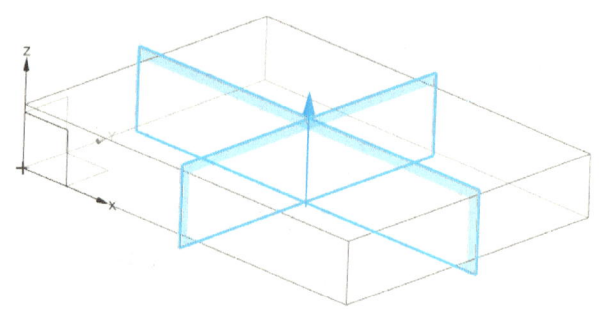

图 1-1-8　基准平面 2

5. 创建基准轴 1

选择菜单中的【插入】→【基准】→【基准轴】命令，系统弹出【基准轴】对话框，如图 1-1-9 所示。选取基准平面 1 和基准平面 2，系统自动创建基准轴 1，如图 1-1-10 所示。

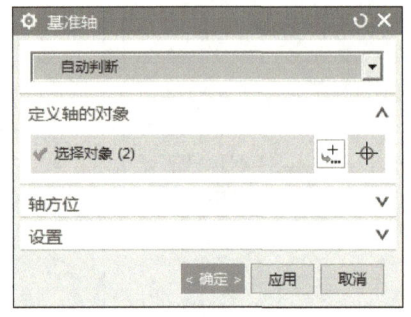

图 1-1-9　【基准轴】对话框

图 1-1-10　基准轴 1

6. 创建基准平面 3

选择菜单中的【插入】→【基准】→【基准平面】命令，系统弹出【基准平面】对话框，如图 1-1-11 所示。选取基准平面 2 和基准轴 1，【角度选项】选择"值"，【角度】输入"-60"，系统自动创建基准平面 3，如图 1-1-12 所示。

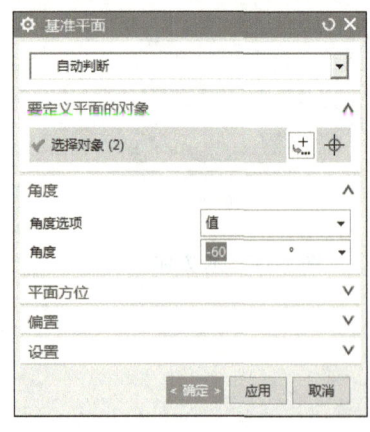

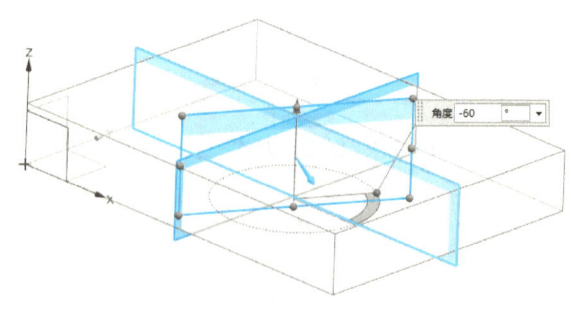

图 1-1-11　【基准平面】对话框 2

图 1-1-12　基准平面 3

7. 创建基准轴 2

选择菜单中的【插入】→【基准】→【基准轴】命令，系统弹出【基准轴】对话框，如图 1-1-9 所示。选取基准平面 3 和长方体上表面，系统自动创建基准轴 2，如图 1-1-13 所示。

8. 创建基准平面 4

选择菜单中的【插入】→【基准】→【基准平面】命令，系统弹出【基准平面】对话框，如图 1-1-14 所示。选取基准平面 3 和基准轴 2，【角度选项】选择"值"，【角度】输入"75"，系统自动创建基准平面 4，如图 1-1-15 所示。

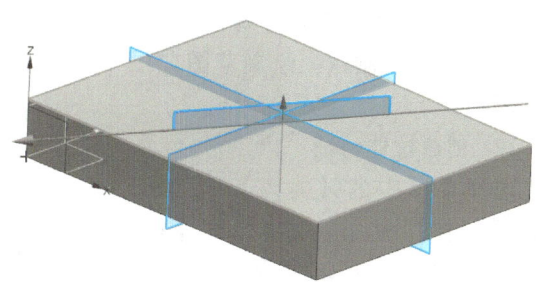

图 1-1-13　基准轴 2

9. 创建基准平面 5

选择菜单中的【插入】→【基准】→【基准平面】命令，系统弹出【基准平面】对话框，如图 1-1-16 所示。选取基准平面 3 和基准轴 1，【角度选项】选择"垂直"，系统自动创建基准平面 5，如图 1-1-17 所示。

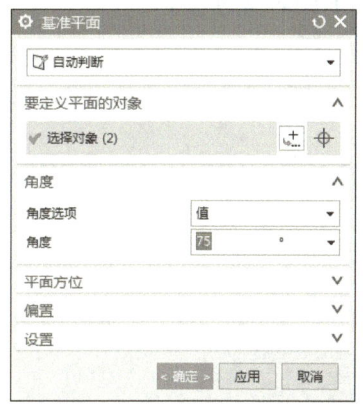

图 1-1-14　【基准平面】对话框 3

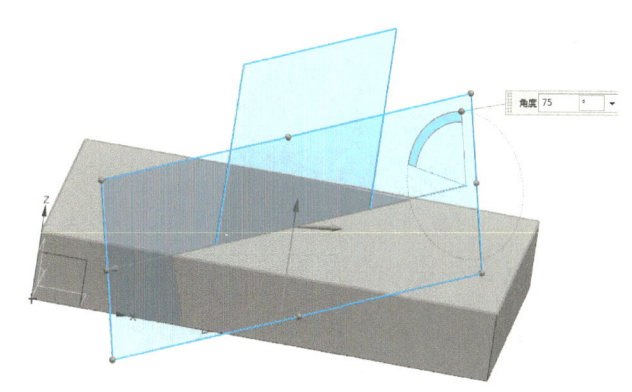

图 1-1-15　基准平面 4

图 1-1-16　【基准平面】对话框 4

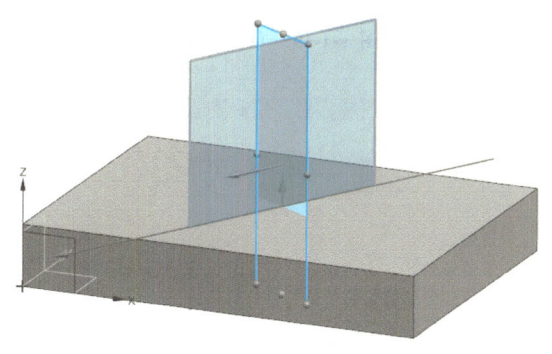

图 1-1-17　基准平面 5

10. 创建基准轴 3

选择菜单中的【插入】→【基准】→【基准轴】命令，系统弹出【基准轴】对话框。选取基准平面 4 和基准平面 5，系统自动创建基准轴 3，如图 1-1-18 所示。

11. 创建草图

选择菜单中的【插入】→【在任务环境中的草图】命令，或在【特征】工具条中选择（草图）图标，系统弹出【创建草图】对话框，在【选择平的面或平面】中选择基准平面 5，如图 1-1-19 所示，单击【确定】按钮，系统出现草图绘制区。绘制草图如图 1-1-20 所示。

12. 创建拉伸特征

选择菜单中的【插入】→【设计特征】→【拉伸】命令，系统弹出【拉伸】对话框，如图 1-1-21 所示。在【截面线】→【选择曲线】中选择草图 1，在【限制】→【结束距离】中输入"10"，在【布尔】中选择"合并"，单击【确定】按钮，显示如图 1-1-22 所示。

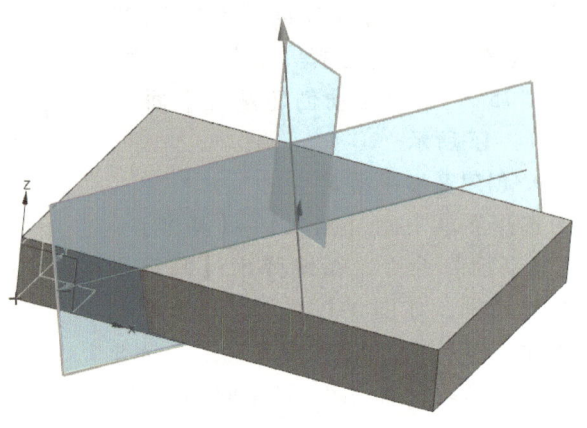

图 1-1-18　基准轴 3

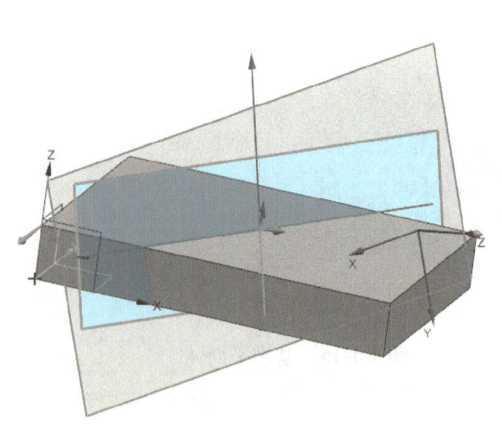

图 1-1-19　草图平面

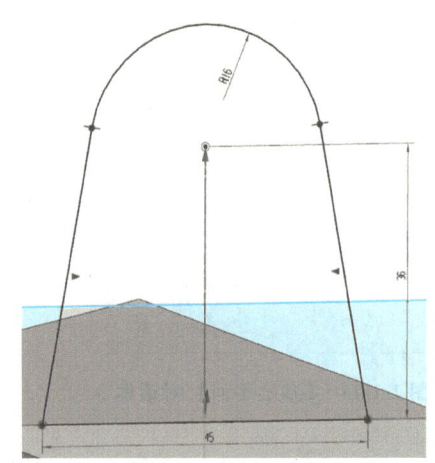

图 1-1-20　草图

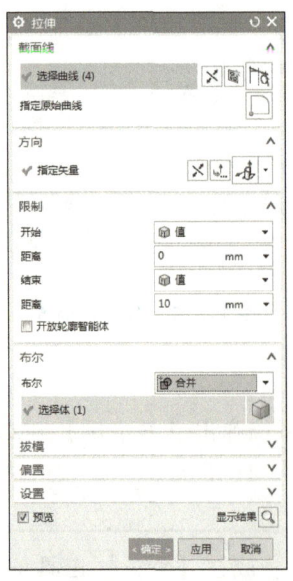

图 1-1-21　【拉伸】对话框

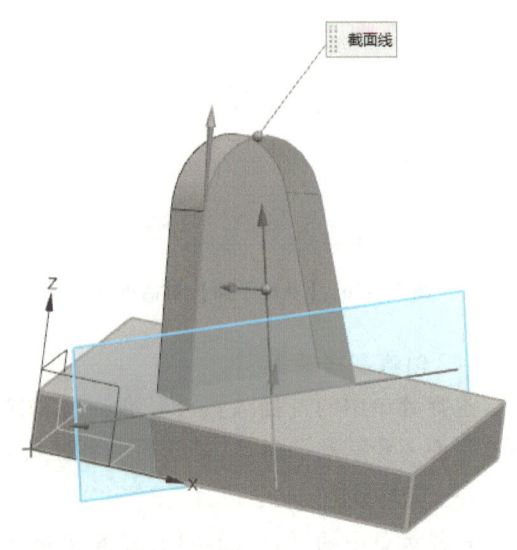

图 1-1-22　拉伸特征

13. 创建孔特征

选择菜单中的【插入】→【设计特征】→【孔】命令，系统弹出【孔】对话框，如图 1-1-23 所示。在【位置】→【指定点】中选择草图 1 的圆孔中心，在【形状和尺寸】→【直径】中输入"12"，在【形状和尺寸】→【深度限制】中选择"贯通体"，在【布尔】中选择"减去"，单击【确定】按钮，孔特征显示如图 1-1-24 所示。

图 1-1-23 【孔】对话框

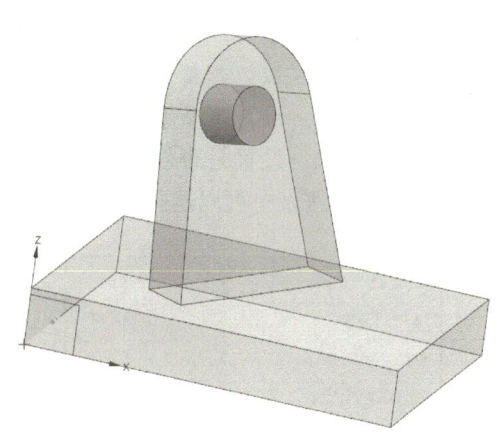

图 1-1-24 孔特征

14. 保存

选择菜单中的【文件】→【保存】命令，完成机械手底座产品建模，如图 1-1-2 所示。

1.1.4 任务注释——草图绘制

在建模应用模块的主菜单中选择【插入】→【草图】，或单击草图图标，将进入草图绘制窗口。草图工作平面是绘制草图对象的平面，一个草图中创建的所有几何对象都在该草图平面上完成。UG 草图命令可以完成在任何平面上绘制二维图形，其主要核心是线条绘制命令及约束命令。

UG 草图可以绘制各种形状的线条，如直线、圆弧、椭圆和样条曲线等。以三点绘制圆弧为例，在绘图区域依次单击确定起点、终点和中间点即可完成圆弧线条的绘制。

UG 草图约束可以实现线条的几何约束，主要的约束有重合、点在曲线上、相切、平行、垂直、水平、竖直、水平对齐、竖直对齐、中点、共线、同心和等半径。以重合约束为例，选择两个点为要约束的几何体即可，如图 1-1-25 所示。

用草图工具创建的草图可以通过实体造型工具进行拉伸、旋转等操作，创建与草图关联的实体模型。当修

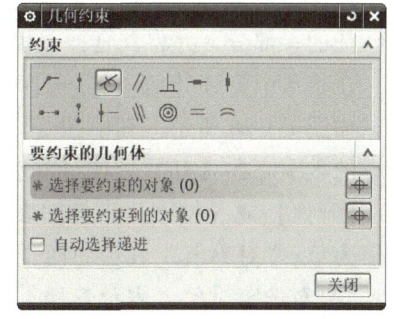

图 1-1-25 草图约束

改草图时，与草图关联的实体模型也会自动更新。

1.1.5　任务注释——基准创建

在实体建模过程中，经常需要建立基准特征，基准特征是建模的参照特征，主要用途是辅助 3D 特征的创建，可作为截面绘制的参照面、模型定位的参照面和控制点、装配用参照面等。特别是在目标体实体表面的非法线角度上创建特征时，通常需要创建基准特征。基准特征包括基准平面、基准轴、基准点、基准曲线和坐标系等。

建立基准平面的步骤：选择菜单中的【插入】→【基准】→【基准平面】命令，或在【特征】工具条中选择基准平面图标，系统弹出【基准平面】对话框，如图 1-1-26 所示。

【基准平面】对话框中各选项的功能说明如下。

【要定义平面的对象】区域：选择创建基准平面的条件元素，如现有的点、线、面等。

【平面方位】区域：调整创建平面的法线方向矢量。

【偏置】区域：设置基准平面是否偏置。

【设置】区域：设置是否创建固定平面。

在类型下拉列表中可以选择创建基准平面的类型，如图 1-1-27 所示。

图 1-1-26　【基准平面】对话框

图 1-1-27　基准平面类型

1.1.6　任务注释——拉伸

拉伸命令是一个基础且重要的建模工具，它允许用户通过选择曲线、边、面、草图或曲线特征的一部分，并将其延伸一段线性距离来创建实体或片体。

在菜单中打开【插入】，选择【设计特征】中的【拉伸】命令，系统弹出【拉伸】对话框，如图 1-1-28 所示。其中在【限制】栏中，可通过拖动距离手柄或指定距离值来调整拉伸特征的大小，在【开始】或【结束】下拉列表框中确定拉伸的开始和终点位置方式。

【开始】或【结束】下拉列表框中的"值"选项表示在截面上方的值为正，在截面下方的值为负；"对称值"表示向两个方向对称拉伸；"直至下一个"表示拉伸到最近的实体表面；"直至选定对象"表示开始、终点位置位于选定对象；"直到被延伸"表示拉伸到选定面的延伸位置；"贯通"表示当有多个拉伸实体时，通过全部实体。

1.1.7 任务拓展

本任务以机械手底座为例,应用了基准平面和基准轴的创建命令,通过绘制草图并进行拉伸,完成建模。请结合这些命令,完成如图 1-1-29 所示的圆环体产品的建模。

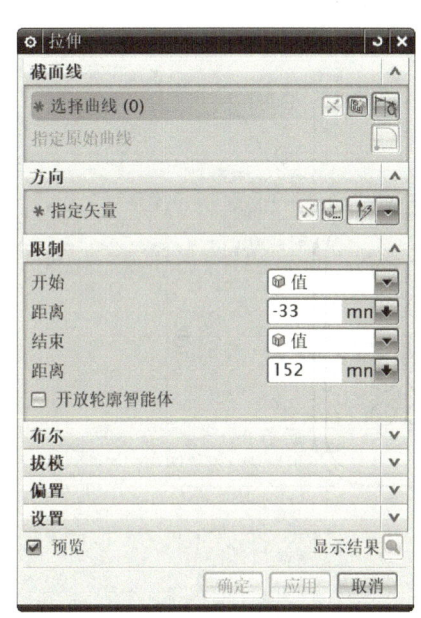

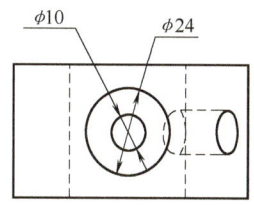

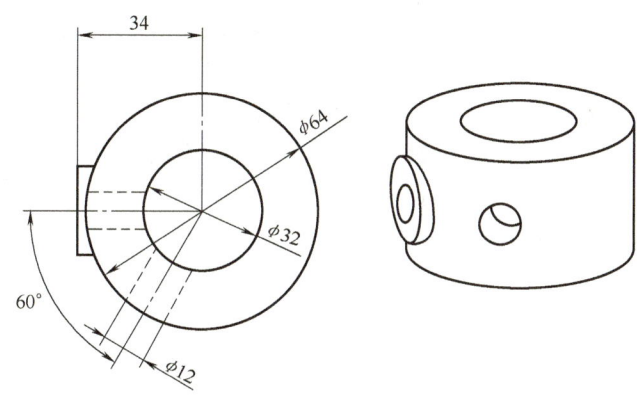

图 1-1-28 【拉伸】对话框　　　　　　　图 1-1-29 圆环体

任务 1.2 肥皂盒的设计

UG NX 技巧特征和细节特征功能是利用在已有设计的基础上进行特征操作,高效完成实体建模的重要手段。孔特征是建模设计特征之一,可以实现指定形状孔的创建。线性阵列可以根据选定特征,基于一定的数量和偏置,创建多组实例。抽壳命令可以实现薄壁体的三维设计。边倒圆是细节特征之一,能将实体边缘变成圆柱面或圆锥面。本任务主要介绍孔特征、阵列特征、边倒圆及抽壳命令。

请根据如图 1-2-1 所示肥皂盒图样要求进行肥皂盒三维建模。

1.2.1 任务目标

1. 知识目标

1) 理解实体抽壳的含义。
2) 了解孔特征的功能和创建步骤。
3) 掌握线性阵列的创建方法。

2. 技能目标

1) 熟练运用抽壳命令,完成实体抽壳操作。

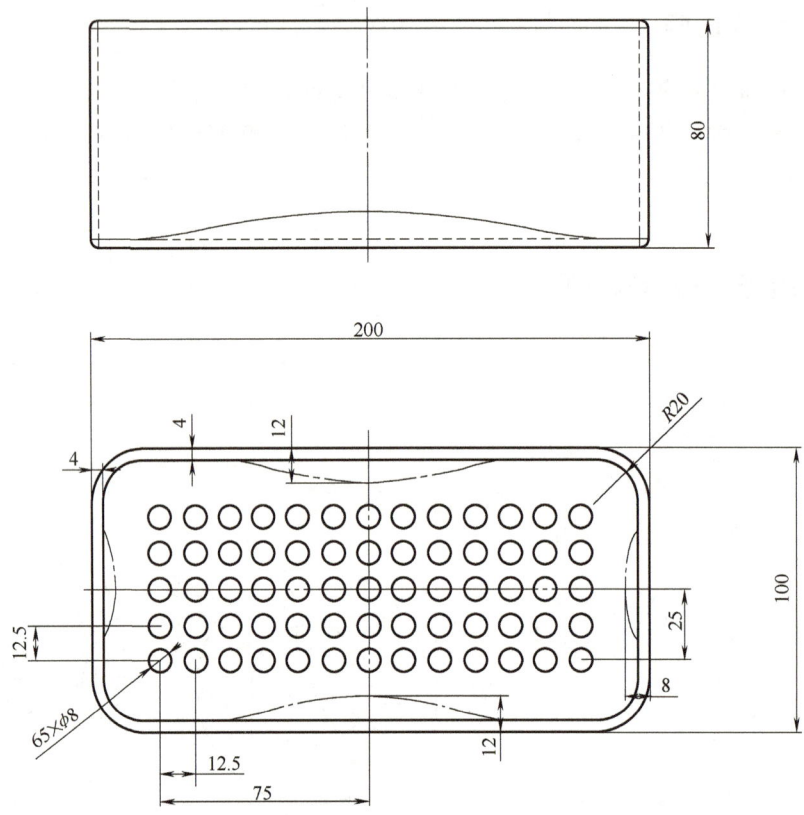

图 1-2-1 肥皂盒产品图

2）学会运用孔命令创建孔特征，并进行线性阵列。
3）能够根据图样尺寸要求，完成可变半径边倒圆操作。

3. 素养目标

1）学会积极创新探索。
2）精益求精，铸就钻研精神和探索精神。
3）掌握独立分析、归纳和总结的能力。

1.2.2 任务分析

肥皂盒的建模可利用抽壳特征、边倒圆特征、孔特征及阵列特征，如图 1-2-2 所示。

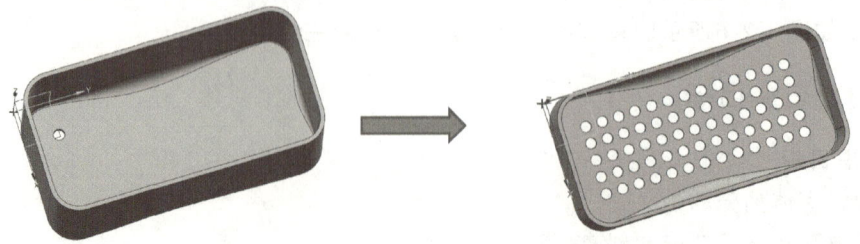

图 1-2-2 肥皂盒建模过程

知识要点：
（1）孔特征用于创建各种形状的孔，需要指定创建孔的面或选择打孔点，在孔特征对话框中设定参数值。

（2）线性阵列及矩形阵列，可以沿 X 轴和 Y 轴方向，设定数量及距离，完成多个特征的创建。

（3）边倒圆命令可以完成恒定半径边倒圆或可变半径边倒圆，选定实体边缘对象之后给定边倒圆半径数值即可完成操作。

（4）抽壳命令可以完成薄壁体的创建，通过指定备选厚度，对实体不同的面可以设置不同的壁厚。

1.2.3 任务实施

根据任务分析，操作步骤如下。

1. 新建文件

选择菜单中的【文件】→【新建】命令，或选择 图标，系统弹出【新建】对话框。在【模型】→【模板】栏中选择【建模】，在【单位】下拉列表框中选择"毫米"，在【名称】文本框中输入"st-1.2"，如图 1-2-3 所示，单击【确定】按钮。

1-2 肥皂盒的设计

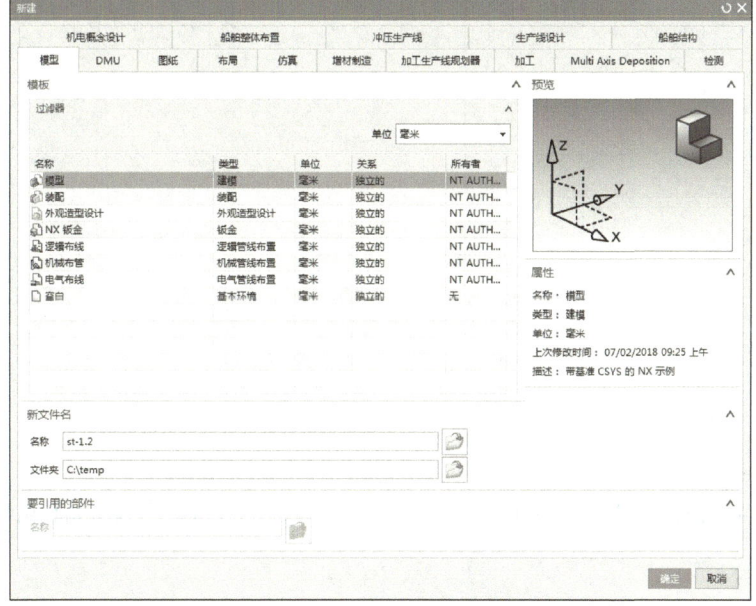

图 1-2-3 【新建】对话框

2. 创建长方体

选择菜单中的【插入】→【设计特征】→【长方体】命令，系统弹出【长方体】对话框。在【尺寸】栏的【长度】、【宽度】、【高度】中输入参数"100""200""80"，如图 1-2-4 所示，单击【确定】按钮，绘制的长方体如图 1-2-5 所示。

3. 创建圆角

选择菜单中的【插入】→【细节特征】→【边倒圆】命令，系统弹出【边倒圆】对话框。在【选择边】中选择长方体的 4 条边，在【半径 1】中输入"20"，如图 1-2-6 所示，单击【确定】按钮，绘制的长方体如图 1-2-7 所示。

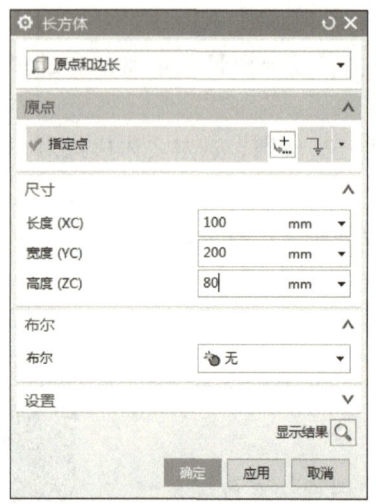

图 1-2-4 【长方体】对话框

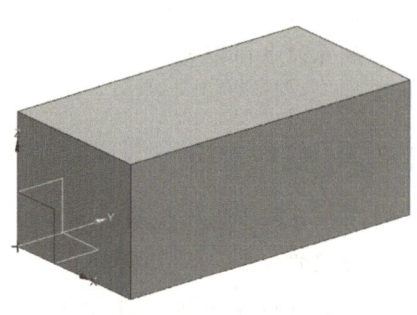

图 1-2-5　长方体特征

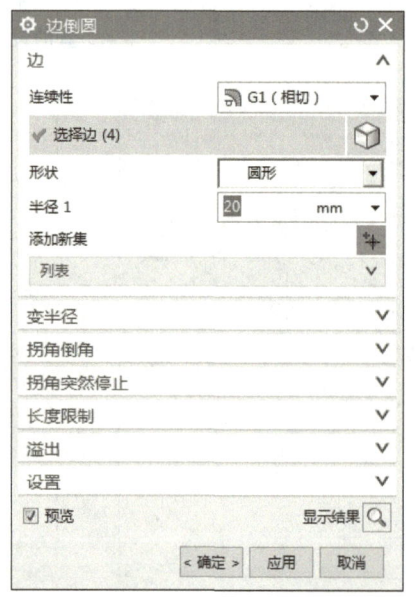

图 1-2-6 【边倒圆】对话框 1

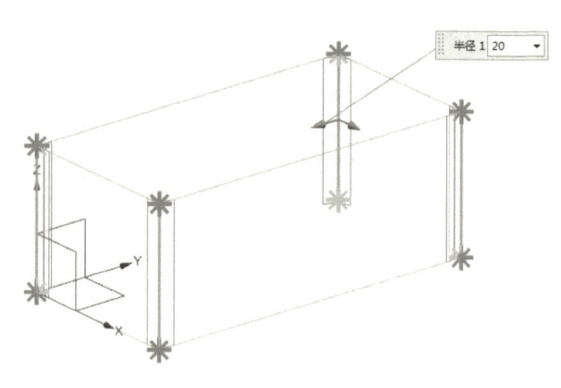

图 1-2-7　R20 边倒圆特征

4. 创建圆角

选择菜单中的【插入】→【细节特征】→【边倒圆】命令，系统弹出【边倒圆】对话框，如图 1-2-8 所示。在【选择边】中选择长方体的底边，在【指定半径点】中依次选取 12 个点，输入半径值分别为"4""8""12"，单击【确定】按钮，绘制的长方体如图 1-2-9 所示。

5. 创建抽壳特征

选择菜单中的【插入】→【细节特征】→【抽壳】命令，系统弹出【抽壳】对话框，如图 1-2-10 所示。在【要穿透的面】中选择长方体上表面，在【厚度】中输入"3"，单击【确定】按钮，抽壳特征如图 1-2-11 所示。

6. 创建孔特征

选择菜单中的【插入】→【设计特征】→【孔】命令，系统弹出【孔】对话框，如图 1-2-12 所示。在【位置】→【指定点】中选择长方体底面，绘制点的坐标如图 1-2-13 所示。在【形

项目 1　实体建模

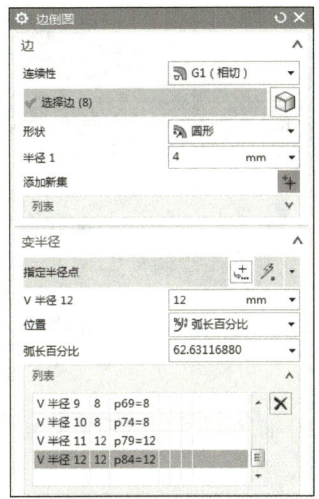

图 1-2-8　【边倒圆】对话框 2

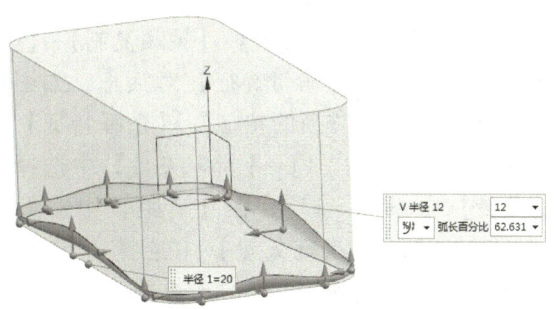

图 1-2-9　边倒圆特征

图 1-2-10　【抽壳】对话框

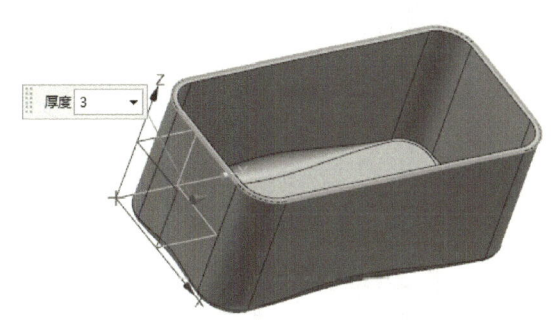

图 1-2-11　抽壳特征

图 1-2-12　【孔】对话框

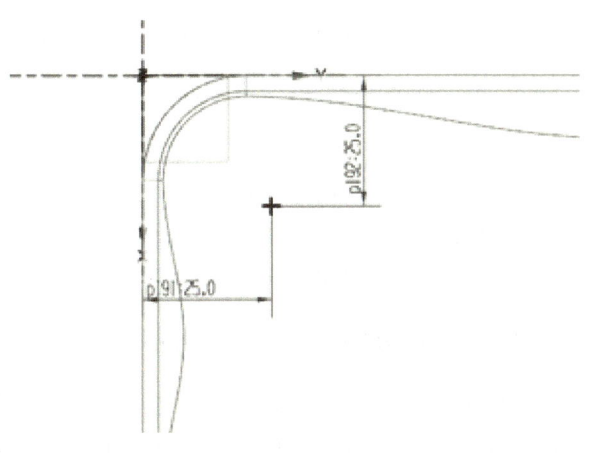

图 1-2-13　打孔点

状和尺寸】→【直径】中输入"8",在【形状和尺寸】→【深度限制】中选择"贯通体",在【布尔】中选择"减去",单击【确定】按钮,孔特征如图1-2-14所示。

图1-2-14　孔特征

7. 创建阵列特征

选择菜单中的【插入】→【关联复制】→【阵列特征】命令,系统弹出【阵列特征】对话框,如图1-2-15所示。在【要形成阵列的特征】→【选择特征】中选择小孔特征。在【方向1】→【指定矢量】中选择 Y 轴,在【数量】中输入"13",在【节距】中输入"12.5"。在【方向2】→【指定矢量】中选择 X 轴,在【数量】中输入"5",在【节距】中输入"12.5"。单击【确定】按钮,孔阵列特征如图1-2-16所示。

图1-2-15　【阵列特征】对话框

图1-2-16　孔阵列特征

8. 保存特征

选择菜单中的【文件】→【保存】命令,完成肥皂盒的建模。

1.2.4　任务注释——孔特征

选择【插入】→【设计特征】→【孔】命令,可以创建孔特征。孔是指通过定位孔中心点和选择添加孔的方向移除实体而生成的孔特征。

使用孔命令可以建立的孔特征有常规孔、钻形孔、螺钉间隙孔、螺孔、孔系列等。

常规孔一般是创建指定尺寸的简单孔、沉头孔、埋头孔或锥形孔。

1.2.5　任务注释——阵列特征

阵列是指将一个现有特征按照一定几何排列规律,复制为多个。有阵列特征、阵列面、阵列几何特征3种情况。其中【阵列特征】对话框如图1-2-17所示。

选择菜单中的【插入】→【关联复制】→【阵列特征】命令,或在【特征】工具条中选择

项目 1　实体建模

阵列特征图标，系统弹出如图 1-2-17 所示的【阵列特征】对话框。

【阵列特征】对话框中各选项的功能说明如下。

【要形成阵列的特征】区域：选择阵列对象。

【参考点】区域：选择阵列对象的基准点。

【阵列定义】→【布局】区域：可以选择阵列类型。

【边界定义】→【方向】区域：可以选择阵列的方向矢量。

【设置】→【输出】区域：可以选择阵列的输出类型。

图 1-2-17　【阵列特征】对话框

1.2.6　任务注释——边倒圆

边倒圆特征是指用指定的倒圆尺寸将实体的边缘变成圆柱面或圆锥面，倒圆尺寸则为圆柱面或圆锥面的半径。倒圆时增加材料还是减去材料取决于边缘类型。对于外边缘是减去材料，如图 1-2-18 所示。对于内边缘是增加材料，如图 1-2-19 所示。不管是增加材料还是减去材料，都缩短了相交于所选边缘的两个面的长度。

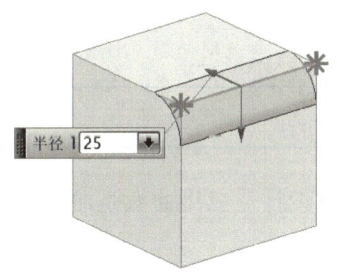

图 1-2-18　外边缘倒圆

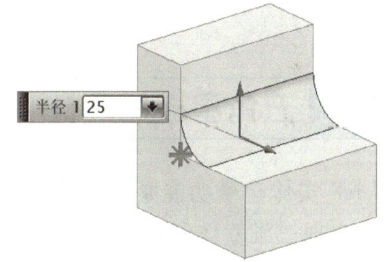

图 1-2-19　内边缘倒圆

1.2.7　任务注释——抽壳

抽壳是根据指定的壁厚数值，将实体模型抽空为腔体或在其四周创建壳体。可以指定不同表面的厚度，也可以移除单个面，如图 1-2-20 所示。

图 1-2-20　抽壳后实体

1.2.8 任务拓展

本节任务以肥皂盒为例，应用了孔特征及线性阵列等命令。请结合这些命令，完成如图 1-2-21 所示的支撑座产品建模。

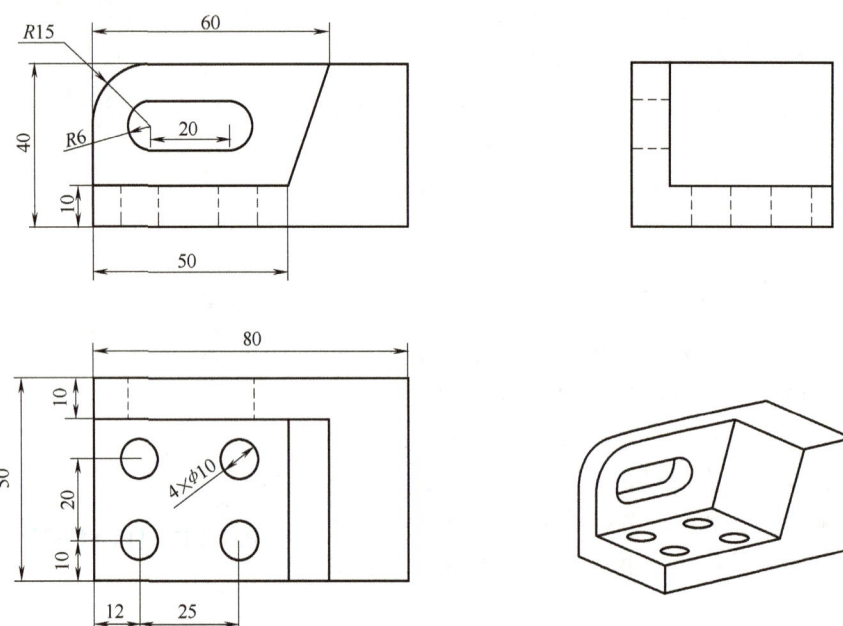

图 1-2-21　支撑座

任务 1.3　五角星板的设计

UG NX 实体建模功能是在已有草图的基础上进行实体设计。三维曲线是曲线特征中的一种，可以实现三维立体线框图形的建立，不受任何空间平面的限制。圆形阵列可以由特定特征基于一定数量和角度，创建多组实例。有界曲面可以实现通过几条曲线建立一个多边形的曲面或者异形曲面。缝合命令是把片体缝在一起组合成一个实体。本任务主要介绍三维实体、三维曲线的建立，圆形阵列以及缝合命令。

请根据如图 1-3-1 所示图样要求完成五角星板的三维零件建模。

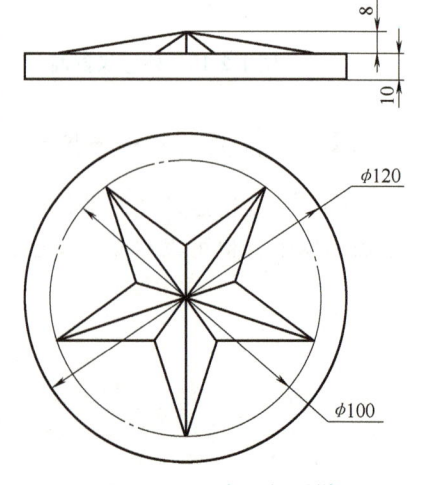

图 1-3-1　五角星板图样

1.3.1 任务目标

1. 知识目标

1）理解缝合的含义。
2）了解空间曲线的功能和作用。
3）掌握创建空间曲线的方法。
4）掌握创建圆形阵列的方法。

2. 技能目标

1）熟练运用所学的空间曲线技术，绘制线框结构的零件。
2）学会运用缝合进行曲面操作，使得曲面形成整体模型。
3）熟练运用阵列命令，掌握圆形阵列的使用方法。

3. 素养目标

1）引导学生熟悉工程制图的相关国家政策和行业标准。
2）培养遵守行业要求、具备良好职业道德和职业规范意识的专业绘图人才。

1.3.2 任务分析

五角星板的建模步骤为先创建三维曲线，然后创建片体，并进行圆形阵列，再进行片体缝合后，拉伸实体完成建模。具体可参照如图 1-3-2a～g 所示的七个步骤完成。

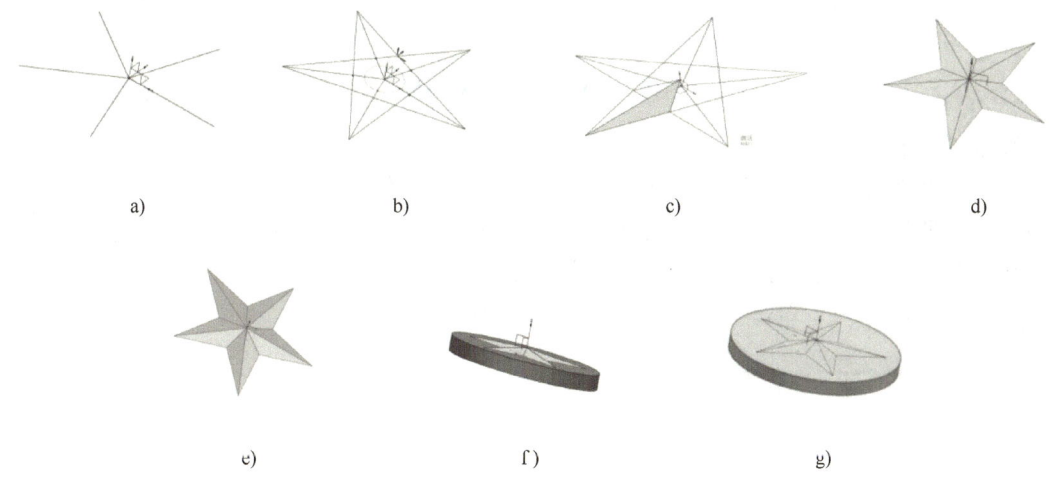

图 1-3-2 五角星板建模步骤

知识要点：

（1）三维曲线命令可以直接在绘图区域绘制三维立体曲线，不受某一平面的限制。
（2）有界平面命令可以利用三条或多条曲线创建一个多边形或异形曲面。
（3）圆形阵列可以将一个或多个选定特征，通过设定数量和节距角完成多个特征创建。
（4）缝合命令通过将公共边缝合在一起来组合片体，或通过缝合公共面来组合实体。

1.3.3 任务实施

根据五角星板的任务分析，明确知识要点，五角星板的建模步骤具体如下。

1. 新建文件

选择菜单中的【文件】→【新建】命令，或选择 图标，系统弹出【新建】对话框。在【模型】→【模板】栏中选择【建模】，在【单位】下拉列表框中选择"毫米"，在【名称】文本框中输入"五角星板"，单击【确定】按钮，如图 1-3-3 所示。

1-3 五角星板的设计

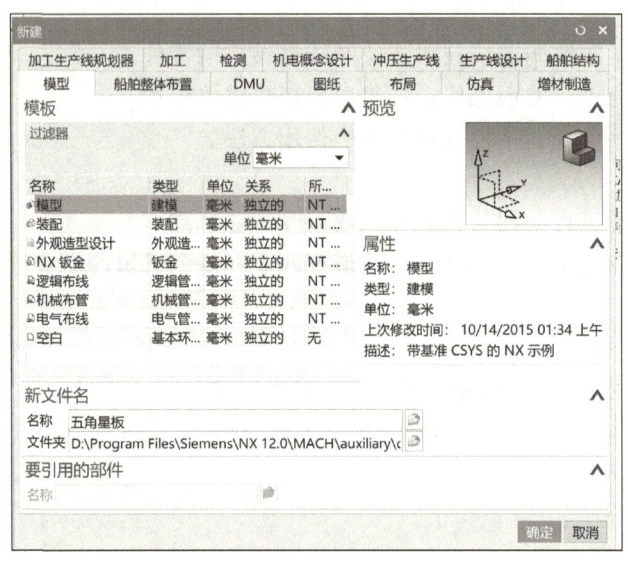

图 1-3-3 【新建】对话框

2. 创建直线 1 并阵列

（1）创建直线 1。选择菜单中的【插入】→【曲线】→【直线】命令，或在【特征】工具条中选择【曲线】图标，系统弹出【直线】对话框，如图 1-3-4 所示。在【开始】→【起点选项】中选择"点"，选择原点为起点，在【结束】→【终点选项】中选择"沿 XC"，绘制一条长度为 50 的直线 1，单击【确定】按钮，结果如图 1-3-5 所示。

图 1-3-4 【直线】对话框

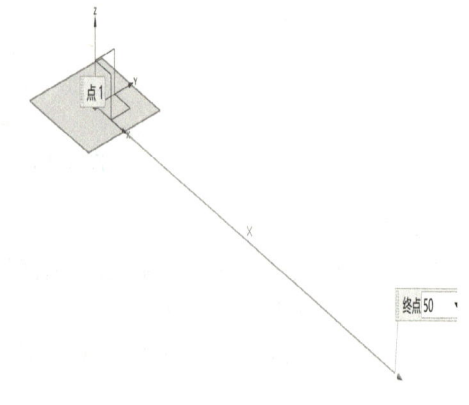

图 1-3-5 直线 1

（2）阵列结构。选择菜单中的【插入】→【关联复制】→【阵列几何特征】命令，弹出【阵列几何特征】对话框，如图 1-3-6 所示。在【要形成阵列的几何特征】→【选择对象】中选择直线 1，在【阵列定义】→【布局】中选择"圆形"，在【旋转轴】→【指定矢量】中选择 Z 轴，在【斜角方向】→【间距】中选择"数量和跨距"，在【数量】中填写"5"，在【跨角】中填写"360"。单击【确定】按钮，结果如图 1-3-7 所示。

3. 创建直线 2 并阵列

（1）创建直线 2。选择菜单中的【插入】→【曲线】→【直线】命令，或在【特征】工具条中选择【曲线】→【直线】，系统弹出【直线】对话框。在【开始】→【起点选项】中选择

【点】,选择直线终点,在【结束】→【终点选项】中选择"点",选择相隔一条线的终点,单击【确定】按钮,结果如图1-3-8所示。

图1-3-6 【阵列几何特征】对话框1

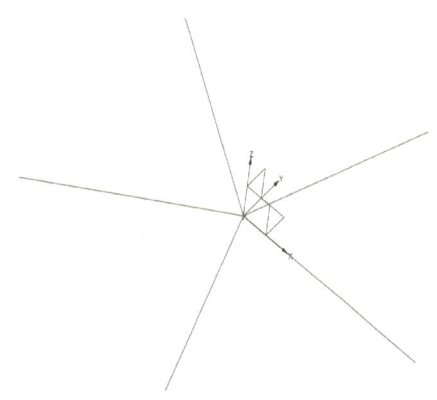

图1-3-7 阵列结果1

(2)阵列结构。选择菜单中的【插入】→【关联复制】→【阵列几何特征】命令,弹出【阵列几何特征】对话框,在【要形成阵列的几何特征】→【选择对象】中选择直线2,在【阵列定义】→【布局】中选择"圆形",在【旋转轴】→【指定矢量】中选择Z轴,在【斜角方向】→【间距】中选择"数量和跨距",在【数量】中填写"5",在【跨角】中填写"360"。单击【确定】按钮,结果如图1-3-9所示。

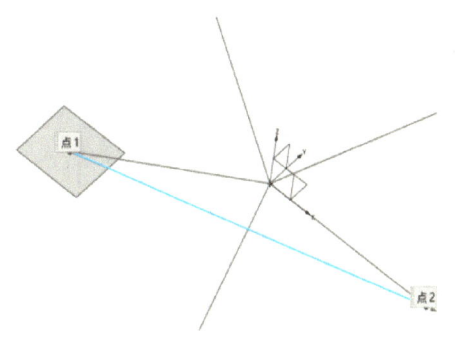

图1-3-8 直线2

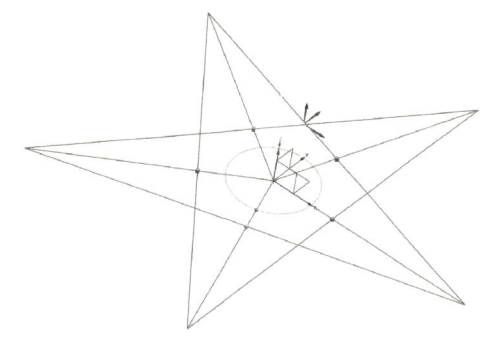

图1-3-9 阵列结果2

4. 创建曲面1

(1)创建直线3。选择菜单中的【插入】→【曲线】→【直线】命令,或在【特征】工具条【直接直线】中选择（直线）图标,系统弹出【直线】对话框。选择【开始】→【起点选项】→"点"→坐标原点,选择【结束】→【终点选项】→"沿ZC",绘制长为8mm的直线3,单击【确定】按钮,结果如图1-3-10所示。

(2)创建直线4。选择菜单中的【插入】→【曲线】→【直线】命令,或在【特征】工具条【直接直线】中选择（直线）图标,系统弹出【直线】对话框。选择【开始】→【起点选项】→"点"→直线3的顶点,选择【结束】→【终点选项】→直线1的终点,单击【确定】按钮,结果如图1-3-11所示。

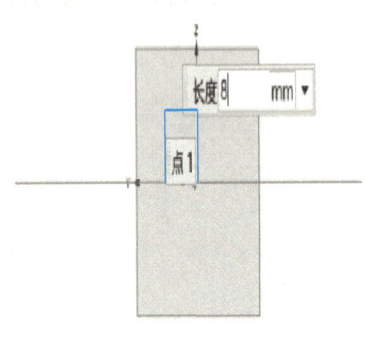

图 1-3-10　直线 3

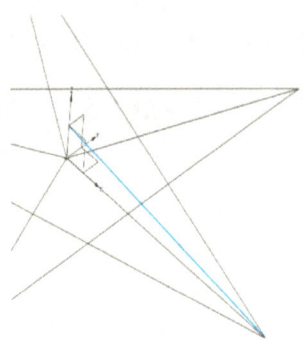

图 1-3-11　直线 4

（3）创建直线 5。选择菜单中的【插入】→【曲线】→【直线】命令，或在【特征】工具条【直接直线】中选择 （直线）图标，系统弹出【直线】对话框。选择【开始】→【起点选项】→"点"→直线 3 的顶点，单击菜单栏中的【点的类型】→ （交点）图标。选择【结束】→【终点选项】→两条直线的交点，单击【确定】按钮，完成直线 5 的绘制，结果如图 1-3-12 所示。

（4）完成曲面 1。选择菜单中的【插入】→【曲面】→【有界平面】命令，系统弹出【有界平面】对话框，如图 1-3-13 所示。单击 图标，选择相交处停止，依次选择多条曲线，单击【确定】按钮，完成曲面 1 的绘制，结果如图 1-3-14 所示。

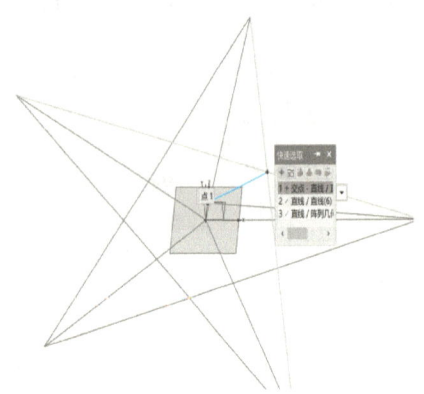

图 1-3-12　直线 5

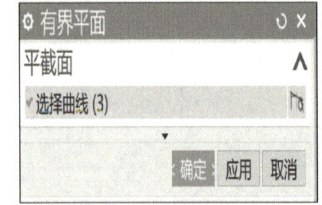

图 1-3-13　【有界平面】对话框

5. 创建曲面 2 并阵列

（1）创建直线 6。选择菜单中的【插入】→【曲线】→【直线】命令，或在【特征】工具条【直接直线】中选择 （直线）图标，系统弹出【直线】对话框。选择【开始】→【起点选项】→"点"→直线 3 的顶点，单击菜单栏中的【点的类型】→ （交点）图标。选择【结束】→【终点选项】→两条直线的交点，单击【确定】按钮，完成直线 6 的绘制，结果如图 1-3-15 所示。

（2）创建曲面 2。选择菜单中的【插入】→【曲面】→【有界平面】命令，系统弹出【有界平面】对话框。单击 图标，选择相交处停止，依次选择多条曲线，单击【确定】按钮，完成曲面 2 的绘制，结果如图 1-3-16 所示。

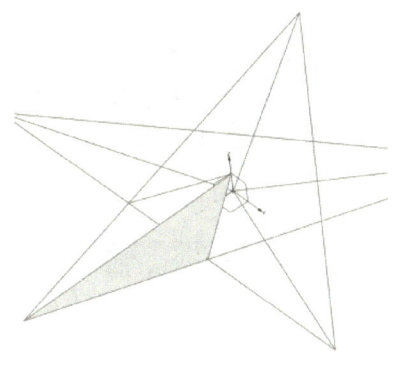
图 1-3-14　曲面 1

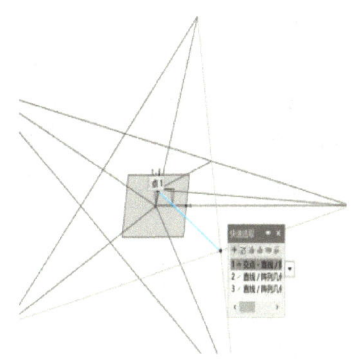
图 1-3-15　直线 6

（3）阵列结构。选择菜单中的【插入】→【关联复制】→【阵列几何特征】命令，在【要形成阵列的几何特征】→【选择对象】中选择曲面 1 和曲面 2，在【阵列定义】→【布局】中选择"圆形"，在【旋转轴】→【指定矢量】中选择 Z 轴，在【斜角方向】→【间距】中选择"数量和跨距"，在【数量】中填写"5"，在【跨角】中填写"360"。单击【确定】按钮，阵列结果如图 1-3-17 所示。

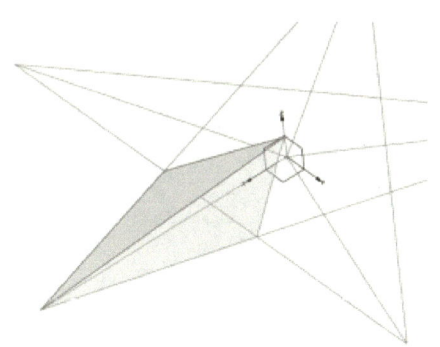
图 1-3-16　曲面 2

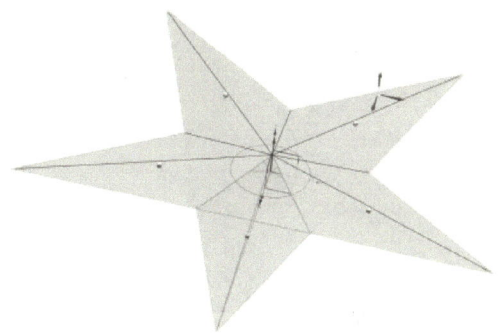
图 1-3-17　阵列结果 3

6. 创建曲面 3

按快捷键<Ctrl+W>，系统弹出【显示和隐藏】对话框，如图 1-3-18 所示，单击【曲线】→【-】隐藏曲线，结果如图 1-3-19 所示。选择菜单中的【插入】→【曲面】→【有界平面】命令，系统弹出【有界平面】对话框。在菜单栏中选择【单条曲线】。单击 ┬┬ 图标，选择相交处停止，依次选择五角星底边线条，单击【确定】按钮，完成曲面 3 的绘制，结果如图 1-3-20 所示。

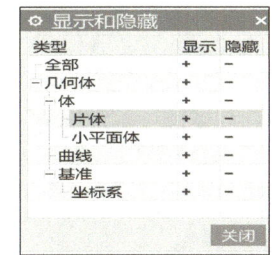
图 1-3-18　【显示和隐藏】对话框

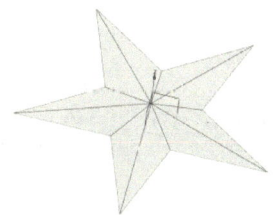
图 1-3-19　显示结果

7. 缝合曲面

选择菜单中的【插入】→【组合】→【缝合】命令，系统弹出【缝合】对话框。在【类型】中单击【片体】，在【目标】中单击【选择片体】，选择其中一个曲面为目标，如图 1-3-21 所示。在【工具】中单击【选择片体】，框选所有曲面，如图 1-3-22 所示。单击【确定】按钮，完成曲面缝合，结果如图 1-3-23 所示。

图 1-3-20　曲面 3　　　　　　　　　　　图 1-3-21　【缝合】对话框

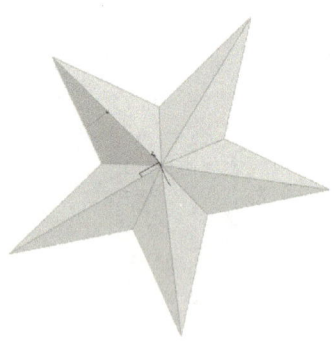

图 1-3-22　绘图区域　　　　　　　　　　图 1-3-23　缝合结果

8. 创建草图

选择菜单中的【插入】→【在任务环境中的草图】命令，或者在【特征】工具条中选择 （草图）图标，系统自动弹出【创建草图】对话框，如图 1-3-24 所示。在【草图类型】中选择"在平面上"，选择五角星底平面，如图 1-3-25 所示。单击【确定】按钮，系统出现草图绘制区，如图 1-3-26 所示。

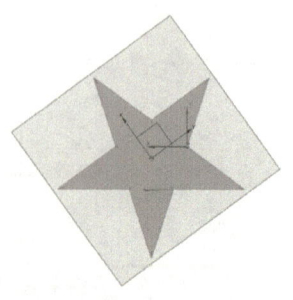

图 1-3-24　【创建草图】对话框　　　　　图 1-3-25　基准平面

9. 拉伸特征

选择菜单中的【插入】→【设计特征】→【拉伸】命令，或在【特征】工具条中选择拉伸图标，系统弹出【拉伸】对话框，如图1-3-27所示。在【表区域驱动】→【选择曲线】中选择绘制的五角星底座轮廓图，在【方向】→【指定矢量】中选择Z轴负向，在【限制】→【结束距离】中输入"10"，单击【确定】按钮，结果如图1-3-28所示。

10. 布尔运算

右键单击模型树中的【拉伸】→【编辑参数】命令，系统弹出【拉伸】对话框，如图1-3-29所示。在【布尔】中选择"合并"，在【选择体】中选择五角星实体，单击【确定】按钮。

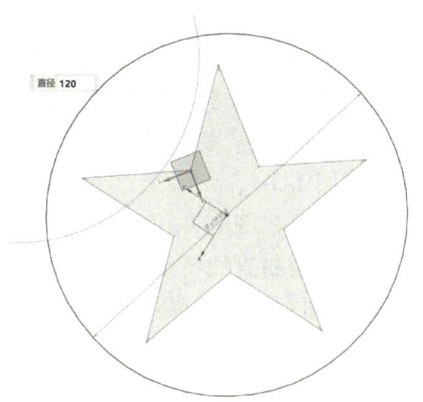

图1-3-26 草图

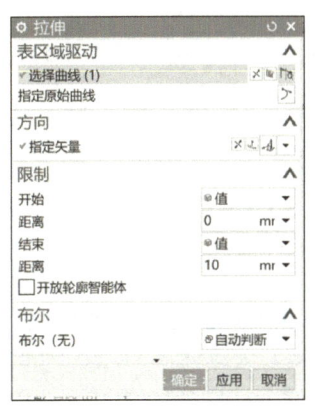

图1-3-27 【拉伸】对话框1

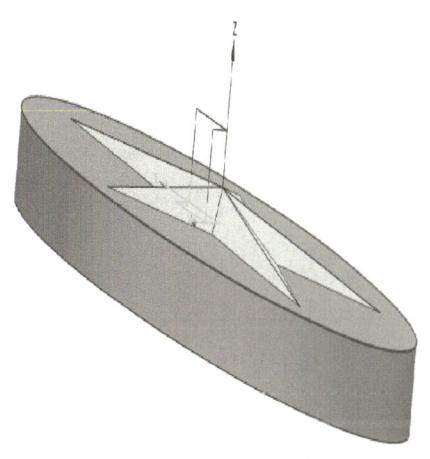

图1-3-28 拉伸实体

选择菜单中的【文件】→【保存】命令，五角星板的建模如图1-3-30所示。

图1-3-29 【拉伸】对话框2

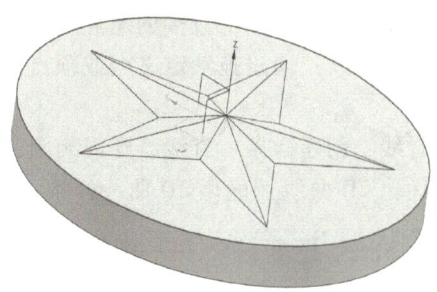

图1-3-30 五角星板

1.3.4 任务注释——三维曲线

使用三维曲线可以直接在绘图区域绘制三维立体曲线，不受某一平面的限制。

绘制三维曲线步骤如下：

（1）选择菜单中的【插入】→【曲线】→【直线】命令，系统弹出【直线】对话框。

（2）在【直线】对话框中，选择【开始】→【起点选项】→"点"→原点。

（3）选择【结束】→【终点选项】→"沿 XC"，绘制一条直线，单击【确定】按钮，绘制实例参见图 1-3-5。

曲线菜单如图 1-3-31 所示。

直线：绘制直线特征。

圆弧/圆：创建圆弧或圆特征。

直线和圆弧：可以创建一系列的直线或各种模式的圆弧，如图 1-3-32 所示。

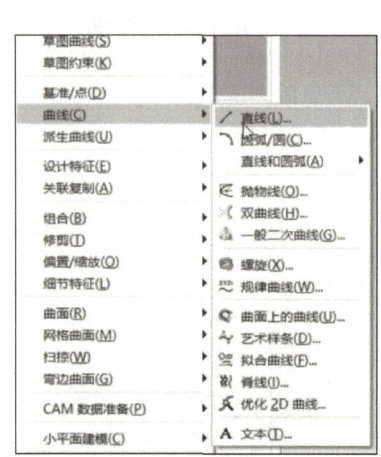

图 1-3-31　曲线菜单

图 1-3-32　直线和圆弧菜单

抛物线：创建具有指定边缘点和尺寸的抛物线。

双曲线：创建具有顶点和尺寸的双曲线。

一般二次曲线：通过使用各种二次方程创建二次截面曲线。

螺旋：创建具有指定圈数、螺距、半径或直径、转向及方位的螺旋。

规律曲线：通过使用规律（例如常数、线性、三次方程）函数来创建样条曲线。

艺术样条：在面上直接创建样条曲线特征。

拟合曲线：通过拖动定义点或顶点，并在定义点指定斜率或曲率约束，动态创建或编辑样条。

脊线：创建样条、直线、圆或椭圆，方法是将其拟合到指定的数据点。

优化 2D 曲线：优化 2D 曲线样条。

1.3.5　任务注释——有界平面

使用【有界平面】命令可创建由一组端点相连的平面曲线封闭的平面片体。曲线必须共面且形成封闭形状。创建一个有界平面，必须建立其边界，并且在必要时还要定义所有的内部边界（孔）。可通过选择单条曲线来定义边界，也可以使用选择意图。

1. 选择有界平面的步骤

（1）选择菜单中的【插入】→【曲面】→【有界平面】命令，系统弹出【有界平面】对话框。

（2）在菜单栏中选择【曲线类型】→【单条曲线】，如图1-3-33所示。

（3）单击┼┼图标，选择相交处停止，依次选择多条直线，单击【确定】按钮，完成有界平面的绘制。

2. 曲线规则

（1）单条曲线：选择单条曲线。

（2）相连曲线：自动添加相连接的曲线。

（3）相切曲线：自动添加相切的曲线串。

（4）特征曲线：自动添加特征的所有曲线。

（5）面的边：自动添加实体表面的所有边。

（6）片体边：自动添加片体的所有边界。

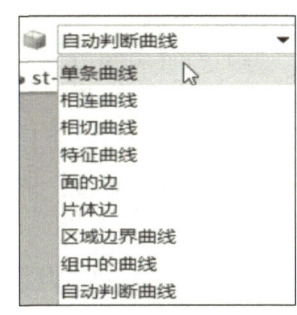

图1-3-33 【曲线类型】对话框

（7）区域边界曲线：允许选择用于封闭区域的轮廓。大多数情况下，可以通过单击鼠标进行选择。封闭区域边界可以是曲线和/或边。

（8）组中的曲线：允许选择曲线组中的曲线。

（9）自动判断曲线：自动识别并选取合适的曲线。

3. 选择意图选项

（1）在相交处停止┼┼：使所选图形截止到相交处，从而选取所需的部分图形。主要用于对所选对象进行限制。

（2）跟随圆角┼┼：允许在剖面建立期间，自动跟随或离开圆角或任何曲线。可以使用它自动将剖面链接到相切圆弧或相切圆弧断开链接。

（3）特征内成链：允许限制成链仅从选定曲线的特征来收集曲线。可以指示成链的范围，并使用在相交处停止将交点的发现范围限制为仅当前特征。

1.3.6 任务注释——圆形阵列

使用圆形阵列命令可以由一个或多个选定特征创建实例的圆形阵列。

1. 圆形阵列步骤

（1）在【要形成阵列的特征】→【选择对象】中选择要阵列的实例特征。

（2）在【阵列定义】→【布局】中选择"圆形"。

（3）在【旋转轴】→【指定矢量】中选择 ZC 轴。

（4）在【指定点】中选择坐标原点。

（5）在【斜角方向】→【间距】中选择"数量和间隔"，在【数量】和【节距角】中填写相应的数字，单击【确定】按钮。

2. 旋转轴规则

（1）如果选择【点和方向】按钮，则使用矢量构造器来建立方向并用点构造器来建立参考点。如果使用矢量构造器定义轴，则可以用【编辑】→【特征】→【参数】命令选择此实例将它更改为基准轴。

（2）如果选择【基准轴】按钮，则应该选择一条基准轴。阵列的半径以从旋转轴到选定的第一特征的本地原件的距离计算。阵列将高亮显示，如果使用基准轴，则阵列的选择轴将与用来定义基准轴的几何体关联。

3. 间距规则

（1）在【斜角方向】→【间距】中选择"数量和间隔"，在【数量】中填写"4"，在【节距角】中填写"90"，如图 1-3-34 所示。单击【确定】按钮，结果如图 1-3-35 所示。

（2）在【斜角方向】→【间距】中选择"数量和跨距"，在【数量】中填写"5"，在【跨角】中填写"360"，如图 1-3-6 所示。单击【确定】按钮，结果如图 1-3-7 所示。

（3）在【斜角方向】→【间距】中选择"节距和跨距"，在【将节距定义为】中选择"角度"，在【节距角】中填写"60"，在【跨角】中填写"360"，如图 1-3-36 所示。单击【确定】按钮，结果如图 1-3-37 所示。

图 1-3-34 【阵列几何特征】对话框 2

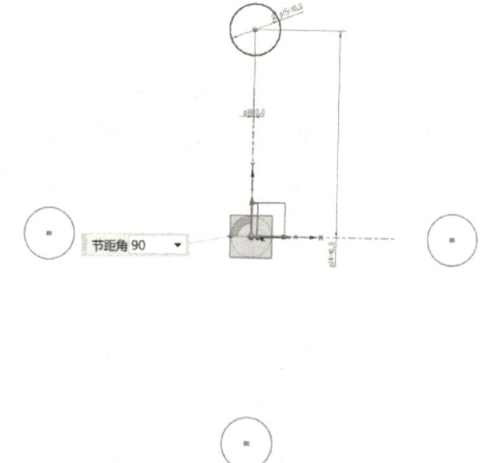

图 1-3-35 阵列结果 4

图 1-3-36 【阵列几何特征】对话框 3

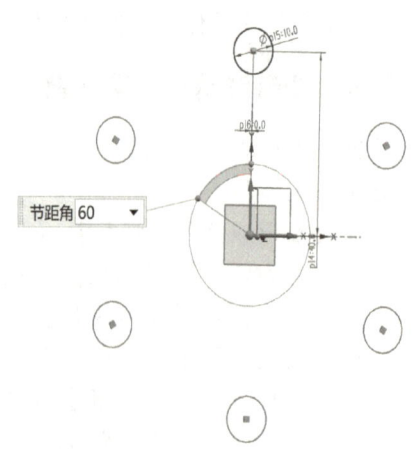

图 1-3-37 阵列结果 5

1.3.7 任务注释——缝合

可以通过将公共边缝合在一起来组合片体，或通过缝合公共面来组合实体。

缝合步骤如下：

（1）选择菜单中的【插入】→【组合】→【缝合】命令。

（2）在【类型】中选择【片体】，在【目标】中选择【选择片体】，选择其中一个曲面为目标。

（3）在【工具】中单击【选择片体】，框选所有曲面，单击【确定】按钮，完成曲面缝合。

类型说明：
（1）片体：选择有公共边的曲面。
（2）实体：选择有公共边的实体。

1.3.8 任务拓展

根据如图 1-3-38 和图 1-3-39 所示的图样要求，完成定位夹座和端盖三维立体建模。

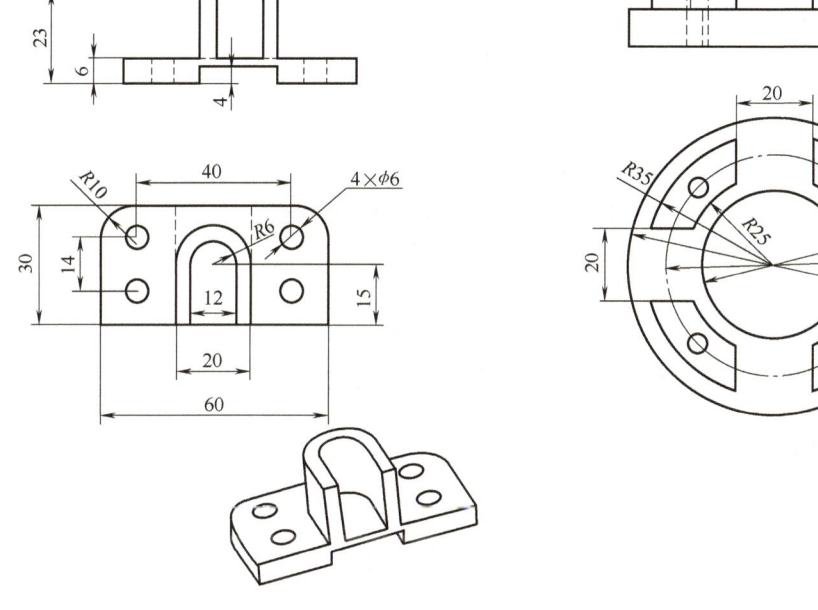

图 1-3-38　定位夹座　　　　　　　　　图 1-3-39　端盖

任务 1.4　灯罩的设计

灯罩产品在形状设计上力求简约。本任务的灯罩设计为上圆下方，通过线条的勾勒，呈现出整体稳定、和谐的结构，同时也传达出一种自然、朴实的意境。通过本任务主要学习建立基准平面、创建点、添加草图约束及通过曲线组创建曲面命令。

完成如图 1-4-1 所示灯罩产品的建模。

1.4.1　任务目标

1. 知识目标

1）理解草图约束的功能。

2）了解网格曲面的功能和作用。

3）掌握通过曲线组创建曲面的方法。

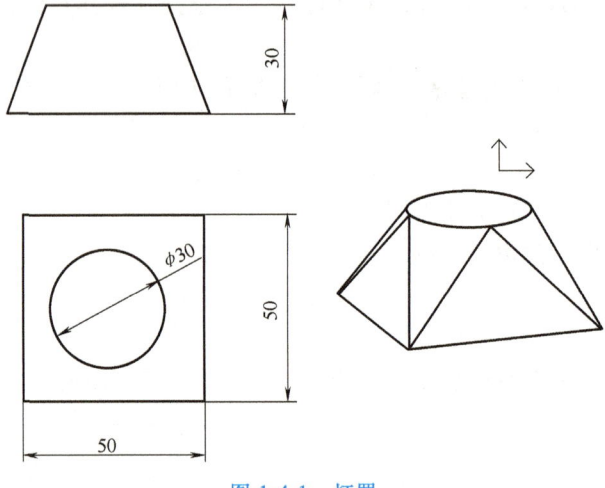

图 1-4-1 灯罩

2. 技能目标

1）熟练运用约束命令完善草图绘制。

2）学会运用网格曲面进行曲面操作，使得曲面形成整体模型。

3）熟练运用创建点的命令，掌握圆形阵列的使用方法。

3. 素养目标

1）引导学生熟悉工程制图的相关国家政策和行业标准。

2）培养遵守行业要求、具备良好职业道德和职业规范意识的专业绘图人才。

1.4.2 任务分析

此灯罩产品的建模需要先通过曲线组完成片体的创建，再进行圆形阵列，然后进行片体缝合，最后完成建模。灯罩产品的建模可参照如图 1-4-2a～g 所示的七个步骤完成。

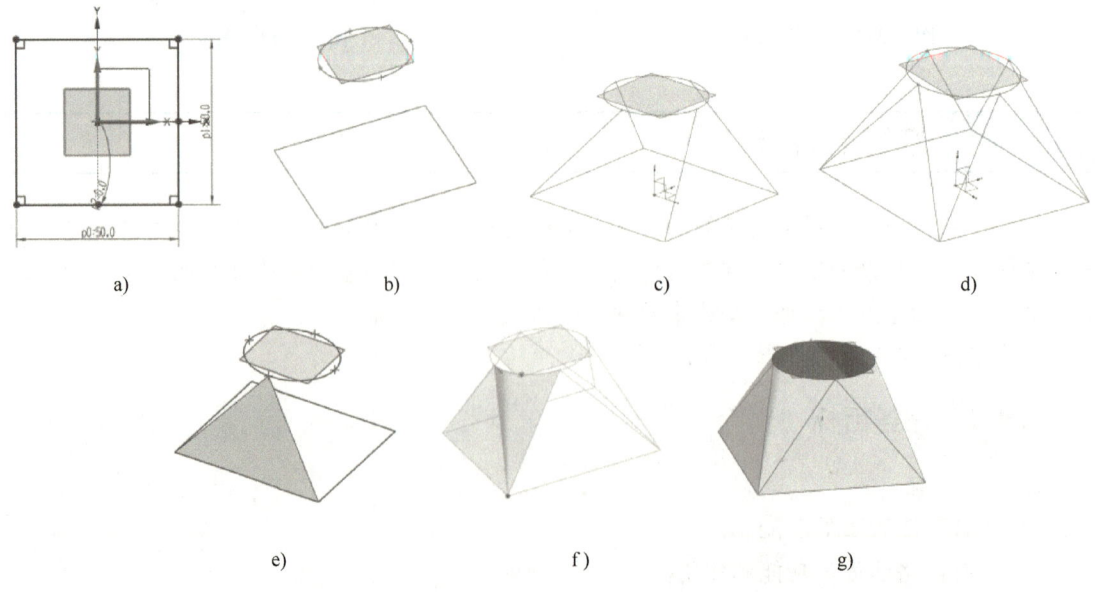

图 1-4-2 灯罩产品的建模步骤

知识要点：

（1）通过草图约束命令定位草图对象和确定草图对象之间的相互关系。

（2）通过曲线组创建曲面是指通过多个截面线来做成曲面。使用通过曲线组命令可通过选取一个方向上的多个截面曲线创建曲面和实体。

1.4.3 任务实施

根据任务分析，明确知识要点，灯罩产品的建模步骤如下。

1. 新建文件

1-4 灯罩的设计

选择菜单中的【文件】→【新建】命令，或选择 图标，系统弹出【新建】对话框。在【模型】→【模板】中选择【建模】，在【单位】下拉列表框中选择"毫米"，在【名称】文本框中输入"灯罩"，如图1-4-3所示，单击【确定】按钮。

2. 创建草图1

（1）进入草图界面。选择菜单中的【插入】→【在任务环境中的草图】命令，或者在【特征】工具条中选择 （草图）图标，系统弹出【创建草图】对话框，如图1-4-4所示。在【在平面上】中选择 XY 平面，如图1-4-5所示，单击【确定】按钮，系统出现草图1绘制区。

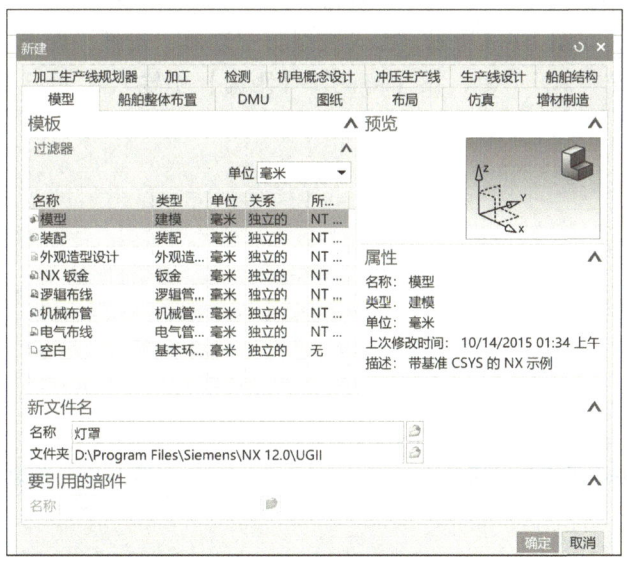

图 1-4-3 【新建】对话框

图 1-4-4 【创建草图】对话框

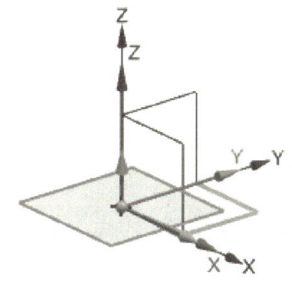

图 1-4-5 基准平面

(2) 绘制矩形草图。选择菜单中的【插入】→【草图曲线】→【矩形】命令，或在【直接草图】工具条中选择 □（矩形）图标，系统弹出【矩形】对话框，如图 1-4-6 所示。在【矩形方法】中选择"中心点"，选择原点，在【输入模式】中选择"XY"，绘制一个矩形，结果如图 1-4-7 所示。

图 1-4-6 【矩形】对话框

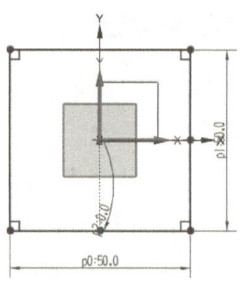

图 1-4-7 草图 1

(3) 单击【完成草图】命令，或单击 图标，完成草图绘制。

3. 创建基准平面

选择菜单中的【插入】→【基准】→【基准平面】命令，或者选择 图标，系统弹出【基准平面】对话框，如图 1-4-8 所示。在【类型】中选择"按某一距离"，在【平面参考】→【选择平面对象】中选择 XY 平面，在【偏置】→【距离】中输入"30"，单击【确定】按钮，结果如图 1-4-9 所示。

图 1-4-8 【基准平面】对话框

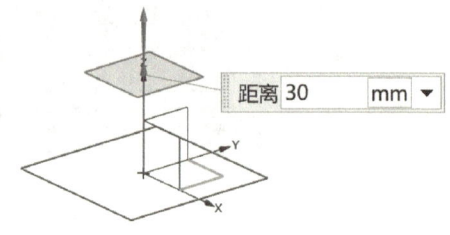

图 1-4-9 创建基准平面

4. 创建草图 2

(1) 进入草图界面。选择菜单中的【插入】→【在任务环境中的草图】命令，或在【特征】工具条中选择 （草图）图标，系统弹出【创建草图】对话框。在【草图类型】→【在平面上】中选择基准平面 1，如图 1-4-10 所示，单击【确定】按钮，系统进入草图 2 绘制界面。

(2) 绘制圆形草图。在【草图工具】工具条中选择 ○（圆形）图标，绘制圆形轮廓草图，结果如图 1-4-11 所示。

(3) 绘制草图点。选择菜单中的【插入】→【草图曲线】→【+点】命令，或在【直接草图】工具条中选择 +（点）图标，系统弹出【草图点】对话框，如图 1-4-12 所示。在【点】→【指定点】中选择 ○（象限点）图标，在圆上选择象限点，单击【确定】按钮，结果如图 1-4-13 所示。

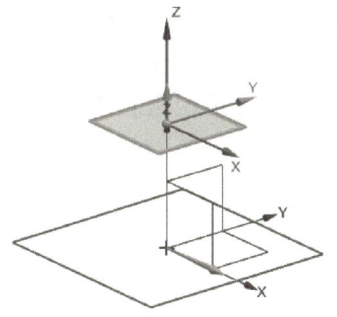

图 1-4-10　绘制界面

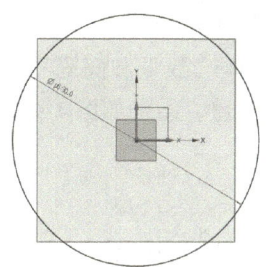

图 1-4-11　圆形轮廓

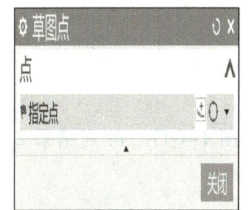

图 1-4-12　【草图点】对话框

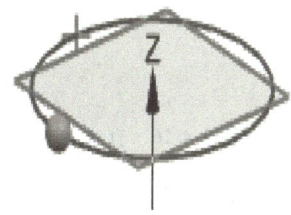

图 1-4-13　点 1

（4）阵列结构。选择菜单中的【插入】→【关联复制】→【阵列几何特征】命令，系统弹出【阵列特征】对话框，如图 1-4-14 所示。在【要形成阵列的特征】→【选择特征】中选择点 1，在【阵列定义】→【布局】中选择"圆形"，在【旋转轴】→【指定矢量】中选择 Z 轴，在【斜角方向】→【间距】中选择"数量和间隔"，在【数量】中填写"4"，在【节距角】中填写"90"。单击【确定】按钮，结果如图 1-4-15 所示。

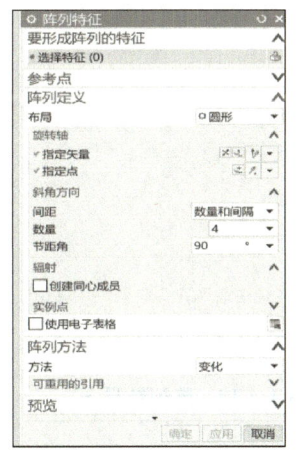

图 1-4-14　【阵列特征】对话框

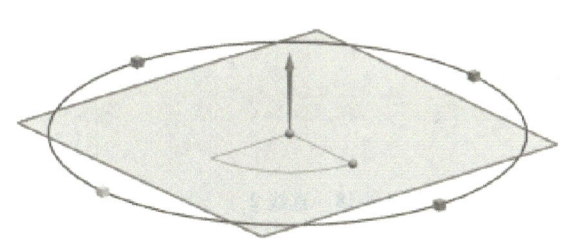

图 1-4-15　阵列结果 1

5. 创建直线 1 并阵列

（1）创建直线 1。选择菜单中的【插入】→【曲线】→【直线】命令，或在【特征】工具条中选择【曲线】→【直线】，系统弹出【直线】对话框。在【开始】→【起点选项】中选择"点"，选择直线终点。在【结束】→【终点选项】中选择"点"，选择圆的象限点 1，单击【确定】按钮，结果如图 1-4-16 所示。

（2）阵列结构。选择菜单中的【插入】→【关联复制】→【阵列特征】命令，系统弹出

【阵列特征】对话框。在【要形成阵列的特征】→【选择特征】中选择直线1，在【阵列定义】→【布局】中选择"圆形"，在【旋转轴】→【指定矢量】中选择 Z 轴，在【斜角方向】→【间距】中选择"数量和间隔"，在【数量】中填写"4"，在【节距角】中填写"90"。单击【确定】按钮，结果如图1-4-17所示。

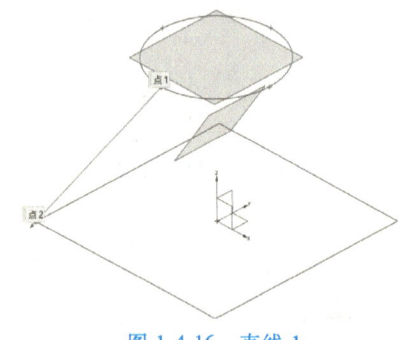

图1-4-16　直线1

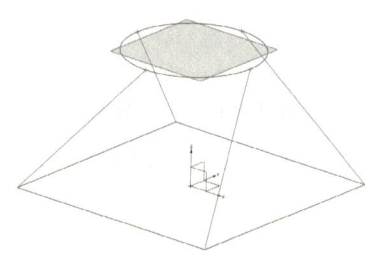

图1-4-17　阵列结果2

6. 创建直线2并阵列

（1）创建直线2。选择菜单中的【插入】→【曲线】→【直线】命令，或在【特征】工具条中选择【曲线】→【直线】，系统弹出【直线】对话框。在【开始】→【起点选项】中选择"点"，选择直线终点。在【结束】→【终点选项】中选择"点"，选择圆的象限点1，单击【确定】按钮，结果如图1-4-18所示。

（2）阵列结构。选择菜单中的【插入】→【关联复制】→【阵列特征】命令，系统弹出【阵列特征】对话框。在【要形成阵列的特征】→【选择特征】中选择直线1，在【阵列定义】→【布局】中选择"圆形"，在【旋转轴】→【指定矢量】中选择 Z 轴，在【斜角方向】→【间距】中选择"数量和间隔"，在【数量】中填写"4"，在【节距角】中填写"90"。单击【确定】按钮，结果如图1-4-19所示。

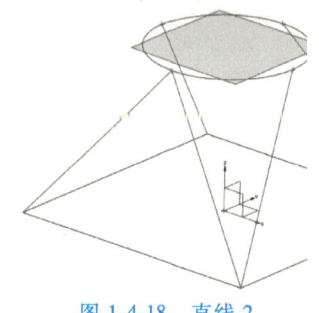

图1-4-18　直线2

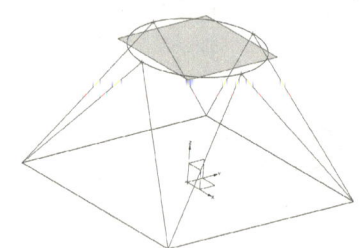

图1-4-19　阵列结果3

7. 创建曲面1

选择菜单中的【插入】→【网格曲面】→【通过曲线组】命令，或在【曲面】工具条中选择【通过曲线组】，系统弹出【通过曲线组】对话框，如图1-4-20所示。在【截面】→【选择点】中选择象限点1。在【添加新集】中选择象限点所对应的正方形底边，单击【确定】按钮，完成曲面1的绘制，结果如图1-4-21所示。

8. 创建曲面2并阵列

（1）创建曲面2。选择菜单中的【插入】→【网格曲面】→【通过曲线组】命令，系统弹出【通过曲线组】对话框。在选择过滤器下拉菜单中选择【单条曲线】。单击┼┼图标，选择相交处停止,在【截面】→【选择曲线或点(0)】中选择底边两直线交点。单击鼠标中键,选择点所对圆弧曲线。单击【确定】按钮,完成曲面2的绘制,结果如图1-4-22所示。

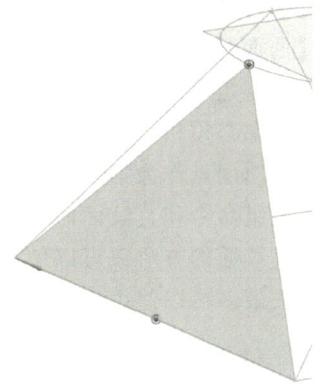

图1-4-20 【通过曲线组】对话框　　　　　图1-4-21 曲面1

(2)阵列结构。选择菜单中的【插入】→【关联复制】→【阵列特征】命令,在【要形成阵列的特征】→【选择特征】中选择曲面1和曲面2,在【阵列定义】→【布局】中选择"圆形",在【旋转轴】→【指定矢量】中选择Z轴,在【斜角方向】→【间距】中选择"数量和间隔",在【数量】中填写"4",在【节距角】中填写"90"。单击【确定】按钮,结果如图1-4-23所示。

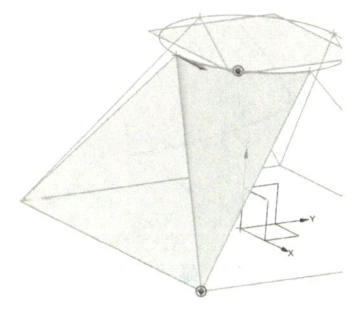

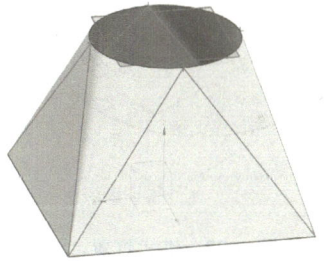

图1-4-22 曲面2　　　　　图1-4-23 阵列结果4

9. 缝合曲面

选择菜单中的【插入】→【组合】→【缝合】命令,系统弹出【缝合】对话框,如图1-4-24所示。在【类型】中选择"片体",在【目标】中选择"选择片体",选择一个曲面为目标。在【工具】中选择"选择片体",框选其余所有曲面,如图1-4-25所示。单击【确定】按钮,完成曲面缝合。保存后完成灯罩的建模,结果如图1-4-26所示。

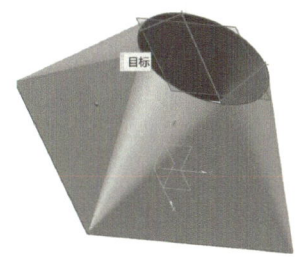

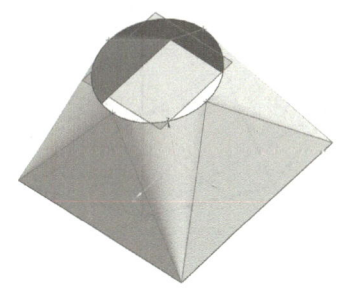

图1-4-24 【缝合】对话框　　图1-4-25 绘图区域　　图1-4-26 完成灯罩的建模

1.4.4 任务注释——通过曲线组

打开【通过曲线组】步骤为：选择菜单中的【插入】→【网格曲面】→【通过曲线组】命令，或在【曲面】工具条中选择"通过曲线组"，系统弹出【通过曲线组】对话框。

通过曲线组是通过多个截面线来做成曲面。使用成组的主曲线和交叉曲线来创建曲面时，每组曲线都必须相邻，多组主曲线必须大致保持平行，且多组交叉曲线也必须大致保持平行。也可以使用点作为第一个或最后一个曲线对象。

通过曲线组命令和直纹面命令的区别：一般情况下，直纹面能做出来的曲面通过曲线组都可以做；直纹面的方法只可以使用两条截面线串，并且两条截面线串之间总是相连的，通过曲线组方法最多可以使用 150 条截面线串。

1.4.5 任务拓展

按照如图 1-4-27~图 1-4-30 所示完成塔式灯罩、蛹式导管、八角灯罩和元宝灯罩的实体模型。

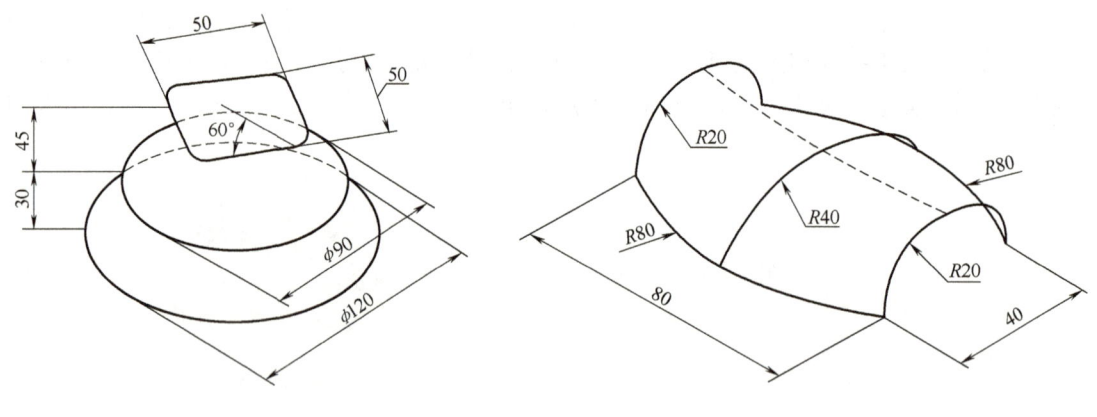

图 1-4-27 塔式灯罩

图 1-4-28 蛹式导管

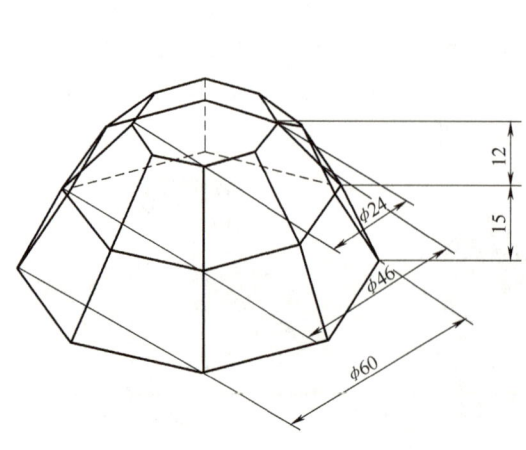

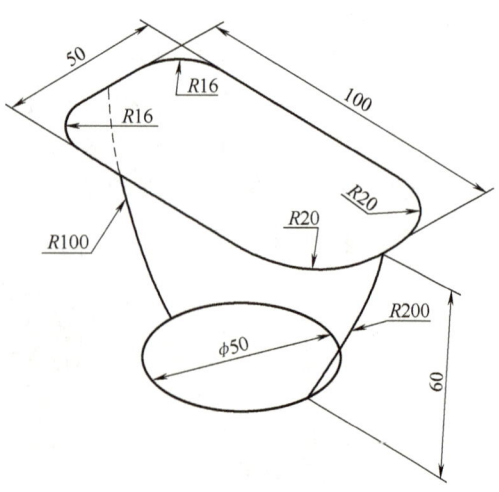

图 1-4-29 八角灯罩

图 1-4-30 元宝灯罩

项目 1 实体建模

任务 1.5 弯管的设计

UG NX 技巧特征功能是在已有设计的基础上进行技巧特征操作，高效完成实体建模。本任务主要通过完成弯管的建模来介绍沿引导线扫掠、倒斜角、创建螺纹特征命令。弯管图样如图 1-5-1 所示。

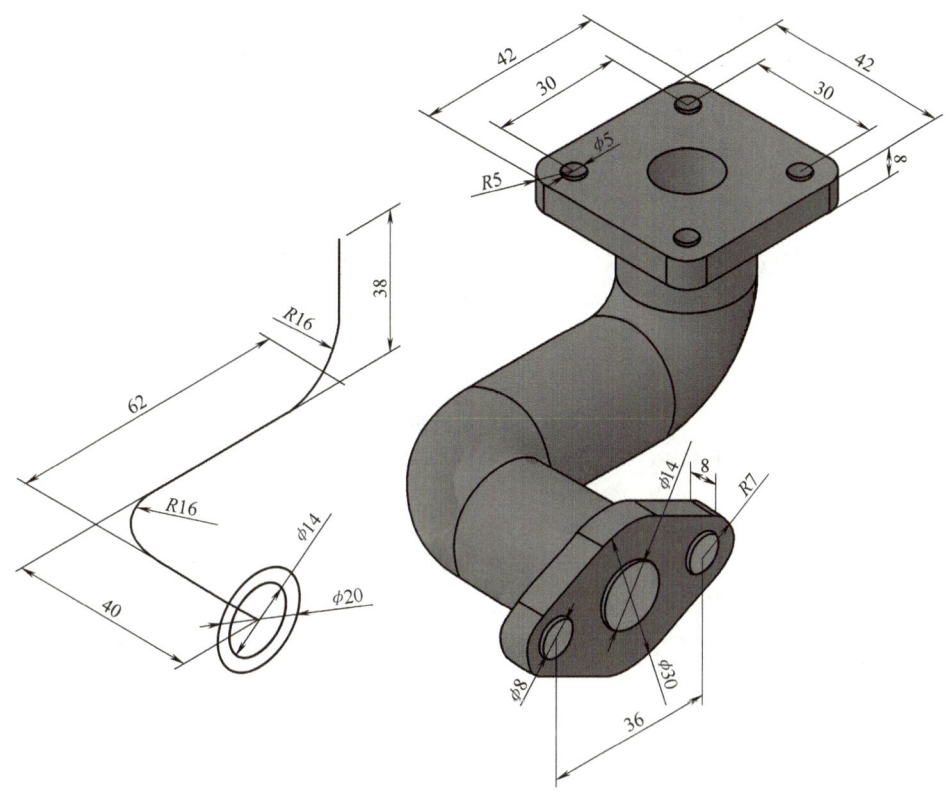

图 1-5-1 弯管图样

1.5.1 任务目标

1. 知识目标

1）理解合并的含义。
2）了解倒斜角的功能和作用。
3）掌握创建引导线扫掠特征的方法。
4）掌握创建螺纹特征的方法。

2. 技能目标

1）熟练运用新建基准平面命令，绘制草图。
2）学会运用引导线扫掠进行实体操作，使得曲面形成实体模型。
3）熟练掌握倒斜角操作，掌握螺纹特征的使用方法。

3. 素养目标

1）培养学生严谨细致、一丝不苟、精益求精、追求卓越的工匠精神。

2）引导学生意识到制图建模、尺寸设计的严谨性和重要性，树立匠人之心，塑造专业匠人。

3）引导学生熟悉工程制图的相关国家政策和行业标准。

1.5.2 任务分析

弯管建模过程可通过先新建基准平面并绘制草图，再利用空间曲线绘制引导线，然后利用沿引导线扫掠命令完成弯管中间部分的建模。弯管两端分别建立基准平面并利用拉伸特征和孔特征完成两个端面的建模，弯管下端再利用螺纹特征完成螺孔的建模，如图1-5-2a～e所示。

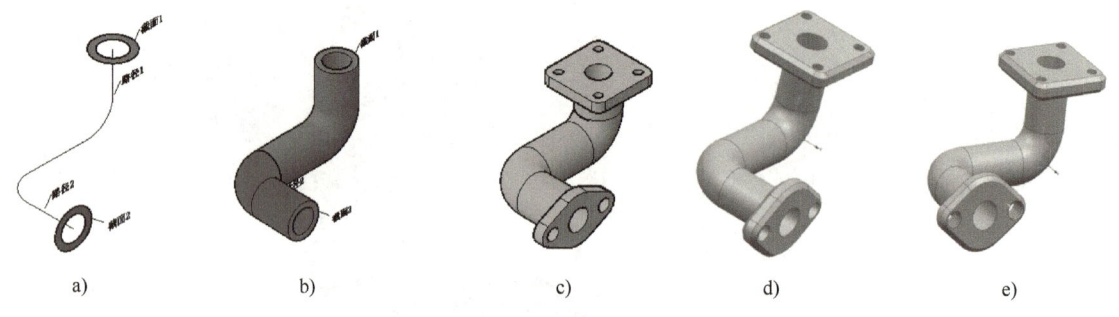

图1-5-2　建模步骤

a）创建曲线　b）扫掠　c）拉伸　d）倒斜角　e）螺纹特征

知识要点：

（1）沿引导线扫掠命令是通过将一条或多条曲线轮廓沿一条、两条或三条引导线且穿过空间中的一条路径来创建实体或片体。

（2）螺纹特征用于在已经建立底孔的基础上，指定螺纹参数来完成螺孔的创建。

1.5.3 任务实施

根据任务分析，明确知识要点，弯管建模具体步骤如下。

1. 新建文件

1-5　弯管的设计

选择菜单中的【文件】→【新建】命令，或选择图标，系统弹出【新建】对话框。在【模型】→【模板】栏中选择【建模】，在【单位】下拉列表框中选择"毫米"，在【名称】文本框中输入"弯管.prt"，如图1-5-3所示，单击【确定】按钮。

2. 创建基准平面1

选择菜单中的【插入】→【基准】→【基准平面】命令，或者选择 图标，系统弹出【基准平面】对话框，如图1-5-4所示。在【类型】中选择"自动判断"，在【要定义平面的对象】→【选择对象】中选取XY平面。在【偏置】→【距离】中输入"38"，单击【确定】按钮，结果如图1-5-5所示。

3. 创建基准平面2

选择菜单中的【插入】→【基准】→【基准平面】命令，或者选择 图标，系统弹出【基准平面】对话框。在【类型】中选择"自动判断"，在【要定义平面的对象】→【选择对象】中选取XZ平面。在【偏置】→【距离】中输入"40"，单击【确定】按钮，结果如图1-5-6所示。

项目 1　实体建模

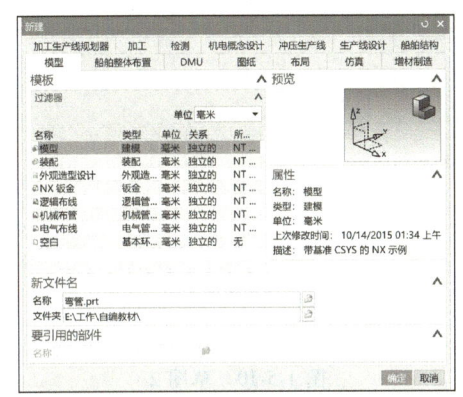

图 1-5-3　【新建】对话框

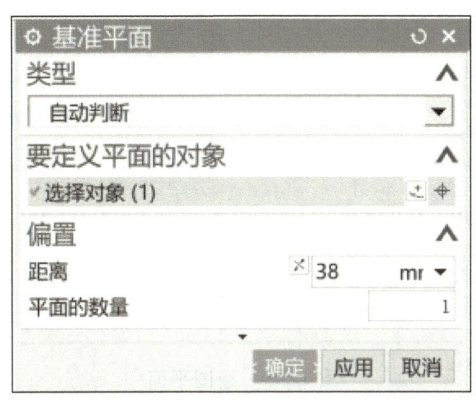

图 1-5-4　【基准平面】对话框

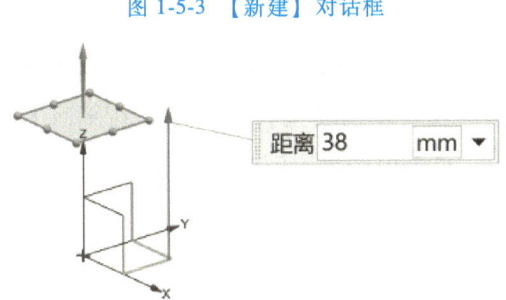

图 1-5-5　创建基准平面 1

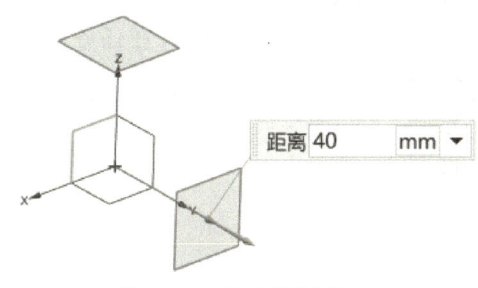

图 1-5-6　创建基准平面 2

4. 创建草图 1

选择菜单中的【插入】→【在任务环境中的草图】命令，或者在【特征】工具条中选择（草图）图标，系统弹出【创建草图】对话框。在【草图类型】中选择"在平面上"，选取 XY 平面，如图 1-5-7 所示，单击【确定】按钮，系统出现草图绘制区，绘制草图 1，结果如图 1-5-8 所示。

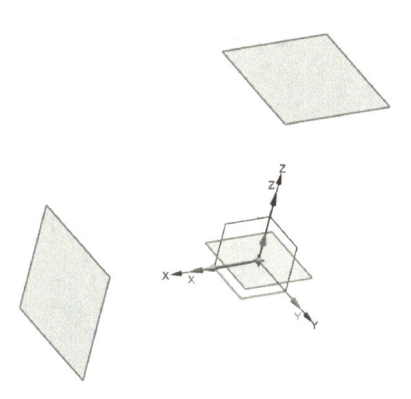

图 1-5-7　绘图区域

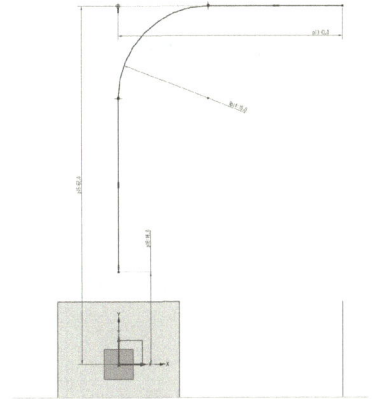

图 1-5-8　草图 1

5. 创建草图 2

选择菜单中的【插入】→【在任务环境中的草图】命令，或者在【特征】工具条中选择（草图）图标，系统弹出【创建草图】对话框。在【草图类型】中选择"在平面上"，选取 YZ 平面，如图 1-5-9 所示。单击【确定】按钮，系统出现草图绘制区，绘制草图 2，结果如图 1-5-10 所示。

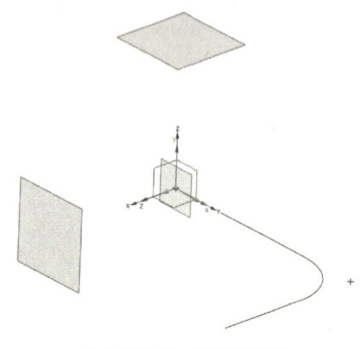
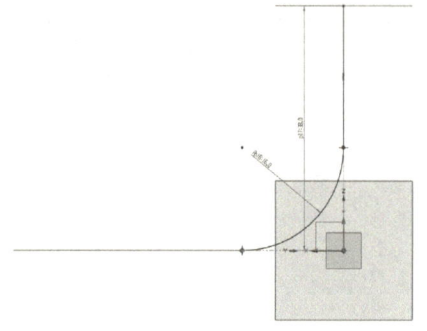

图 1-5-9　绘图平面　　　　　　　　　图 1-5-10　草图 2

6. 创建草图 3

选择菜单中的【插入】→【在任务环境中的草图】命令，或者在【特征】工具条中选择（草图）图标，系统弹出【创建草图】对话框。在【草图类型】中选择"在平面上"，选取平面 1，如图 1-5-11 所示，单击【确定】按钮，系统出现草图绘制区，绘制草图 3，结果如图 1-5-12 所示。

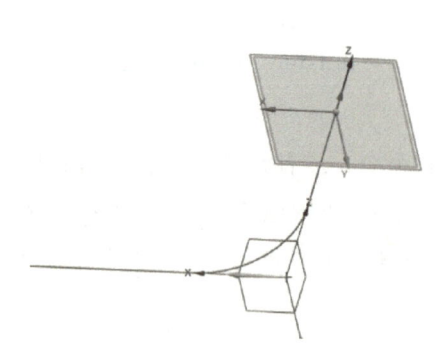
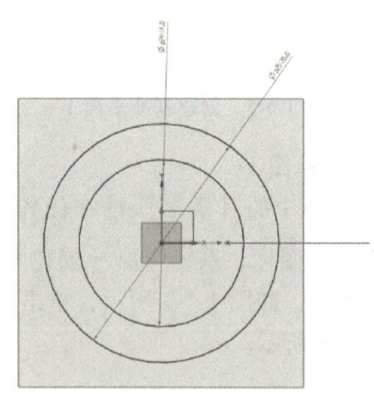

图 1-5-11　平面选择　　　　　　　　　图 1-5-12　草图 3

7. 创建扫掠特征

选择菜单中的【插入】→【设计特征】→【扫掠】→【沿引导线扫掠】命令，系统弹出【沿引导线扫掠】对话框，如图 1-5-13 所示。在【截面】→【选择曲线】中选择草图 3，在【引导】→【选择曲线】中依次选择草图 1、草图 2，单击【确定】按钮，结果如图 1-5-14 所示。

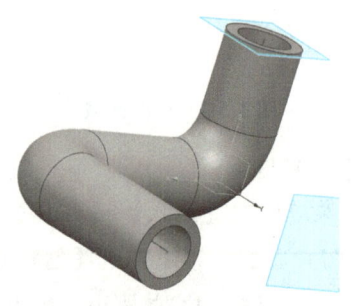

图 1-5-13　【沿引导线扫掠】对话框　　　　图 1-5-14　扫掠特征

8. 创建草图 4

选择菜单中的【插入】→【在任务环境中的草图】命令，或者在【特征】工具条中选择 图标，系统弹出【创建草图】对话框。在【草图类型】中选择"在平面上"，选取平面1，如图1-5-15所示，单击【确定】按钮，系统出现草图绘制区，绘制草图4，结果如图1-5-16所示。

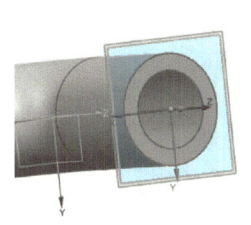

图 1-5-15　平面选择

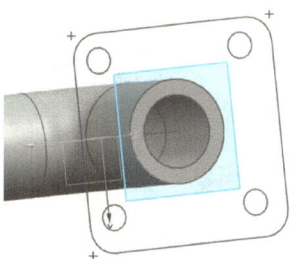

图 1-5-16　草图 4

9. 拉伸特征 1

选择菜单中的【插入】→【设计特征】→【拉伸】命令，或者在【特征】工具条中选择拉伸图标，系统弹出【拉伸】对话框。在【表区域驱动】→【选择曲线】中选择草图4，在【方向】→【指定矢量】中选择Z轴正向，在【限制】→【距离】中输入"8"，单击【确定】按钮，结果如图1-5-17所示。

10. 创建草图 5

选择菜单中的【插入】→【在任务环境中的草图】命令，或者在【特征】工具条中选择 图标，系统弹出【创建草图】对话框。在【草图类型】中选择"在平面上"，选取基准平面2，如图1-5-18所示，单击【确定】按钮，系统出现草图绘制区，绘制草图5，结果如图1-5-19所示。

图 1-5-17　拉伸实体 1

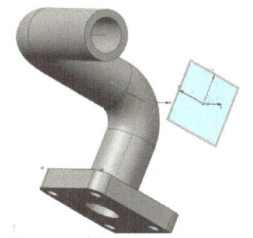

图 1-5-18　平面选择

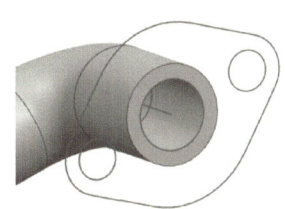

图 1-5-19　草图 5

11. 拉伸特征 2

选择菜单中的【插入】→【设计特征】→【拉伸】命令，或者在【特征】工具条中选择拉伸图标，系统弹出【拉伸】对话框。在【表区域驱动】→【选择曲线】中选取草图5，在【方向】→【指定矢量】中选择Z轴正向，在【限制】→【距离】中输入"8"，单击【确定】按钮，结果如图1-5-20所示。

12. 倒斜角特征

选择菜单中的【插入】→【细节特征】→【倒斜角】命令，或者在【特征】工具条中选择 倒斜角 图标，系统弹出【倒斜角】对话框，如图1-5-21所示。在【边】→【选择边】中选择拉伸特征1的外部边和拉伸特征2的外部边，在【偏置】→【横截面】中选择"对称"，在【距离】中输入"2"，单击【确定】按钮，结果如图1-5-22所示。

图1-5-20 拉伸实体2

图1-5-21 【倒斜角】对话框

13. 螺纹特征

选择菜单中的【插入】→【设计特征】→【螺纹】命令，或者在【特征】工具条中选择 倒斜角 图标，系统弹出【螺纹切削】对话框，如图1-5-23所示。在【螺纹类型】中选择"详细"，单击螺孔内壁。在【大径】中输入"10"，在【长度】中输入"8"，在【螺距】中输入"1.5"，在【旋转】中选择"右旋"，单击【确定】按钮，结果如图1-5-24所示。保存弯管的建模。

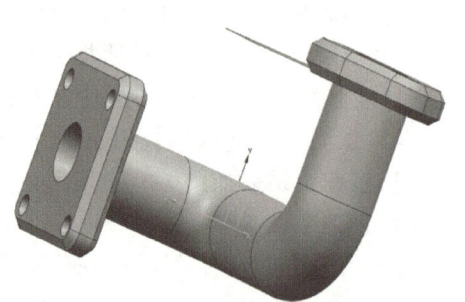

图1-5-22 倒斜角特征

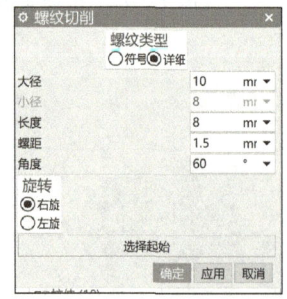

图1-5-23 【螺纹切削】对话框

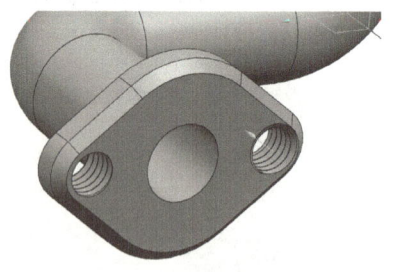

图1-5-24 螺纹特征

1.5.4 任务注释——沿引导线扫掠

可通过引导线扫掠截面来创建实体。

在【沿引导线扫掠】对话框【体类型】区域中有"实体"和"片体"单选按钮，用于控制在拉伸截面曲线时创建的是实体还是片体。

当设置为实体时，遵循以下规则：

(1) 一个完全连续、封闭的截面线串沿引导线扫描时将创建一个实体。
(2) 一个开放的截面线串沿一条开放的引导线扫描时将创建一个片体。
(3) 一个开放的截面线串沿一条封闭的引导线扫描时将创建一个实体。系统自动封闭开放的截面线串两端面而形成实体。
(4) 当使用偏置扫描时，创建有厚度的实体。
(5) 每次只能选择一条截面线串和一条引导线。
(6) 对于封闭的引导线允许含有尖角，但截面线串应位于远离尖角的地方，而且需要位于引导线的端点位置，如图 1-5-25 所示。

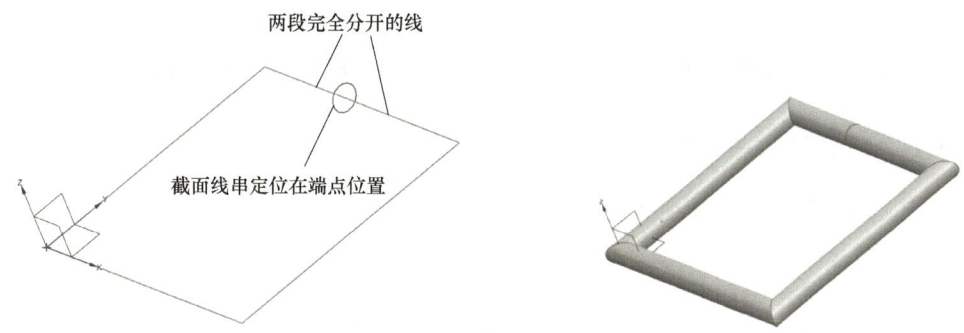

图 1-5-25　允许引导线含有尖角

1.5.5　任务注释——倒斜角

倒斜角特征是指用指定的倒角尺寸将实体的边缘变成斜面，倒角尺寸是在构成边缘的两个实体表面上度量的。

倒斜角时系统是增加材料还是减去材料取决于边缘类型。对于外边缘是减去材料，对于内边缘是增加材料。不管是增加材料还是减去材料，都是缩短了相交于所选边缘的两个面的长度，如图 1-5-26 所示。

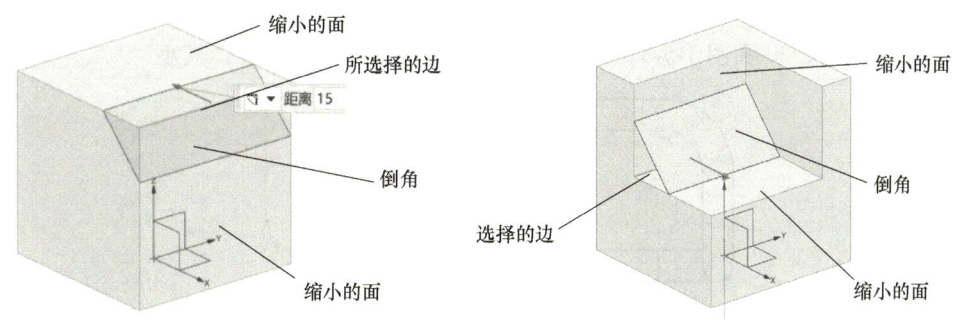

图 1-5-26　内边缘、外边缘倒斜角

倒斜角的类型有对称、非对称及偏置和角度 3 种。

对称：创建一个沿两个表面具有相同偏置值的倒角，如图 1-5-27 所示。

非对称：创建一个沿两个表面具有不同偏置值的倒角，如图 1-5-28 所示。

偏置和角度：创建一个沿两个表面分别为不同偏置值、倾斜角的倒角，如图 1-5-29 所示。

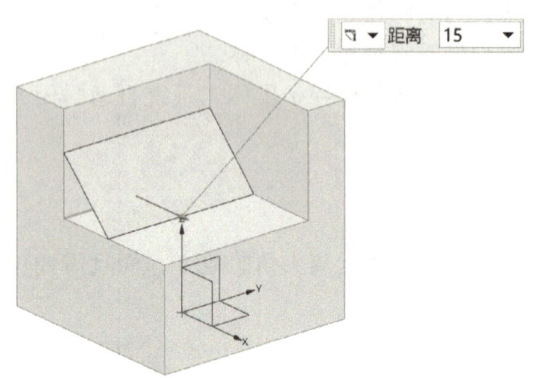

图 1-5-27　对称倒角特征

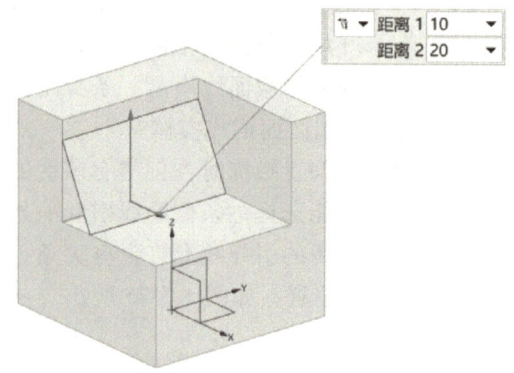

图 1-5-28　非对称倒角特征

1.5.6　任务注释——螺纹特征

螺纹特征是指将符号或详细螺纹数据添加到实体的圆柱面。

添加螺纹特征的步骤如下：

（1）选择菜单中的【插入】→【设计特征】→【螺纹】命令，或者在【特征】工具条中选择 倒斜角 图标，系统弹出【螺纹切削】对话框，如图 1-5-23 所示。

（2）在【螺纹类型】中选择"详细"，单击螺孔内壁。

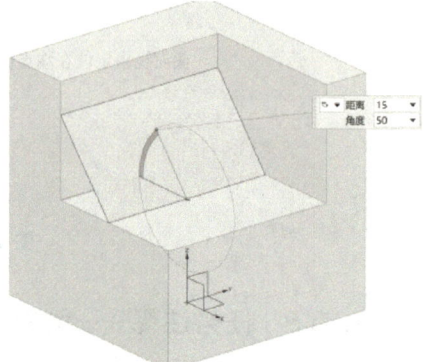

图 1-5-29　偏置和角度倒角特征

（3）在【大径】中输入"10"，在【长度】中输入"8"，在【螺距】中输入"1.5"。

（4）在【旋转】中选择"右旋"，单击【确定】按钮，结果如图 1-5-24 所示。

1.5.7　任务拓展

请按照如图 1-5-30 和图 1-5-31 所示创建导动体和转向摇臂的实体模型。

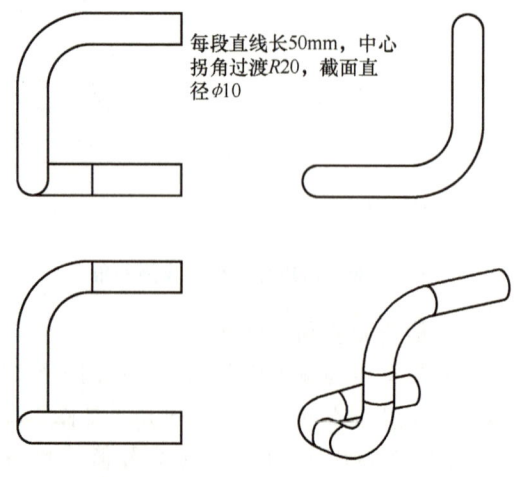

图 1-5-30　导动体

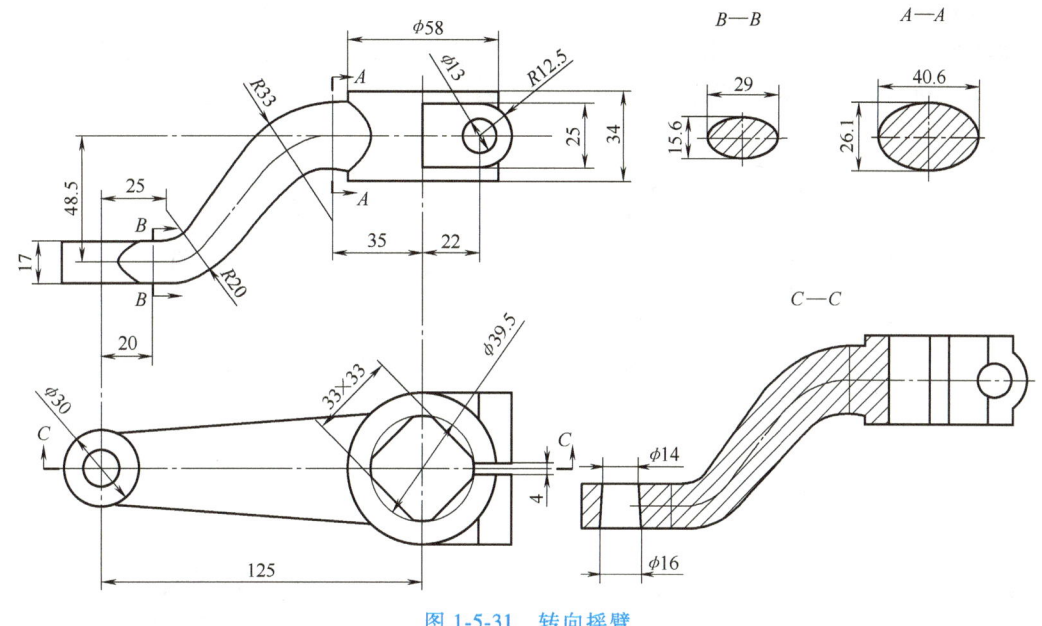

图 1-5-31 转向摇臂

任务 1.6 篮球的设计

篮球、足球和排球是生活中常见的体育用品。本任务是运用前面所学的三维建模知识和技能，设计一款篮球产品。

1.6.1 任务目标

1. 知识目标

1）熟悉草图和旋转命令，创建篮球基本实体特征。
2）掌握投影曲线命令，绘制球体上的双侧投影曲线。
3）掌握相交曲线命令，形成球体与基准面的曲面和平面交线。
4）掌握管道和抽壳操作，创建篮球球面凹槽和薄壁特征。

2. 技能目标

1）运用旋转命令，创建篮球基本实体特征。
2）运用投影曲线和相交曲线命令，生成建模所需的三维曲线。
3）掌握管道、倒圆角和抽壳等基本操作，完善篮球实体特征。

3. 素养目标

1）认真分析，规范作图，培养严谨细致、精益求精的工匠精神。
2）了解国家制图标准和行业规范，引导学生养成 7S 的良好习惯。
3）引导学生开展合作与交流，树立团队意识，积聚集体智慧。
4）鼓励学生对产品改进和创新，培养创新思维，激发创新潜力。

1.6.2 任务分析

请按照如图 1-6-1 所示图样要求，设计篮球三维模型。

如图 1-6-1 所示，篮球模型主要由球体构成，表面有多处圆形凹槽，大小均匀一致，凹槽与球面相交处，采用圆角光滑过渡。结合篮球实体表面特征和各部位的尺寸分析，可按如图 1-6-2a～f 所示的六个步骤完成篮球实体模型的创建。

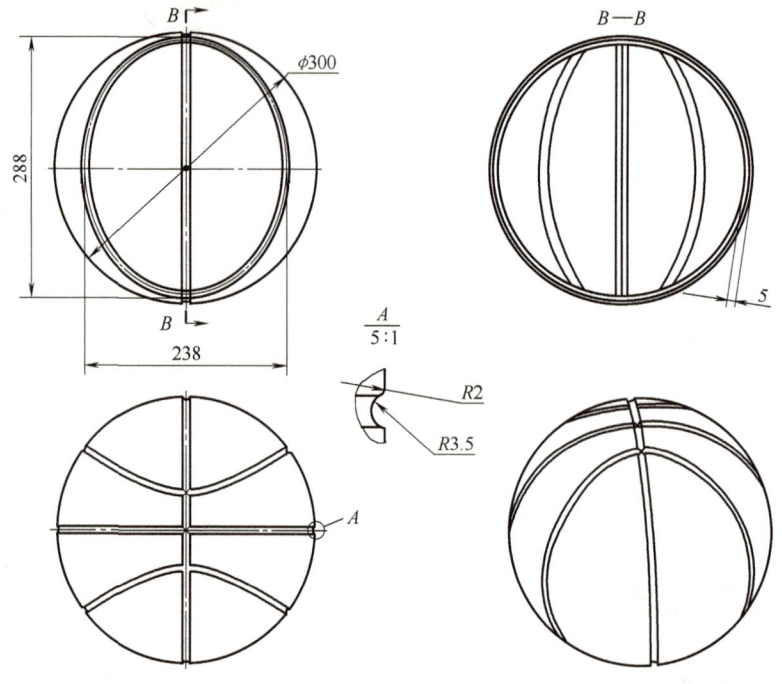

图 1-6-1 篮球三视图

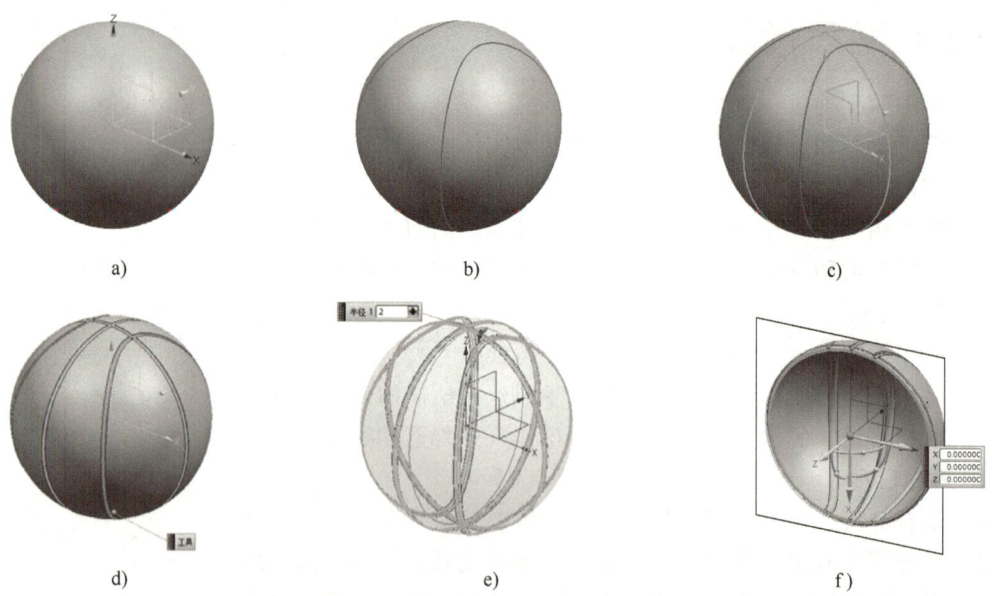

图 1-6-2 篮球实体模型建模步骤

a) 创建球体　b) 投影曲线　c) 相交曲线　d) 管道　e) 倒圆角　f) 抽壳

先创建球体，再通过草图命令绘制一个椭圆，并在球体上生成投影曲线。接着分别创建该球体与 "XZ" "YZ" 两个基准面之间的相交曲线，生成扫描轨迹。之后，在球体上创建并减去管道实体后,进行倒圆角操作。最后,通过抽壳命令完成篮球实体模型的创建。

1.6.3 任务实施

根据篮球三视图和任务分析,篮球实体模型建模的操作步骤如下。

1. 新建文件

1-6 篮球的设计

选择菜单中的【文件】→【新建】命令,或选择 图标,系统弹出【新建】对话框。在【模型】→【模板】栏中选择【建模】,在【单位】下拉列表框中选择"毫米",在【名称】文本框中输入"篮球.prt",如图1-6-3所示,单击【确定】按钮。

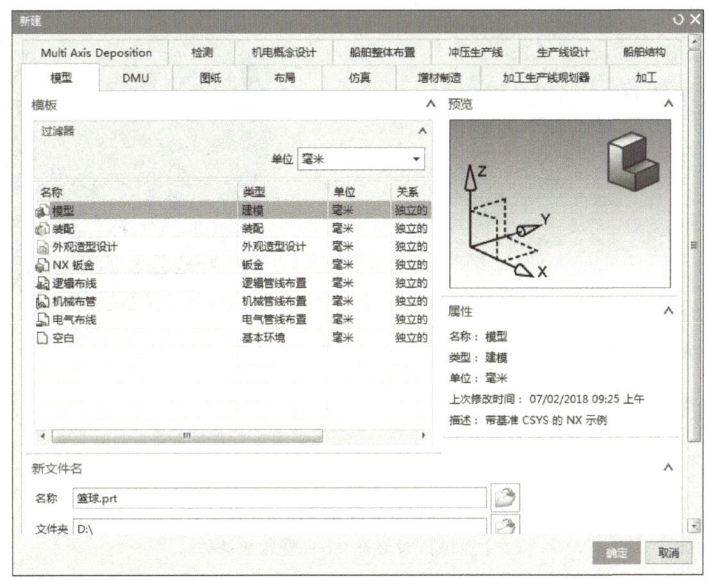

图1-6-3 【新建】对话框

2. 创建篮球实体

(1) 创建草图。选择菜单中的【插入】→【在任务环境中绘制草图】命令,选择 XZ 平面为草绘平面,绘制半圆,尺寸为 $\phi300\text{mm}$,如图1-6-4所示。

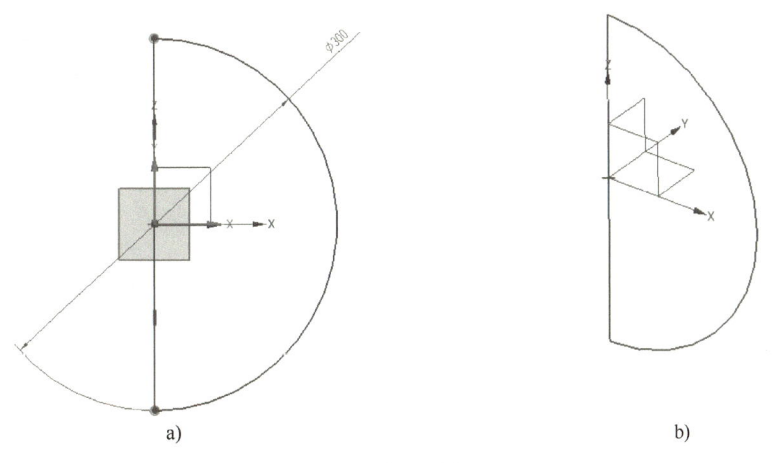

a) b)

图1-6-4 绘制半圆形草图

a)半圆形草图1(圆弧直径300mm) b)半圆形草图2

单击【确定】按钮，退出草图。

运用旋转命令创建球体。单击主页工具条中的 (旋转）图标，系统弹出如图1-6-5a 所示【旋转】对话框。在【截面线】→【选择曲线】中选择上一步绘制的草图轮廓；在【轴】选项中，选择Z轴为指定矢量，坐标原点为指定点；在【限制】选项中，输入开始角度为"0°"，结束角度为"360°"，其他参数默认不变。单击【确定】按钮，创建一个直径为300mm的球体，如图1-6-5b所示。

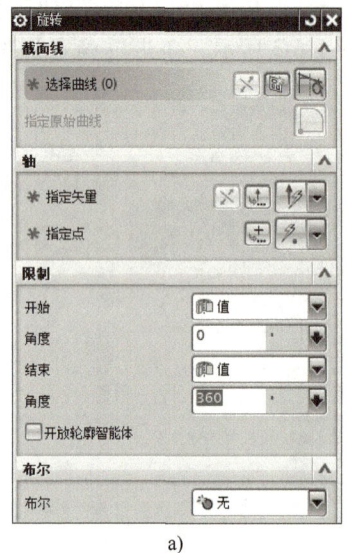 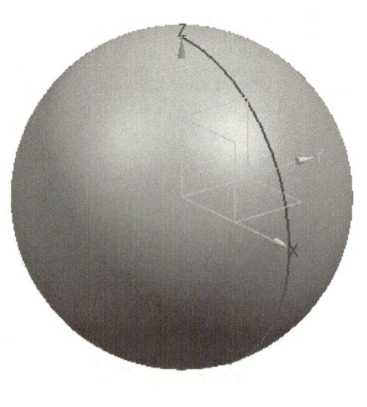

a)   b)

图1-6-5　旋转草图曲线，形成球体

a)【旋转】对话框　b) 旋转成球体

（2）绘制椭圆草图。单击 (草图）图标，选择YZ平面为草图绘制平面，绘制一个椭圆，长轴为288mm，短轴为238mm，如图1-6-6所示。单击 (完成草图）图标，退出草图。

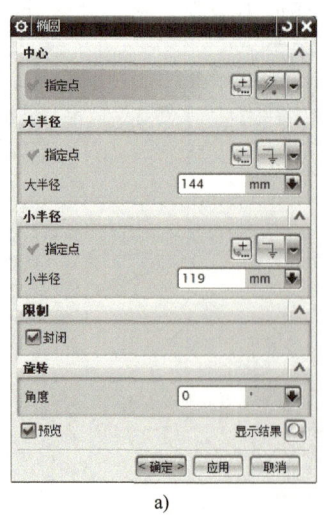 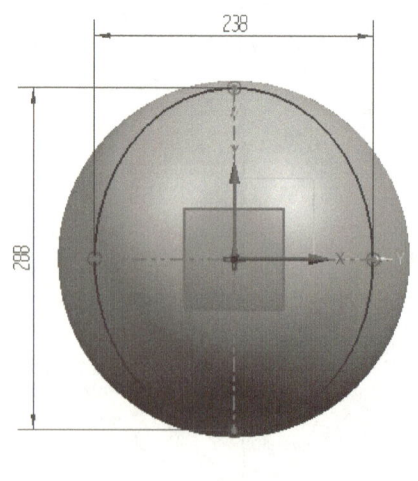

a)   b)

图1-6-6　绘制椭圆草图

a)【椭圆】对话框　b) 椭圆（288mm×238mm）

（3）生成投影曲线。单击【曲线】工具条中的 （投影曲线）图标，系统弹出如图 1-6-7a 所示【投影曲线】对话框。在【要投影的曲线或点】→【选择曲线或点】中选择上一步绘制的椭圆曲线，在【要投影的对象】→【选择对象】中选择"球体"；在【投影方向】→【指定矢量】中选择"+X"方向，在【投影选项】中选择"投影两侧"，单击【确定】按钮，结果如图 1-6-7b 所示。

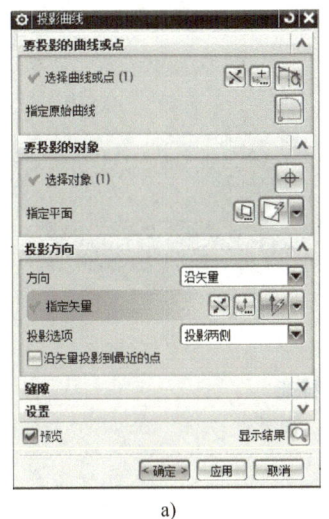
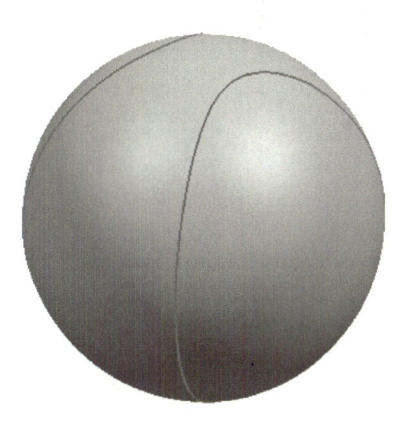

图 1-6-7 投影椭圆曲线

a)【投影曲线】对话框　b）球体上的椭圆曲线

（4）创建相交曲线。单击【曲线】工具条中的 （相交曲线）图标，系统弹出【相交曲线】对话框，如图 1-6-8a 所示。在【第一组】→【选择面】中选择"球体"，在【第二组】中选择 YZ、XZ 基准平面，单击【确定】按钮，完成相交曲线操作，结果如图 1-6-8b 所示。

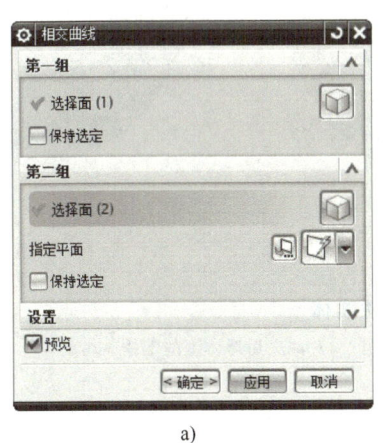

图 1-6-8 创建相交曲线

a)【相交曲线】对话框　b）球体上的相交曲线

（5）创建管道。选择菜单中的【插入】→【扫掠】→【管】命令，系统弹出【管】对话框，如图 1-6-9a 所示。在【路径】→【选择曲线】中选择球体上的投影曲线和相交曲线，在【横截面】→【外径】栏中输入"7"，在【设置】→【输出】中选择"单段"，单击【确定】按钮，完成管道创建操作，结果如图 1-6-9b 所示。

注：选择曲线时，一次只能选一条曲线。

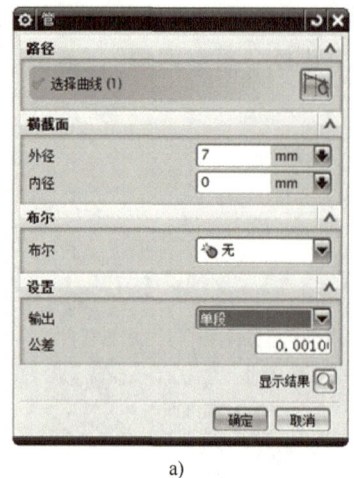

a) b)

图 1-6-9　创建管道特征

a)【管】对话框　b) 球体上的管道

（6）减去实体。单击【主页】→ (减去) 图标，系统弹出【减去】对话框，如图 1-6-10a 所示。在【目标】→【选择体】中选择"球体"，在【工具】→【选择体】中选择球体上的管道实体，如图 1-6-10b 所示。单击【确定】按钮，结果如图 1-6-10c 所示。

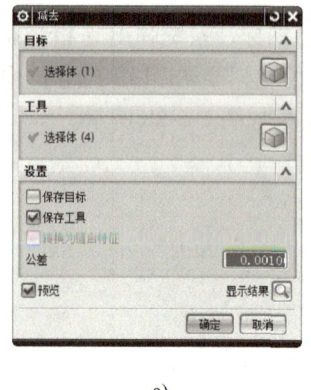

a) b) c)

图 1-6-10　减去实体

a)【减去】对话框　b) 球体上的管道　c) 减去后球体上的凹槽

（7）倒圆角操作。单击【主页】→ (边倒圆) 图标，系统弹出【边倒圆】对话框，如图 1-6-11a 所示。在【边】→【选择边】中用鼠标框选整个球体，选中所有的实体边，在【半径 1】栏中输入"2"，单击【确定】按钮，完成边倒圆操作，结果如图 1-6-11b 所示。

（8）创建抽壳操作。单击【主页】→ (抽壳) 图标，系统弹出【抽壳】对话框，如图 1-6-12a 所示。在弹出的下拉列表中选择"对所有面抽壳"，在【厚度】栏中输入"5"，单击【确定】按钮，完成抽壳操作，结果如图 1-6-12b 所示。

项目 1　实体建模

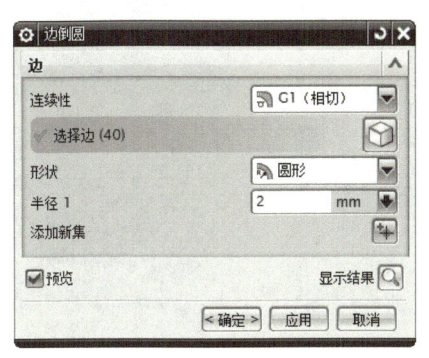
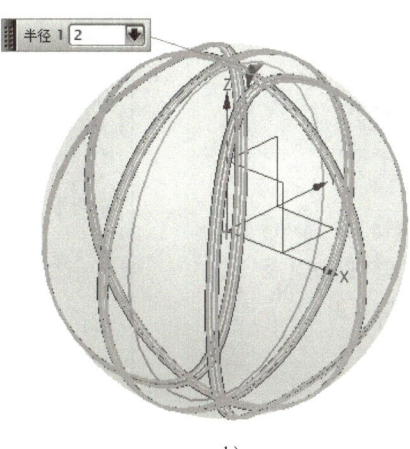

a)　　　　　　　　　　　　　　　　b)

图 1-6-11　边倒圆

a)【边倒圆】对话框　b）球体凹槽上倒圆角

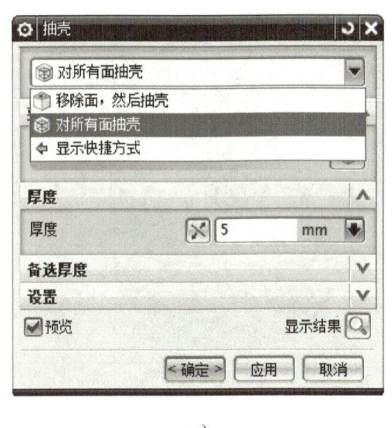
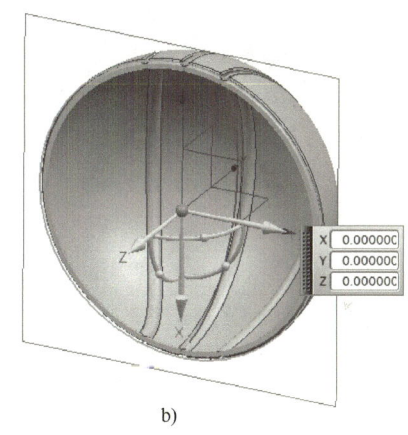

a)　　　　　　　　　　　　　　　　b)

图 1-6-12　创建抽壳特征

a)【抽壳】对话框　b）抽壳操作（厚度5mm）

3. 渲染着色

单击【视图】→ ● （真实着色）图标，进入真实着色环境。单击 ● （真实着色编辑器）图标，系统弹出【真实着色编辑器】对话框，如图 1-6-13 所示。选择合适的材料和颜色，设定合理的光源和场景，渲染篮球模型。具体操作步骤如下：

（1）在选择过滤器下拉菜单中选择"面"。

（2）操作鼠标左键框选整个球体，在【特定于对象的材料】中，选择 ● （蓝色亮泽塑料），如图 1-6-14 所示。

（3）首先，单击选中篮球的四个侧面，在【特定于对象的材料】对话框中，选择 ● （红色金属涂料）。接着，选中篮球前后四个曲面，选择 ● （青色亮泽塑

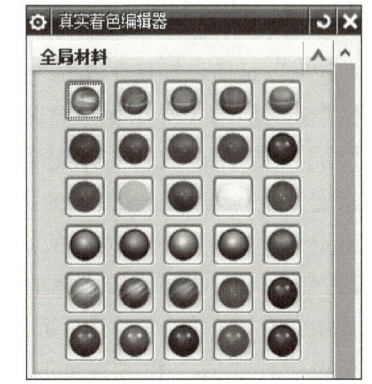

图 1-6-13　【真实着色编辑器】对话框

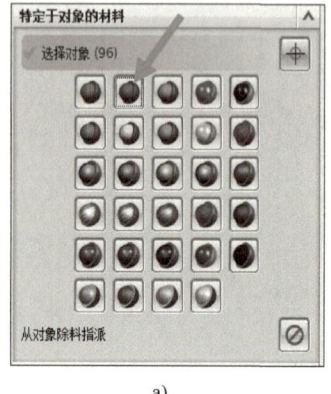 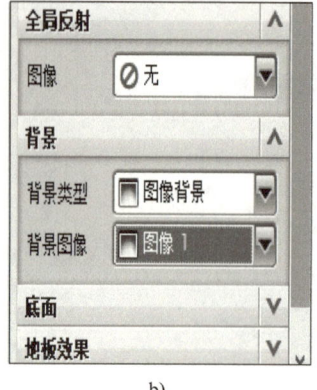 

a) b) c)

图 1-6-14 渲染着色篮球模型 1

a）选"蓝色亮泽塑料" b）【全局反射】对话框参数 c）着色效果

料）。最后，单击【确定】按钮，完成渲染操作，结果如图 1-6-15 所示。

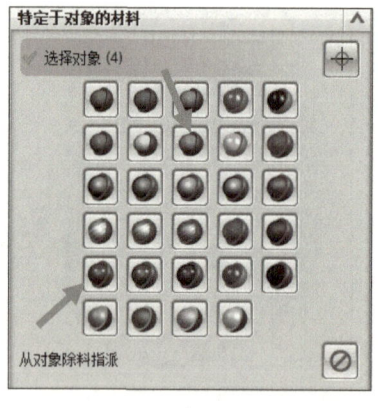 

a) b)

图 1-6-15 渲染着色篮球模型 2

a）分别添加两种材料 b）渲染效果

4．保存文件

单击【文件】→【保存】按钮，完成篮球模型的保存操作。

1.6.4 任务注释——旋转

"旋转"对话框如图 1-6-16 所示，各选项的功能说明如下：

【截面线】用于选择旋转实体或曲面的轮廓曲线，可以选择草图、曲线、边等对象。

【轴】用于指定旋转实体或曲面的旋转轴。

指定矢量：指定旋转矢量的方向。

指定点：指定旋转轴通过的点。

【限制】用于指定旋转实体的起始角度和终止角度，设定旋转角度范围。

开始：有"值"和"直至选定"选项；角度：输入起始角度。

结束：有"值"和"直至选定"选项；角度：输入终止角度。

【布尔】用于执行布尔运算操作，有"无""合并""减去"和"相交"选项。

1.6.5 任务注释——投影曲线

【投影曲线】对话框如图 1-6-17 所示，各选项的功能说明如下：

【要投影的曲线或点】用于选取要投影的曲线、点、边等对象。

【要投影的对象】用于将所选投影曲线或点向平面（实体表面或基准面）或曲面等对象投影，生成投影曲线。

选择对象：选取投影曲线或点投射的对象。

指定平面：选择投影的平面对象。

【投影方向】用于指定投影的方向。

方向：有"沿矢量""朝向点"和"朝向直线"等选项。

指定矢量：指定投影的矢量方向。

投影选项：有"无""投影两侧"和"等弧长"等选项。其中，"投影两侧"选项指沿投影矢量方向，把要投影的对象分别向两个方向投影，产生投影曲线。

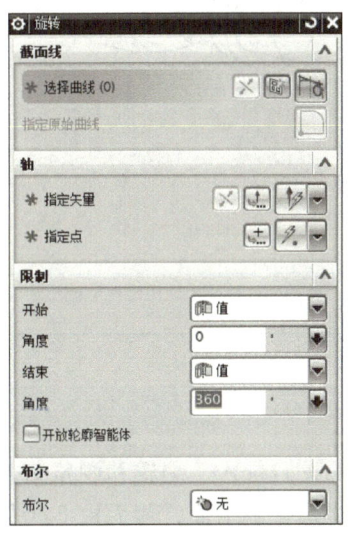 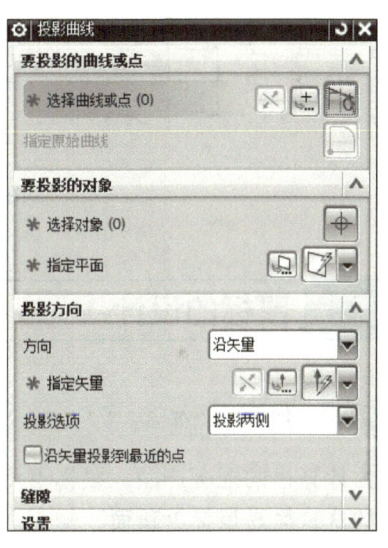

图 1-6-16 【旋转】对话框的各项参数　　　图 1-6-17 【投影曲线】对话框的各项参数

1.6.6 任务注释——相交曲线

相交曲线是指两个对象的交线。【相交曲线】对话框如图 1-6-18 所示，各选项的功能说明如下：

【第一组】中各参数如下：

选择面：可以选择实体表面、曲面或基准平面等对象。

指定平面：选择合适的平面对象。

【第二组】中各参数如下：

选择面：可以选择实体表面、曲面或基准平面等对象。

指定平面：选择合适的平面对象。

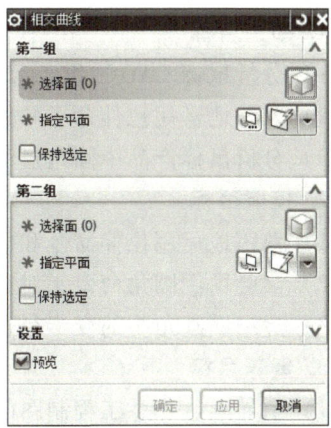

图 1-6-18 【相交曲线】对话框的各项参数

1.6.7 任务拓展

如图 1-6-19 所示为手柄的零件图。请根据图样要求，完成手柄实体模型的创建。

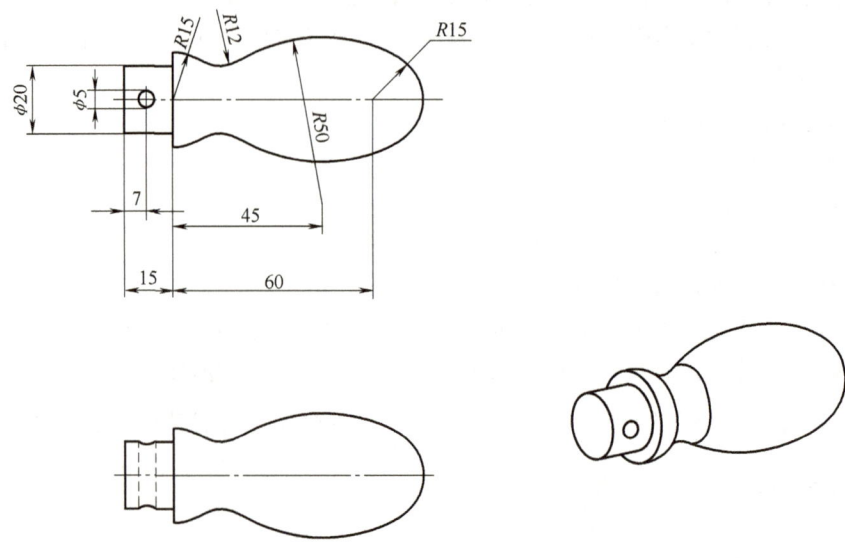

图 1-6-19 手柄零件图

任务 1.7 鼠标的设计

1.7.1 任务目标

作为计算机的配套产品，鼠标不可或缺，它可以帮助我们录入、编辑和浏览信息。本节要介绍的这款简易鼠标由顶面、侧面和底面组成，其底部是一个平面，侧面由 3 个倒圆角曲面和 2 个平面组成，顶部稍复杂，由曲面和变半径的圆角构成。接下来，我们将一起学习鼠标产品的三维建模，希望大家勤加练习，熟练掌握。

1. 知识目标

1) 分析鼠标 CAD 二维工程图，了解产品结构特征，形成建模思路。
2) 熟练地运用拉伸命令和修剪体命令，创建鼠标三维实体。
3) 分析鼠标产品中圆角过渡曲面的变化过程，学会变半径圆角曲面的创建。

2. 技能目标

1) 熟练地运用拉伸命令和修剪体命令，创建鼠标三维实体。
2) 学会用倒圆角命令，对鼠标头部和尾部两侧开展倒圆角操作。
3) 运用倒圆角中的变半径选项，对鼠标顶部曲面进行变半径倒圆角操作。

3. 素养目标

1) 引导学生熟悉工程制图的相关国家政策和行业标准。
2) 课堂中，开展讨论与交流，培养小组合作意识，充分发挥团队的智慧。
3) 树立正确的职业规范意识，形成精益求精、严谨细致的工作作风。

1.7.2 任务分析

请根据如图 1-7-1 所示鼠标模型三视图要求，设计这款鼠标产品。

由图 1-7-1 可知这款鼠标由底部平面、侧面和顶部曲面组合而成。经过对鼠标模型的特征分析，建议采用如图 1-7-2a~f 所示的六个步骤完成这款鼠标产品的建模。

如图 1-7-2 所示，首先，草绘一个矩形，创建拉伸实体；接着，对侧面中的头部和尾部两侧进行倒圆角操作；然后，绘制两条草图圆弧，创建并延伸扫掠曲面；经过修剪体操作，用扫掠曲面修剪实体，最后完成变半径倒圆角操作。

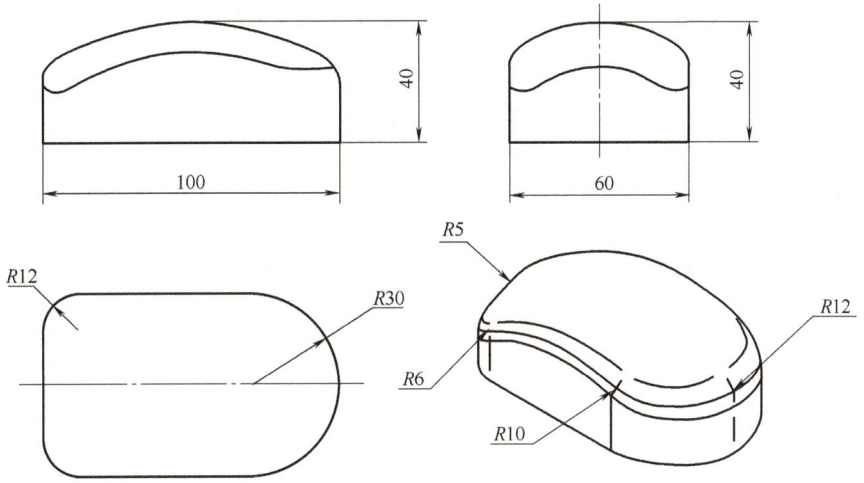

图 1-7-1 鼠标模型三视图

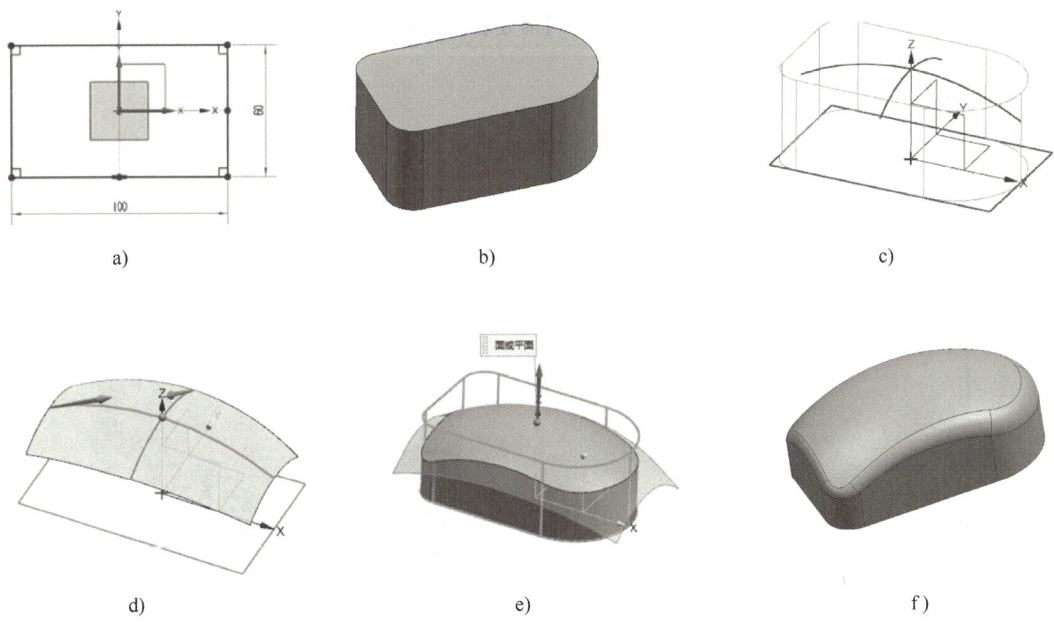

图 1-7-2 鼠标模型建模步骤
a) 绘制矩形 b) 创建拉伸实体 c) 绘制圆弧 d) 创建扫掠曲面 e) 延伸曲面并修剪 f) 变半径倒圆角

1.7.3 任务实施

1. 新建文件

选择菜单中的【文件】→【新建】命令，或选择 图标，系统弹出【新建】对话框，如图1-7-3所示。在【模型】→【模板】中选择【建模】，在【单位】下拉列表框中选择"毫米"，在【名称】文本框中输入"鼠标.prt"，单击【确定】按钮。

1-7 鼠标的设计

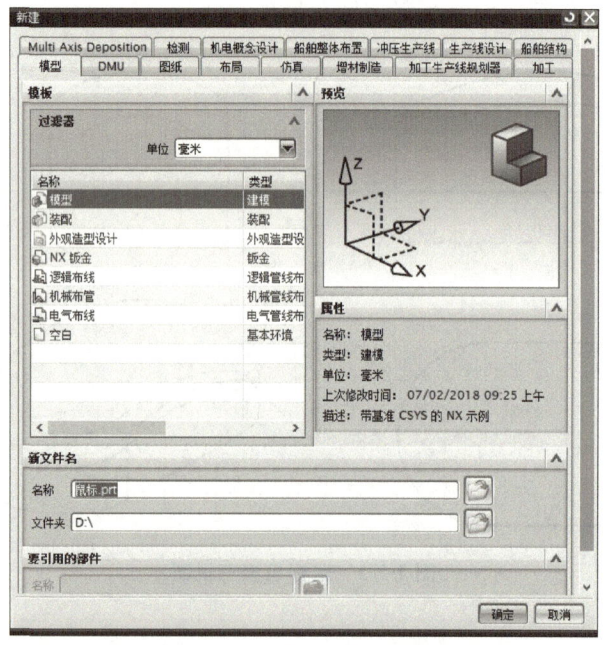

图1-7-3 【新建】对话框

2. 创建鼠标实体

（1）绘制矩形草图。单击【菜单】下的 (草图)图标，选择 XY 平面为草绘平面。进入草图绘制环境后，绘制一个100mm×60mm的矩形，如图1-7-4a所示，单击 (完成草图)图标，退出草图。

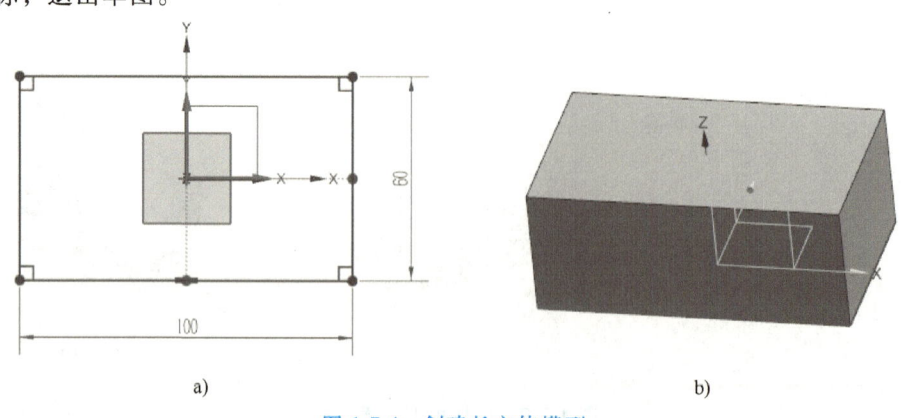

图1-7-4 创建长方体模型

a）绘制矩形（100mm×60mm） b）拉伸矩形，创建实体

(2)拉伸实体。单击【主页】下的 ▢（拉伸）图标,选择上一步绘制的矩形草图,在【距离】栏中输入"40",创建一个高度为40mm的长方体,结果如图1-7-4b所示。

(3)创建边倒圆特征1。单击【主页】下的 ▢（边倒圆）图标,系统弹出【边倒圆】对话框,如图1-7-5a所示。在【边】→【选择边】中选择上一步创建的长方体前面两条边,在【半径1】中输入"30",设定圆角半径为30mm,单击【确定】按钮,完成圆角的创建,结果如图1-7-5b所示。

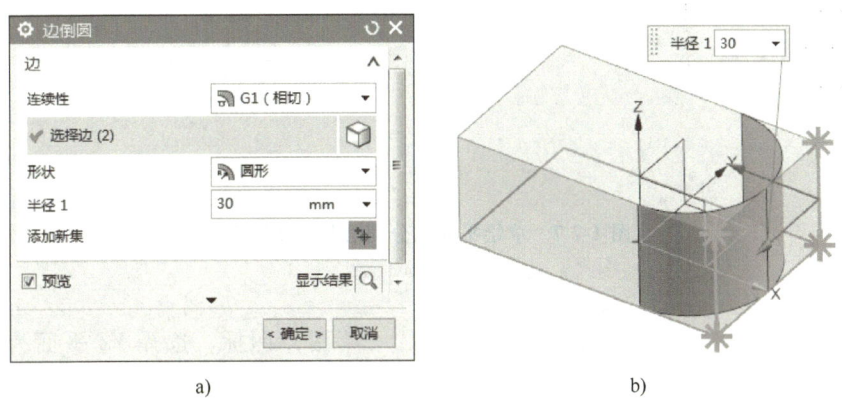

图1-7-5　倒圆角1

a)【边倒圆】对话框　b)倒圆角（R30mm）

(4)创建边倒圆特征2。单击【主页】下的 ▢（边倒圆）图标,系统弹出【边倒圆】对话框,如图1-7-6a所示。在【边】→【选择边】中选择第二步创建的长方体尾部两条边,在【半径1】中输入"12",设定圆角半径为12mm,单击【确定】按钮,完成圆角的创建,结果如图1-7-6b所示。

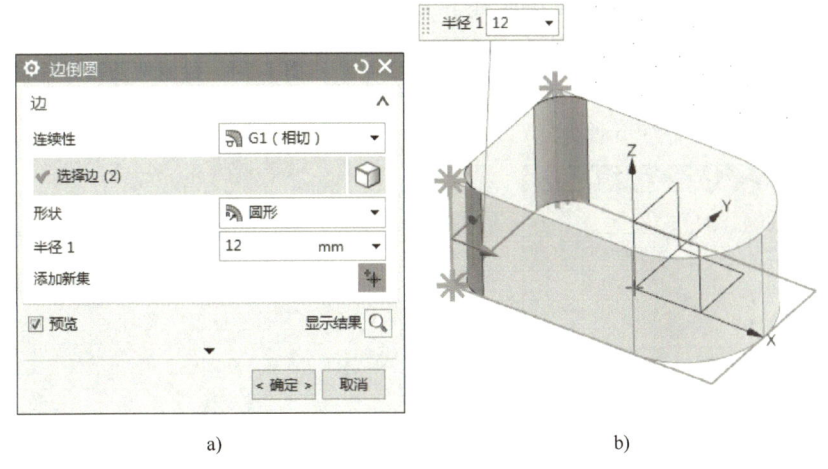

图1-7-6　倒圆角2

a)【边倒圆】对话框　b)倒圆角（R12mm）

(5)绘制圆弧草图1。单击【菜单】下的 ▢（草图）图标,选择XZ平面为草绘平面。进入草图绘制环境后,绘制一条圆弧,尺寸如图1-7-7a所示,单击 ▢（完成草图）图标,退出草图。

★注：草图中，圆弧圆心位于基准轴 Z 延长线上，圆弧与长方体顶面相切。

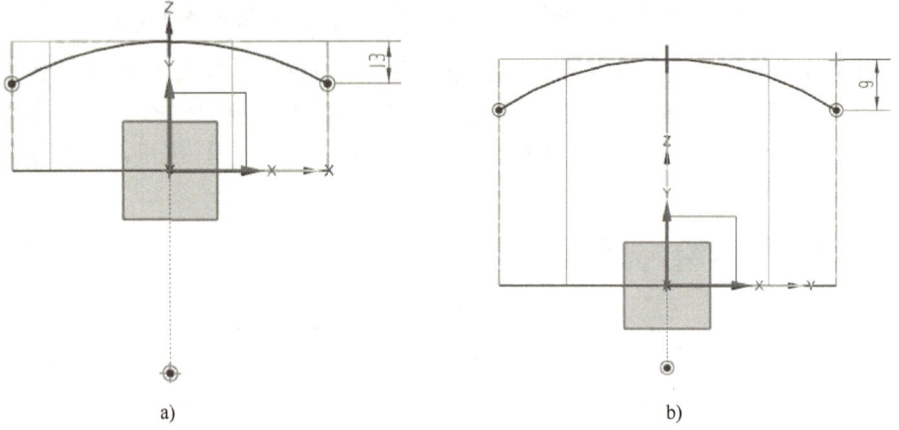

图 1-7-7　草绘平面上分别绘制两条圆弧
a）绘制圆弧 1　b）绘制圆弧 2

（6）绘制圆弧草图 2。单击【菜单】下的 图标，（草图）图标，选择 YZ 平面为草绘平面。进入草图绘制环境后，绘制一条圆弧，尺寸如图 1-7-7b 所示，单击 （完成草图）图标，结果如图 1-7-8 所示。

★注：草图中，圆弧圆心位于基准轴 Z 延长线上，圆弧与长方体顶面相切。

（7）创建扫掠曲面。单击【曲面】→ （扫掠）图标，系统弹出【扫掠】对话框，如图 1-7-9a 所示。在【截面】→【选择曲线】中选择 YZ 基准面上的圆弧 2，在【引导线】→【选择曲线】中选择 XZ 基准面上的圆弧 1，创建一个扫掠曲面，如图 1-7-9b 所示。

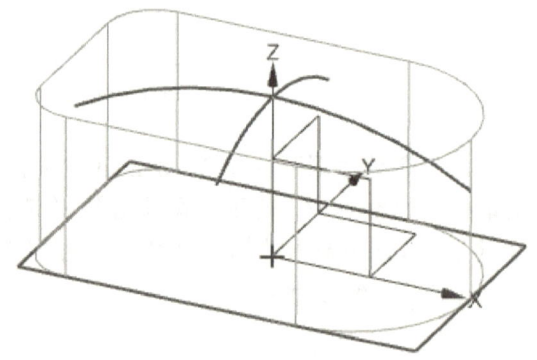

图 1-7-8　绘制两条圆弧后的效果

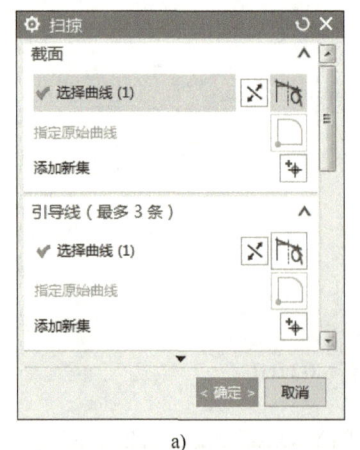

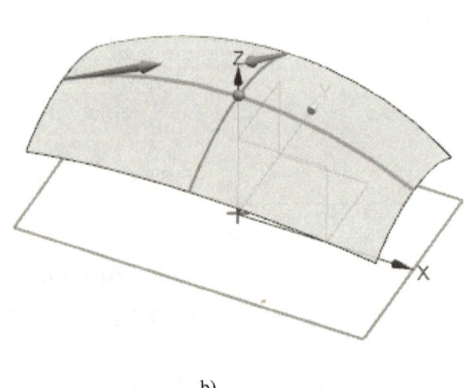

a）　　　　　　　　　　　　b）

图 1-7-9　创建扫掠曲面
a）【扫掠】对话框　b）截面线和引导线

（8）延伸曲面。单击【曲面】→（延伸片体）图标，系统弹出【延伸片体】对话框，如图1-7-10a所示。在【边】→【选择边】中分别选择扫掠曲面的四条边，在【限制】→【偏置】栏中输入"12"，将扫掠曲面向四周延伸12mm，如图1-7-10b、c所示。

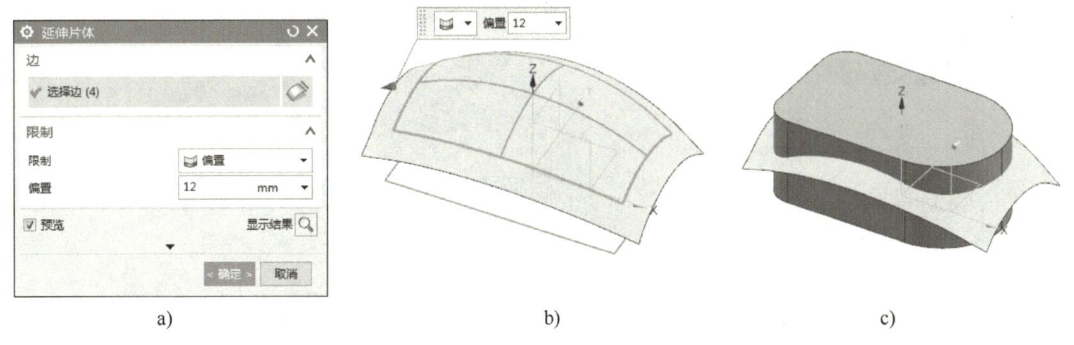

图 1-7-10 延伸曲面
a)【延伸片体】对话框 b) 偏置距离（12mm） c) 延伸后的效果

（9）修剪体操作。单击【主页】下的（修剪体）图标，系统弹出【修剪体】对话框，如图1-7-11a所示。在【目标】→【选择体】中选择拉伸实体，在【工具】→【选择面或平面】中选择上一步创建的"扫掠曲面"，修剪上侧实体，结果如图1-7-11b所示。

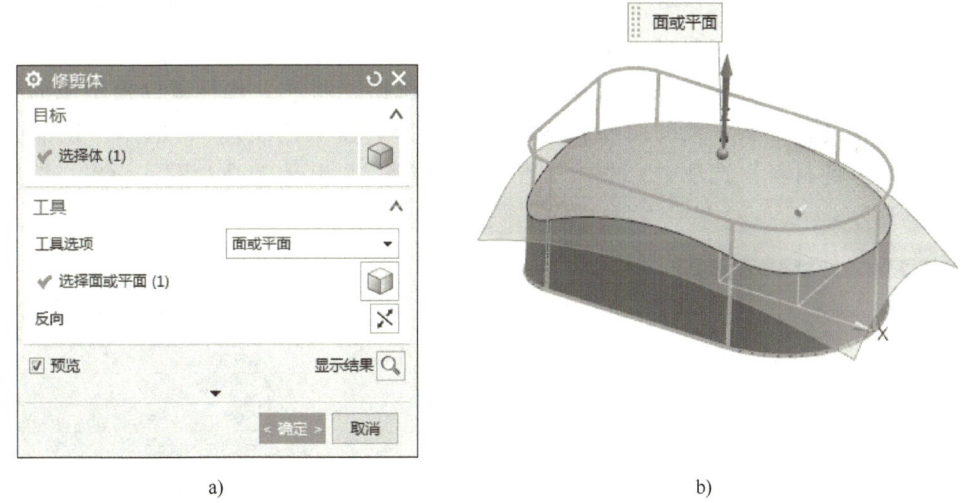

图 1-7-11 修剪体
a)【修剪体】对话框 b) 修剪后的效果

（10）变半径倒圆角。首先，单击【主页】下的（边倒圆）图标，系统弹出【边倒圆】对话框，如图1-7-12a所示。在【边】→【选择边】中选择顶面与侧面轮廓的交线，在【半径1】中输入"5"，设定圆角半径为5mm。接着，单击"指定半径点"区域，切换至"变半径"选项，设置变半径倒圆角参数。在如图1-7-12b所示各点的位置，半径分别输入"5""6""10""12""10"和"6"，完成变半径倒圆角操作，结果如图1-7-12b所示。

3. 渲染及着色

对上一步创建的鼠标实体模型开展渲染与着色。

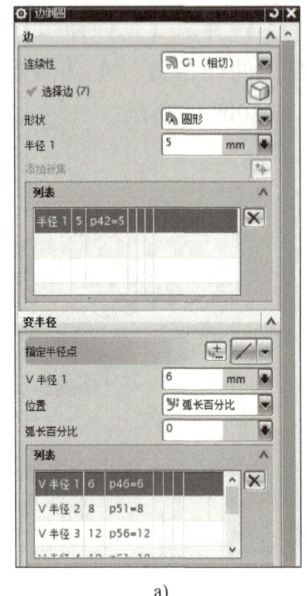
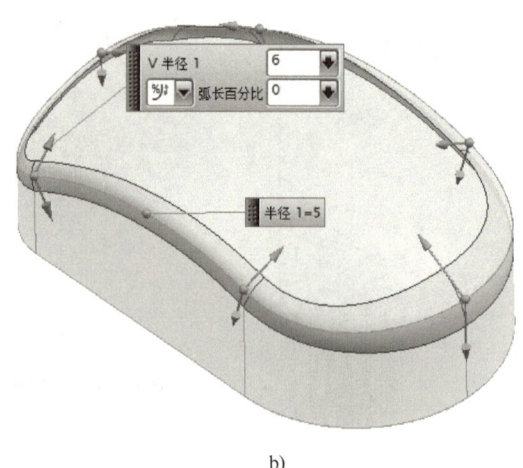

a) b)

图 1-7-12 变半径倒圆角

a)【边倒圆】对话框 b) 修剪后的效果

首先，单击【视图】工具条中的 ◉ (真实着色) 图标，进入真实着色环境。

接着，单击【视图】工具条中的 ◉ (真实着色编辑器) 图标，系统弹出【真实着色编辑器】对话框，在【全局材料】选项中选择"拉丝铬"材质，选择鼠标模型中的变半径倒圆角曲面，在【特定于对象的材料】选项中，选择"蓝灰色纹理"；选择"顶部曲面"，在【特定于对象的材料】选项中，选择"青色亮泽塑料"。其他选项为默认设置，渲染结果如图 1-7-13 所示。

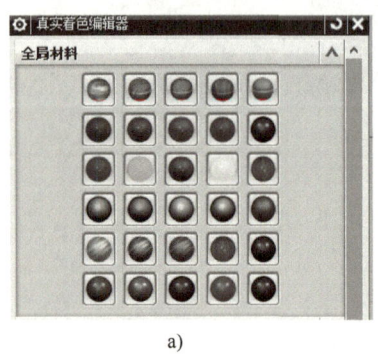
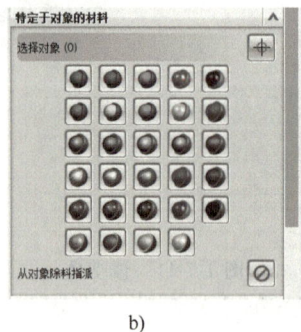

a) b) c)

图 1-7-13 渲染与着色

a)【真实着色编辑器】对话框 b)【特定于对象的材料】选项 c) 鼠标模型渲染后的效果

4. 保存文件

单击【菜单】→【文件】→【保存】按钮，或按快捷键<Ctrl+S>，保存鼠标模型。

1.7.4 任务注释——修剪体

修剪体命令是指用平面或曲面对象作为刀具，对实体进行修剪操作。调用该命令时，选择菜单中的【插入】→【修剪】→【修剪体】命令，或在【主页】工具条中单击 修剪体 图标，系统弹出【修剪体】对话框，如图 1-7-14 所示。

对话框中的各选项功能说明如下：

【目标】：选择要修剪的对象特征，可选择实体或曲面等。

【工具】：选择用于修剪的刀具特征，可选择基准面、平面或曲面等对象。

【预览】：勾选【预览】可以预览修剪结果，系统默认选中该复选框。

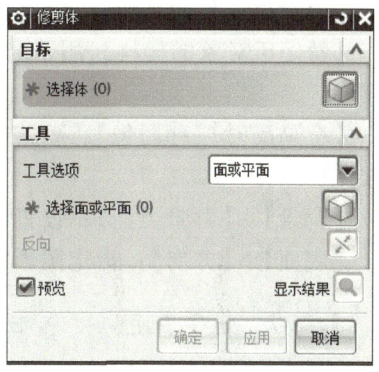

图 1-7-14 【修剪体】对话框

1.7.5　任务注释——变半径倒圆角

变半径倒圆角是倒圆角命令中的一个子选项，主要用于创建不同半径、光滑过渡的曲面特征。调用该命令时，选择菜单中的【插入】→【细节特征】→【边倒圆】命令，或在【主页】工具条中单击 ❒（边倒圆）图标，系统弹出【边倒圆】对话框，如图 1-7-12a 所示。该对话框中的其他选项，前面已有介绍，这里重点介绍变半径倒圆角命令的选项内容。

对话框中的各选项功能说明如下：

【边】：选择实体或曲面的轮廓边。

【形状】：可选"圆形"或"二次曲线"，默认选项为"圆形"。

【变半径】：

1)【指定半径点】用于指定实体边上或曲面曲线上需要设置不同半径的点。

2)【V 半径】用于设置半径大小。

3)【位置】用于确定变半径点的位置，有"弧长""弧长百分比"和"通过点"3 个选项。

4)【列表】用于显示变半径倒圆角中不同点的数量和半径大小。

1.7.6　任务注释——渲染及着色

UG 软件可以通过选择材质和颜色来渲染实体和曲面。渲染时，单击【真实着色编辑器】→【全局材料】选项卡中不同的选项，如金属、塑料、玻璃等，以添加不同的材质。接着，在属性编辑器中针对每种材质进行调整，比如改变光泽度、粗糙度、透明度等，可以设置不同光源、背景和分辨率预览渲染效果，也可以添加纹理图像，通过对纹理图像进行调整，能够获得更真实的渲染效果。总之，UG 提供了丰富的渲染功能，灵活运用这些功能，我们会得到满意的渲染结果。

【全局材料】选项如图 1-7-13a 所示，【特定于对象的材料】选项如图 1-7-13b 所示，【全局反射】对话框如图 1-7-15 所示，其中的各选项功能说明如下：

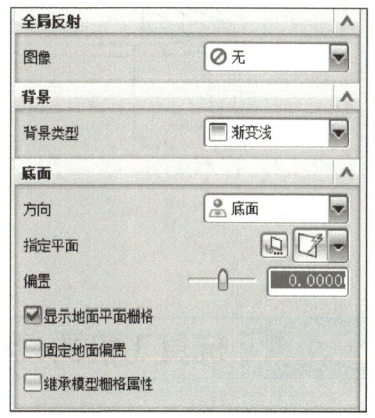

图 1-7-15 【全局反射】对话框

【全局材料】用于指定光亮金属刷色、拉丝铬、铜、金等材料和颜色。

【特定于对象的材料】用于选定面并指定光亮金属刷色、拉丝铬、铜、金等不同的纹理和颜色。

【全局反射】→【图像】：确定反射图像，有"无""金属""光亮金属"和"拉丝金属"等选项。

【背景】→【背景类型】：设置背景类型，有"渐变深""渐变浅"和"深色"等选项。

【底面】→【方向】：指定阴影方向，有"无""底面"和"后面"等选项。

1.7.7 任务拓展

图 1-7-16 所示为一款笔筒外壳图样。其顶面由中间高、两边低的曲面构成，前面有 5 个孔，后面有一个槽，槽的底部由变半径倒圆角光滑过渡。请运用所学的知识，完成笔筒外壳的建模。

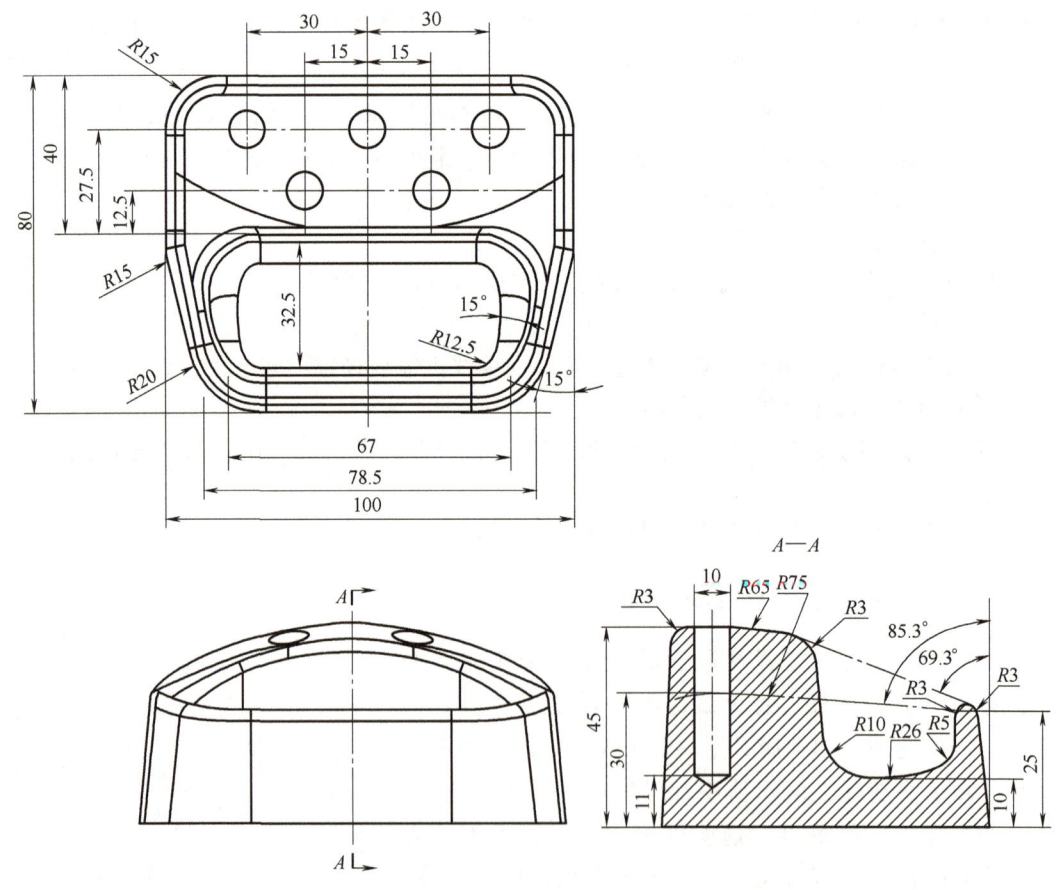

图 1-7-16　笔筒外壳

任务 1.8　玩具飞机的设计

前面所学的一些案例，涉及实体和简单曲面的三维建模。在实际生活中，我们经常看到一些玩具类和家电类的产品，其轮廓曲线呈流线型，表面通常由很多曲面构成，曲面相交处用过渡曲面光滑连接，看上去动感十足，观赏性极强。本节的学习任务就是设计这样一款漂亮的玩具飞机。

1.8.1 任务目标

1. 知识目标

1) 学会运用通过曲线网格命令，设计玩具飞机的机身主体。
2) 运用曲面修剪和延伸命令，创建两翼片体。
3) 运用片体修剪命令，创建尾翼片体。
4) 熟练掌握倒圆角操作，创建飞机三维模型过渡曲面。

2. 技能目标

1) 熟练地绘制草图，创建飞机模型机身网格曲面。
2) 沿着两个方向拉伸，运用"曲面修剪+倒圆角"操作，创建飞机两翼。
3) 运用"修剪片体+通过曲线组"操作，创建飞机尾翼。
4) 能使用"球+修剪和延伸"命令，创建玩具飞机的驾驶舱区域。

3. 素养目标

1) 引导学生熟悉工程制图的相关国家政策和行业标准。
2) 遵守行业规范，培养严谨细致、精益求精的学习态度。
3) 采取互相讨论、分组探究等形式，培养合作意识和团队精神。

1.8.2 任务分析

请根据如图 1-8-1 所示图样要求进行玩具飞机设计。

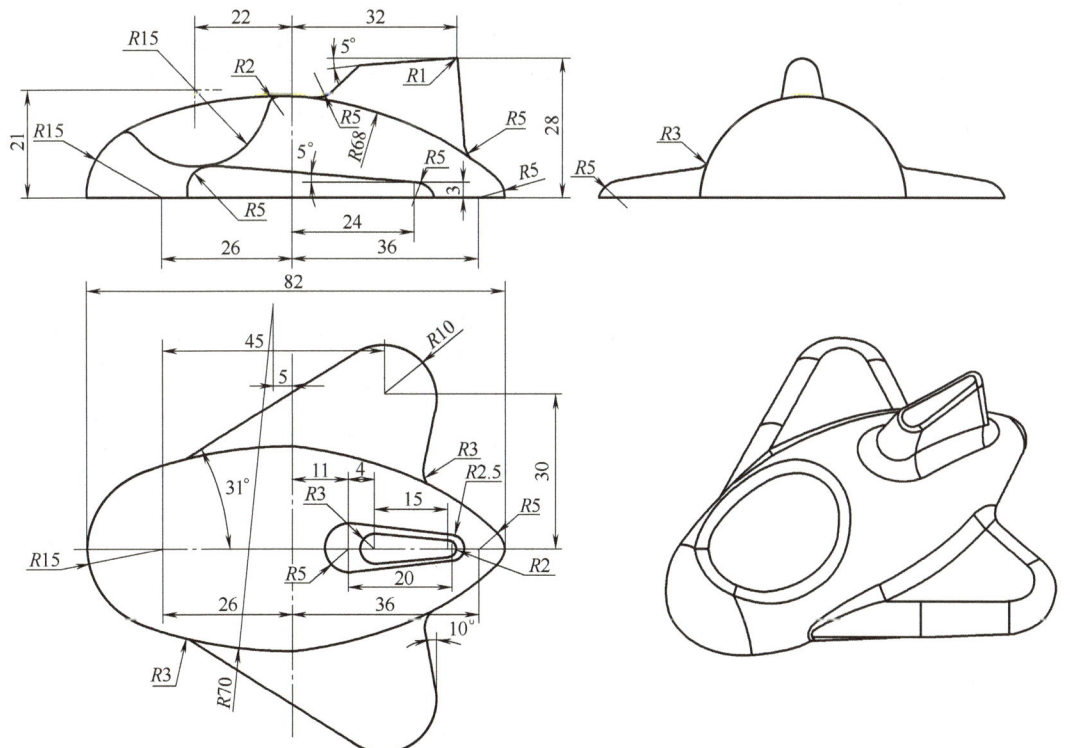

图 1-8-1 玩具飞机三视图

玩具飞机由机身、左右两翼、尾翼和驾驶舱五个部分组合而成。通过分析玩具飞机的结构特点，结合三视图中各部位的特征，建议采用如图 1-8-2a~f 所示的六个步骤完成玩具飞机实体建模任务。

各步骤说明如下：a) 先绘制机身和两翼草图；b) 用网格曲面创建机身；c) 用拉伸曲面+曲面修剪和延伸操作创建两翼，并倒圆角；d) 用投影曲线生成尾翼曲线，用曲线组命令创建尾翼片体；e) 用球体+曲面修剪和延伸命令创建驾驶舱曲面，并倒圆角；f) 缝合曲面，加厚片体，完善特征。

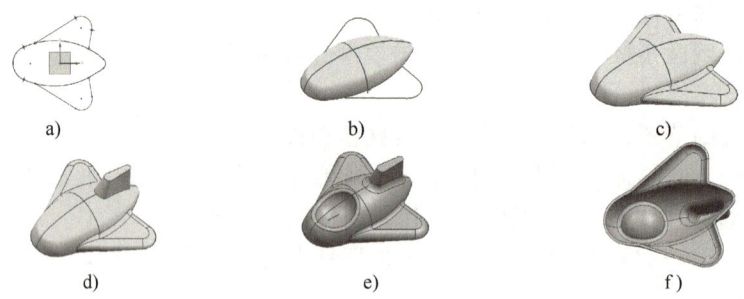

图 1-8-2 玩具飞机实体模型建模步骤

a) 绘制飞机草图　b) 创建飞机机身　c) 创建飞机两翼　d) 创建飞机尾翼　e) 创建飞机驾驶舱　f) 加厚飞机曲面

1.8.3 任务实施

根据任务分析，玩具飞机三维建模的操作步骤如下。

1. 新建文件

选择菜单中的【文件】→【新建】命令，或选择 图标，系统弹出【新建】对话框。在【模型】→【模板】栏中选择【建模】，在【单位】下拉列表框中选择"毫米"，在【名称】文本框中输入"玩具飞机.prt"，单击【确定】按钮，如图 1-8-3 所示。

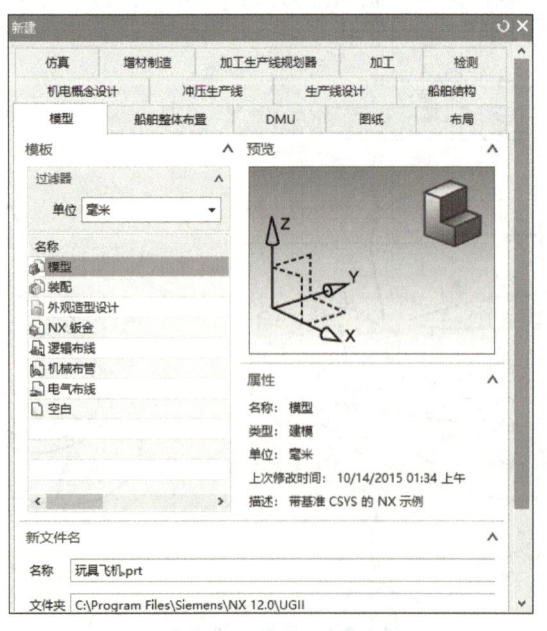

1-8 玩具飞机的设计

图 1-8-3 【新建】对话框

2. 创建玩具飞机机身曲面

（1）创建机身和两翼草图。单击 图标，选择 XY 平面为草图绘制平面，绘制飞机机身和两翼轮廓草图，如图 1-8-4 所示。单击 图标，退出草图。

（2）创建机身背部草图 1。单击 图标，选择 XZ 平面为草图绘制平面，绘制飞机机身背部轮廓草图 1，如图 1-8-5 所示。单击 图标，退出草图。

（3）创建机身背部草图 2。单击 图标，选择 YZ 平面为草图绘制平面，绘制飞机机身背部轮廓草图 2，如图 1-8-6 所示。单击 图标，退出草图。

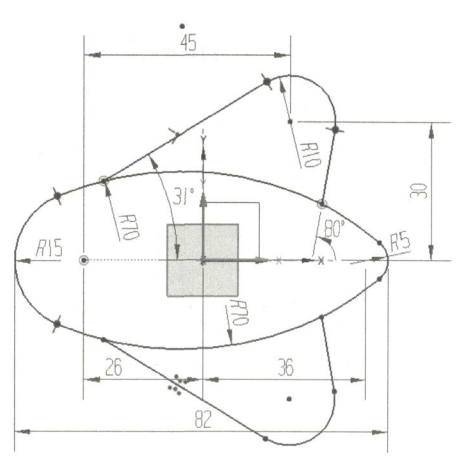

图 1-8-4　玩具飞机机身和两翼草图

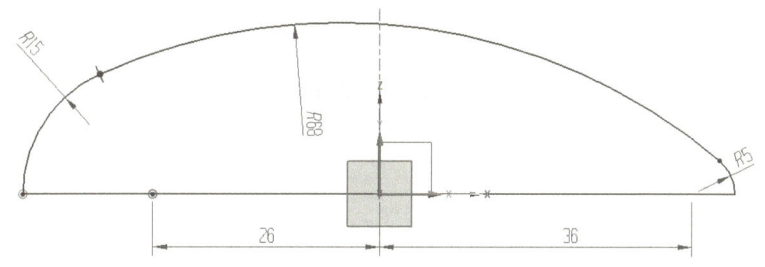

图 1-8-5　玩具飞机机身背部草图 1

（4）选择菜单中的【插入】→【网格曲面】→【通过曲线网格】命令，或选择【曲面】工具栏中的 图标，系统弹出【通过曲线网格】对话框，如图 1-8-7a 所示。操作时，在【主曲线】→【列表】栏中，依次选择前一步绘制的草图 1 的起始点，草图 2、草图 1 的终点，在【交叉曲线】→【列表】栏中依次选择 3 条曲线，如图 1-8-7b 所示。单击【确定】按钮，创建机身曲面如图 1-8-7 所示。

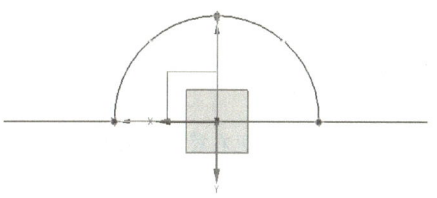

图 1-8-6　玩具飞机机身背部草图 2

3. 创建玩具飞机左右两翼

（1）单击 图标，选择右翼草图，设置拉伸距离为 28mm，布尔运算选"无"，单击【确定】按钮，完成机翼拉伸片体的创建，如图 1-8-8 所示。

（2）创建机翼高度轮廓草图。单击 图标，选择 XZ 平面为草图绘制平面，绘制机翼高度轮廓草图，如图 1-8-9 所示。单击 图标，退出草图。

（3）创建机翼高度平面。单击 图标，选择机翼高度轮廓草图，形成拉伸平面，布尔运算选"无"，单击【确定】按钮，完成机翼高度平面的创建，如图 1-8-10 所示。

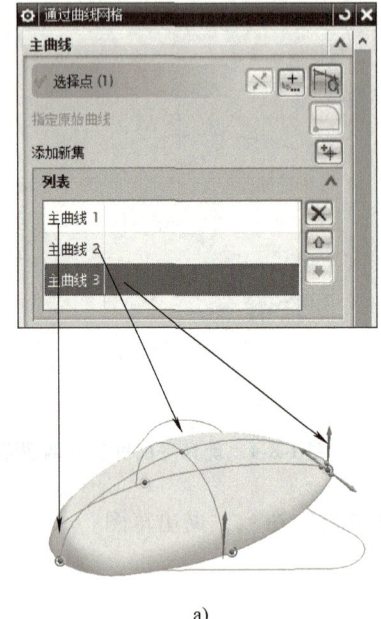
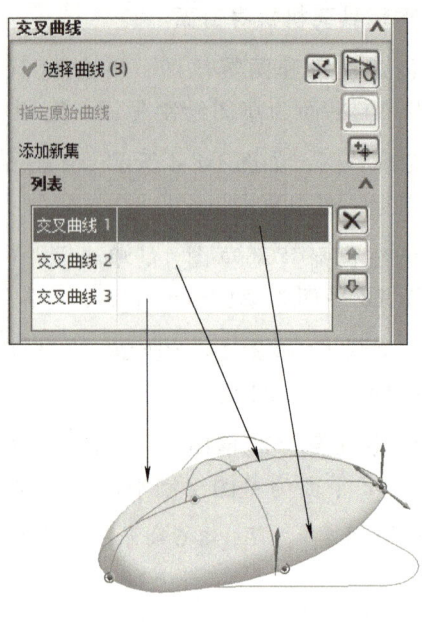

a) b)

图 1-8-7　玩具飞机机身曲面

a）主曲线　b）交叉曲线

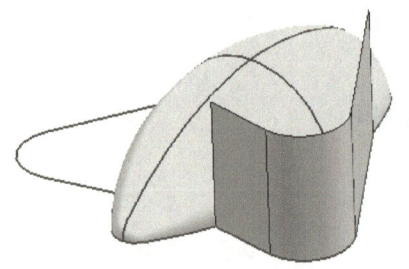
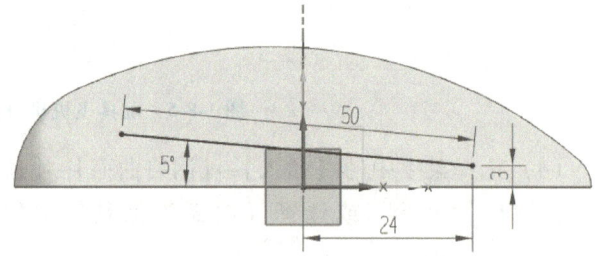

图 1-8-8　飞机右翼拉伸曲面　　　　图 1-8-9　飞机机翼高度轮廓草图

（4）延伸机翼片体。单击 （延伸片体）图标，分别选择机翼两侧机翼延伸片体，如图 1-8-11 所示。

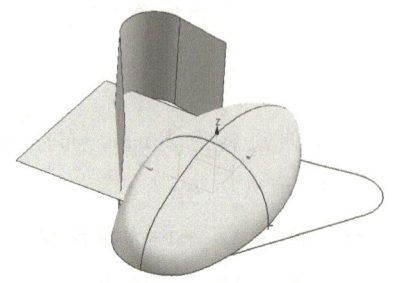
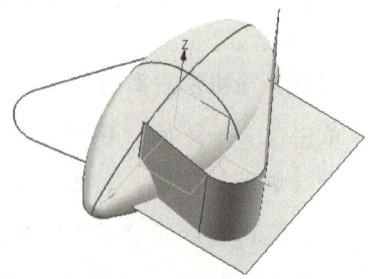

图 1-8-10　飞机机翼高度平面　　　　图 1-8-11　延伸飞机机翼片体

（5）修剪机翼片体。单击 （修剪和延伸）图标，系统弹出【修剪和延伸】对话框，如图 1-8-12a 所示。选择"制作拐角"选项，修剪机翼曲面，结果如图 1-8-12b 所示。

项目 1 实体建模

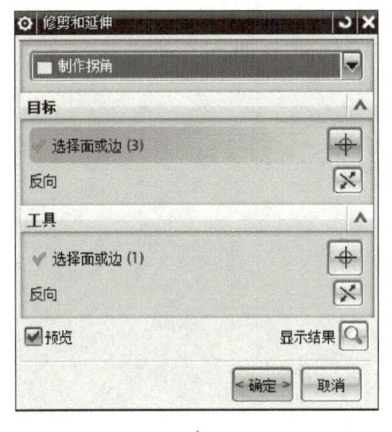
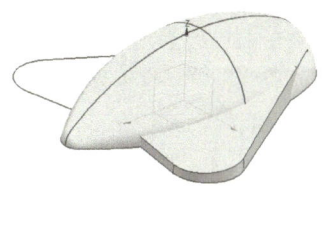

a)   b)

图 1-8-12 修剪飞机机翼片体

a)【修剪和延伸】对话框 b) 修剪曲面后的效果

（6）倒圆角。单击 ![边倒圆] (边倒圆) 图标，选择机翼曲面交线，半径设为 5mm，结果如图 1-8-13 所示。

（7）修剪机翼曲面。单击 ![修剪片体] (修剪片体) 图标，系统弹出【修剪片体】对话框，如图 1-8-14a 所示。在【目标】→【选择片体】中选择机翼片体，在【边界】→【选择对象】中选择 XY 基准平面，修剪结果如图 1-8-14b 所示。

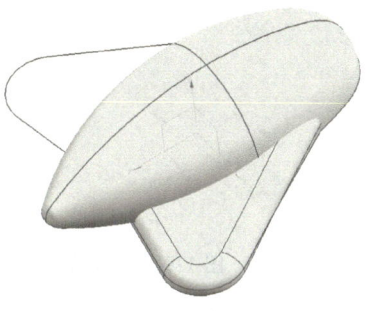

图 1-8-13 机翼曲面边倒圆

（8）修剪机翼和机身曲面。单击 ![修剪和延伸] (修剪和延伸) 图标，系统弹出【修剪和延伸】对话框，选择"制作拐角"选项，修剪机翼和机身曲面，结果如图 1-8-15 所示。

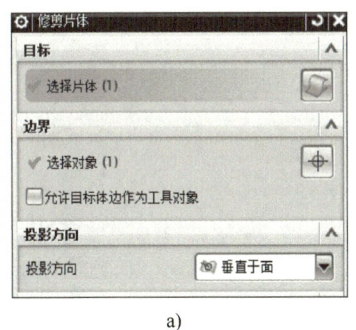
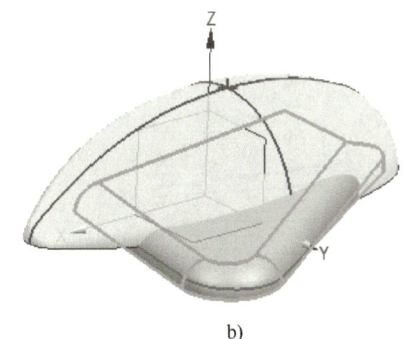

a)   b)

图 1-8-14 修剪飞机机翼曲面

a)【修剪片体】对话框 b) 用 XY 基准平面修剪片体

（9）倒圆角。单击 ![边倒圆] (边倒圆) 图标，选择机翼和机身曲面交线，半径设为 3mm，结果如图 1-8-16 所示。

（10）修剪片体。单击 ![修剪片体] (修剪片体) 图标，在【目标】→【选择片体】中选择"机身主体"，在【边界】→【选择对象】中选择 XZ 基准平面，修剪结果如图 1-8-17 所示。

（11）镜像一侧机翼曲面。选择菜单中的【插入】→【关联复制】→【镜像几何体】命令，在【要镜像的几何体】选项中选择上一步修剪后的机身曲面，【镜像平面】选择 XZ 平面，生成飞机左右两侧机翼曲面，结果如图 1-8-18 所示。

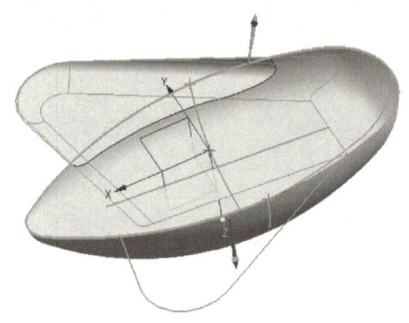

图 1-8-15　修剪飞机机翼和机身曲面

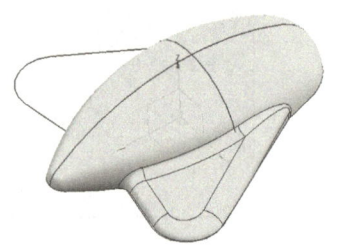

图 1-8-16　机翼和机身曲面倒圆角

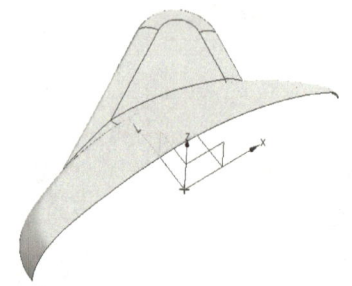

图 1-8-17　修剪片体

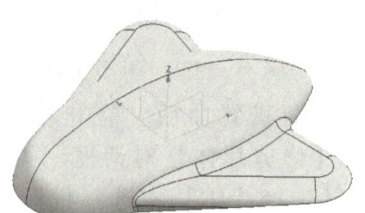

图 1-8-18　镜像一侧机翼曲面

4. 创建玩具飞机尾翼曲面

（1）创建尾翼草图 1。单击 图标，选择 XY 平面为草图绘制平面，绘制尾翼草图，如图 1-8-19 所示。单击 图标，退出草图。

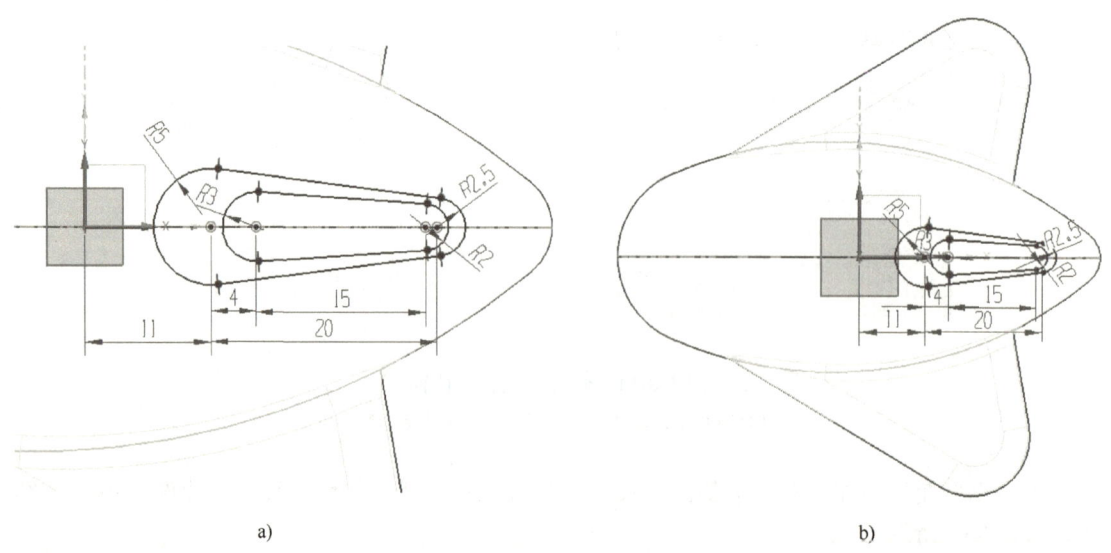

a)　　　　　　　　　　　　　　　　　　　　b)

图 1-8-19　飞机尾翼草图 1

a）飞机尾翼草图 1 局部视图　b）飞机尾翼草图 1 俯视图

（2）生成投影曲线。单击【曲线】工具条中的 图标，系统弹出【投影曲线】对话框，如图 1-8-20a 所示。在【要投影的曲线或点】→【选择曲线或点】中选择尾翼草图外圈轮廓线，在【要投影的对象】→【选择对象】中选择"机体"，在【投影方向】→【方向】下拉列表框中选择"沿矢量"，指定"+Z"方向，单击【确定】按钮，完成投影曲线，如图 1-8-20b 所示。

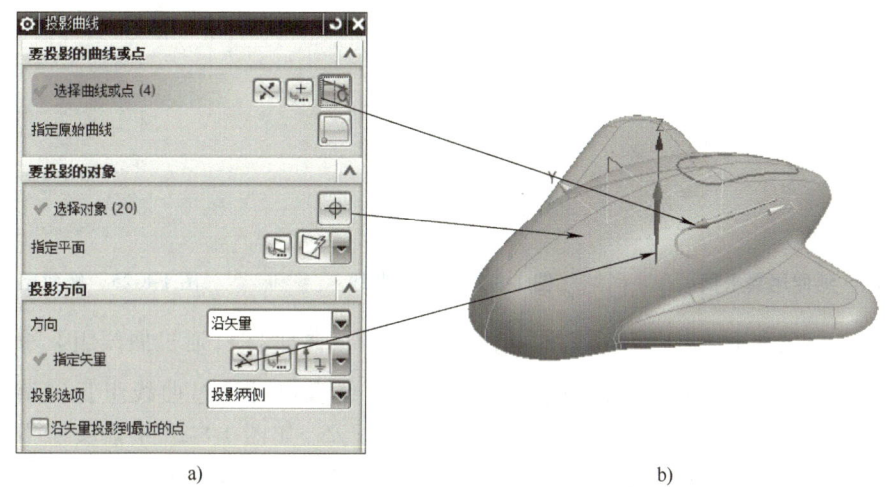

图 1-8-20　飞机尾翼的曲线投影

a)【投影曲线】对话框　　b) 投影后的飞机尾翼曲线

（3）创建尾翼草图 2。单击 图标，选择 XZ 平面为草图绘制平面，绘制尾翼草图 2，如图 1-8-21 所示。单击 图标，退出草图。

（4）拉伸形成尾翼高度平面。单击 图标，系统弹出【拉伸】对话框。选择上一步绘制的尾翼草图 2，在【限制】→【结束】栏中选择"对称值"，在【距离】栏中输入"-43"，结果如图 1-8-22 所示。

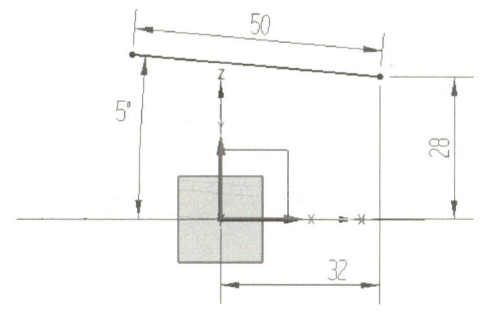

图 1-8-21　飞机尾翼草图 2

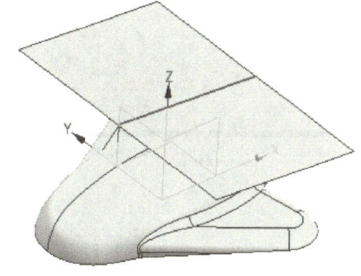

图 1-8-22　拉伸形成飞机尾翼高度平面

（5）延伸尾翼平面。单击 图标，选择尾翼拉伸平面，延伸距离为 12mm，结果如图 1-8-23 所示。

（6）生成投影曲线。单击【曲线】工具条中的 图标，系统弹出【投影曲线】对话框。在【要投影的曲线或点】选项中，单击选择尾翼草图内圈轮廓线，在【要投影的对象】中选择尾翼拉伸平面，在【投影方向】中选择"沿矢量"，指定"+Z"方向,单击【确定】按钮,完成投影曲线,如图1-8-24所示。

(7) 修剪尾翼平面。单击 ◊ (修剪片体) 图标,在【目标】选项中选择尾翼拉伸平面,在【边界】选项中选择尾翼草图内圈轮廓线,在【投影方向】中选择"沿矢量",指定"+Z"方向,修剪结果如图1-8-25所示。

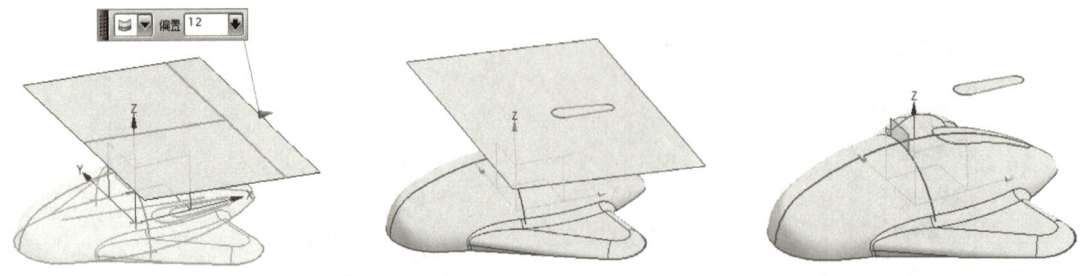

图1-8-23 延伸尾翼平面　　　图1-8-24 投影曲线　　　图1-8-25 修剪尾翼平面

(8) 创建尾翼曲面。选择菜单中的【插入】→【网格曲面】→【通过曲线组】命令,或选择【曲面】工具条中的 ◊ (通过曲线组) 图标,系统弹出【通过曲线组】对话框,如图1-8-26a所示。在【截面】栏中依次选择曲线1和曲线2,如图1-8-26中箭头所指,在【对齐】选项中选"弧长",单击【确定】按钮,创建尾翼曲面,如图1-8-26b所示。

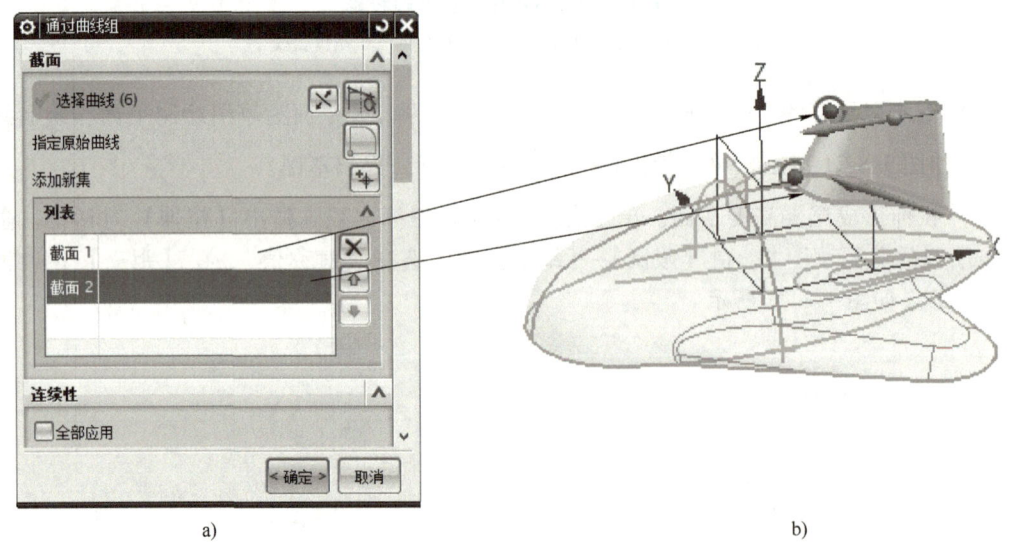

a)　　　　　　　　　　　　　　　　b)

图1-8-26 创建尾翼曲面
a)【通过曲线组】对话框　b) 飞机尾翼曲面建模

(9) 缝合曲面。单击【曲面】工具条中的 ◊ (缝合) 图标,系统弹出【缝合】对话框,如图1-8-27a所示。在【目标】→【选择片体】中选择尾翼平面,在【工具】→【选择片体】中选择侧曲面,单击【确定】按钮,结果如图1-8-27b所示。

(10) 修剪尾翼和机身曲面。单击 ◊ (修剪和延伸) 图标,系统弹出【修剪和延伸】对话框,如图1-8-28b所示。在【修剪和延伸类型】中选择"制作拐角",分别选择尾翼曲面和机身,修剪曲面,结果如图1-8-28c所示。

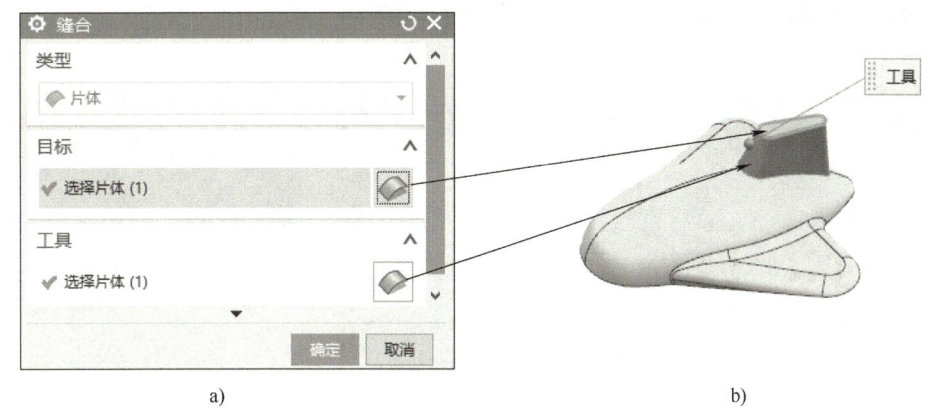

图 1-8-27 缝合飞机尾翼曲面

a)【缝合】对话框 b) 缝合尾翼曲面

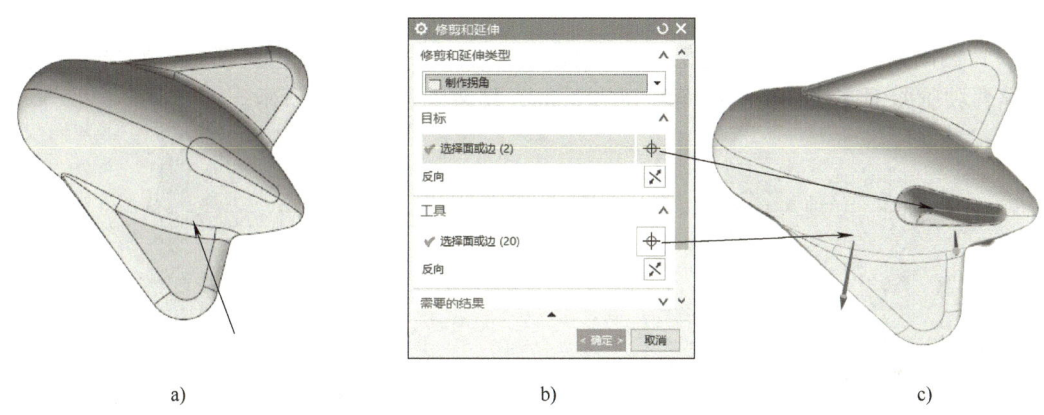

图 1-8-28 修剪尾翼和机身曲面

a) 曲面未修剪前 b)【修剪和延伸】对话框 c) 曲面修剪后效果

（11）倒圆角。单击 图标，在【选择】栏中选择"相连曲线"，分别选择尾翼处两条曲面交线，设置圆角半径分别为 1mm 和 5mm，结果如图 1-8-29 所示。

5. 创建玩具飞机驾驶舱曲面

（1）创建球体。选择菜单中的【插入】→【设计特征】→【球】命令，或选择【主页】工具条中的 图标，系统弹出【球】对

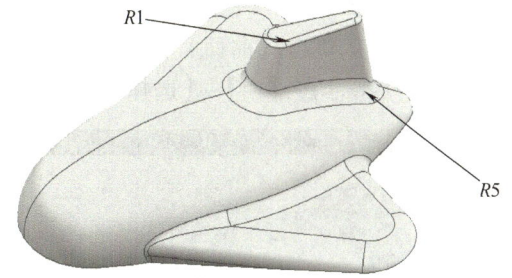

图 1-8-29 机身和尾翼曲面交线倒圆角

话框，如图 1-8-30a 所示。在【中心点】选项中，单击 ![] 图标，系统弹出【点】对话框，如图 1-8-30b 所示。在【XC】、【YC】、【ZC】尺寸栏中分别输入"−26""0""21"。在【尺寸】→【直径】栏中输入"30"，单击【确定】按钮，创建球体如图 1-8-30c 所示。

（2）创建驾驶舱曲面。单击 图标，系统弹出【修剪和延伸】对话框，在【修剪和延伸类型】中选择"制作拐角"选项，分别选择球体曲面和玩具飞机机身，结果如图 1-8-31 所示。

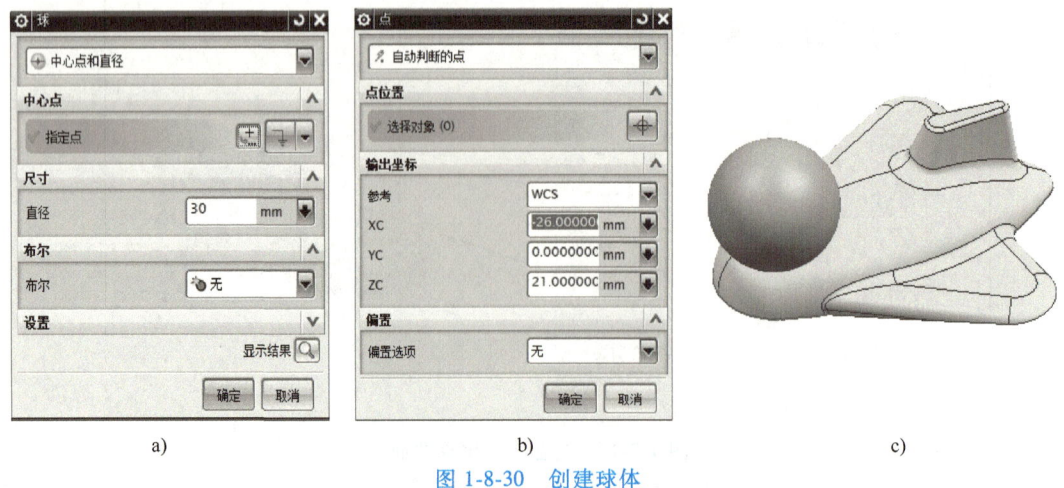

图 1-8-30 创建球体

a)【球】对话框 b)【点】对话框 c) 效果图

(3) 倒圆角。单击 （边倒圆）图标，系统弹出【边倒圆】对话框。在【选择】栏中选择驾驶舱曲面交线，设置圆角半径为 2mm，结果如图 1-8-32 所示。

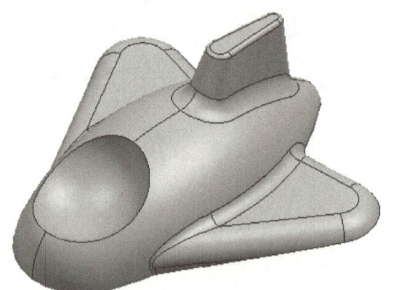

图 1-8-31 驾驶舱曲面修剪后效果

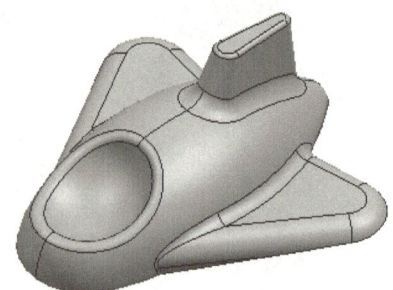

图 1-8-32 驾驶舱曲面倒圆角

6. 创建玩具飞机实体

加厚曲面。单击【曲面】工具条中的 （加厚）图标，系统弹出【加厚】对话框，如图 1-8-33a 所示，在【面】→【选择面】中选择玩具飞机曲面，在【厚度】→【偏置 2】中输入

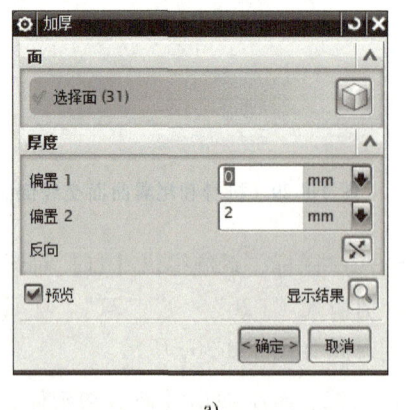

a)

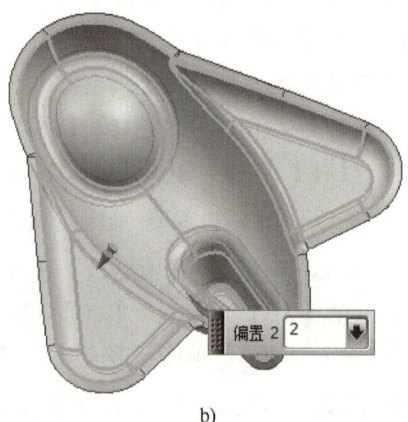

b)

图 1-8-33 飞机曲面加厚

a)【加厚】对话框 b) 曲面加厚效果

"2",单击【确定】按钮,结果如图 1-8-33b 所示。

7. 着色和渲染

单击【视图】→ 图标,进入真实着色环境。单击 图标,弹出【真实着色编辑器】对话框,选择合适的材料和颜色,设定合理的光源和场景,渲染玩具飞机模型。具体操作步骤如下:

(1)在【选择过滤器】下拉式菜单中,选择"面"。

(2)操作鼠标左键框选整个飞机曲面,在【特定于对象的材料】中,选择 ,如图 1-8-34 所示。

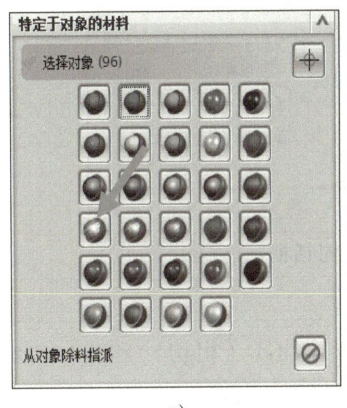 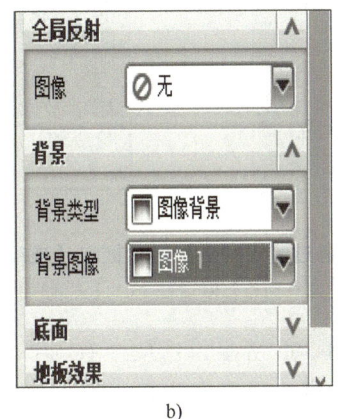 

a)   b)   c)

图 1-8-34 渲染着色玩具飞机模型

a)选"拉丝铬"材料 b)【全局反射】对话框参数 c)着色效果

(3)首先单击选中玩具飞机机身曲面,在【特定于对象的材料】中,选择 。然后选中玩具飞机两翼平面,选择 。最后,单击【确定】按钮,完成渲染操作,效果如图 1-8-35 所示。

8. 保存文件

单击【文件】→【保存】按钮,或按快捷键<Ctrl+S>,保存玩具飞机三维模型。

1.8.4 任务注释——通过曲线网格

图 1-8-35 渲染着色玩具飞机模型

通过曲线网格是常用的曲面建模命令。此命令通过选取两组曲线,并将它们按一定的规律连接在一起,形成网格曲面。单击【插入】→【网格曲面】→【通过曲线网格】按钮,或在【曲面】工具条中单击 图标,系统弹出【通过曲线网格】对话框,如图 1-8-36a 所示。

对话框中各选项的功能如下:

【主曲线】用于选择两条以上的一组曲线或点作为主曲线。

【交叉曲线】用于选择两条以上的一组曲线作为交叉曲线。

【连续性】用于设置边界条件,达到创建的网格曲面与相邻周边曲面或平面光滑相切的

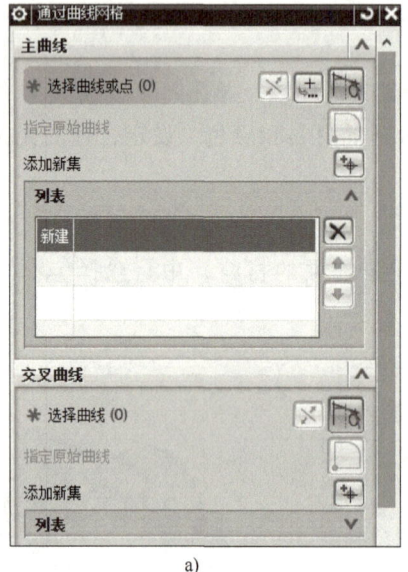
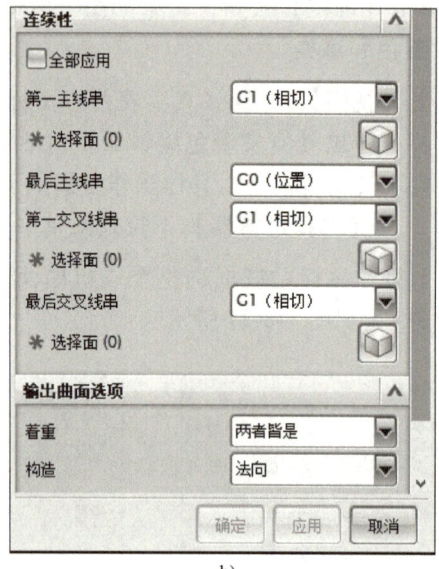

a)　　　　　　　　　　　　　　　　b)

图 1-8-36　【通过曲线网格】对话框和【连续性】对话框

a)【通过曲线网格】对话框　b)【连续性】对话框

效果。【连续性】对话框如图 1-8-36b 所示，选项中有 G0（位置）、G1（相切）和 G2（曲率）等选项，其中 G2（曲率）约束光滑程度最高，G1（相切）约束次之。

1.8.5　任务注释——延伸曲面

延伸曲面是指按距离或与另一个体的交点延伸片体。单击【插入】→【修剪】→【延伸片体】按钮，或在【曲面】工具条中单击 （延伸片体）图标，系统弹出【延伸片体】对话框，如图 1-8-37 所示。

对话框中各选项的功能如下：

【边】用于选择要延伸的实体或曲面的边。

【限制】有"偏置"和"直至选定"两个选项。选择"偏置"，输入延伸的距离；选择"直至选定"，输入要延伸到的对象。

【设置】用于设置延伸方式和形状。

1)【曲面延伸形状】有"自然曲率""自然相切"和"镜像"三个选项。

2)【边延伸形状】有"自动""相切"和"正交"三个选项。

图 1-8-37　【延伸片体】对话框

3)【体输出】用于设置延伸面的输出形式，有"延伸原片体""延伸为新面"和"延伸为新片体"三个选项。

延伸原片体：延伸的片体和原片体一致。

延伸为新面：创建一个新面，附加到原面上，而不是与原面缝合。

延伸为新片体：创建一个新的片体，与原片体分开。

1.8.6 任务注释——制作拐角

修剪和延伸是指修剪一组边和面与另一组边和面相交。单击【插入】→【修剪】→【修剪和延伸】按钮，或在【曲面】工具条中单击 （修剪和延伸）图标，系统弹出【修剪和延伸】对话框，如图1-8-38a所示。

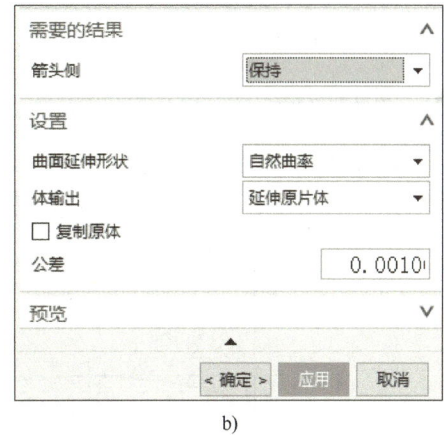

图 1-8-38 【修剪和延伸】对话框

a)【修剪和延伸】对话框　b)【曲面延伸形状】和【体输出】形式

对话框中各选项的功能如下：

【修剪和延伸类型】主要有"直至选定"和"制作拐角"两个选项。其中，"直至选定"指用一组工具边和面修剪另一组目标边和面，达成修剪或相交的效果。"制作拐角"指两组面或边相互裁剪。

【目标】用于指定需要修剪的目标面或边。

【工具】指定用于修剪或延伸的工具面或边。

【需要的结果】用于指定箭头所指部分为保留部分或删除部分。有"保持"和"删除"两个选项，"保持"指箭头所指部分为保留部分，"删除"指箭头所指部分为删除部分。

【设置】用于设置曲面延伸形状和体输出形式，如图1-8-38b所示。

【曲面延伸形状】有"自然曲率""自然相切"和"镜像"三个选项。

【体输出】用于设置延伸面的输出形式，有"延伸原片体""延伸为新面"和"延伸为新片体"三个选项。选项说明见1.8.5节。

1.8.7 任务注释——修剪片体

修剪片体是指用边界对象修剪目标片体。单击【插入】→【修剪】→【修剪片体】按钮，或在【曲面】工具条中单击 （修剪片体）图标，系统弹出【修剪片体】对话框，如图1-8-39所示。

对话框中各功能说明如下：

图 1-8-39 【修剪片体】对话框

【目标】用于选择目标片体。
【边界】用于选择边界对象，可以选择曲线、草图、边或面。
【投影方向】用于指定边界对象的投影方向，有"垂直于面""垂直于曲线平面"和"沿矢量"三个选项。
【区域】用于指定保留或删除的区域。
保留：单击处为保留区域。
放弃：单击处为修剪区域。

1.8.8 任务拓展

如图 1-8-40 所示的飞碟模型，主视图中间高、两边低，圆弧光滑过渡，俯视图由三个椭圆构成。请根据图样要求，完成飞碟模型的建模。

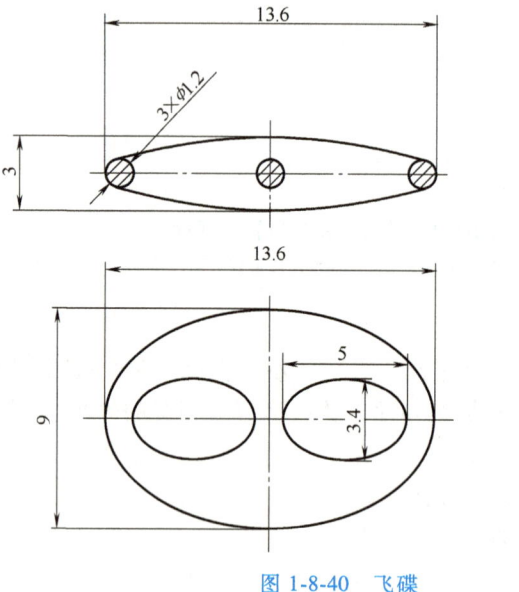
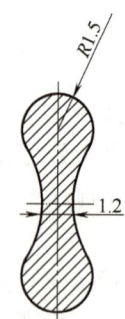

图 1-8-40　飞碟

项目 2　装配建模

装配就是将加工好的产品按一定的顺序和工艺组装起来,成为完整的机构,从而可靠地实现产品或机构的功能。UG NX 12.0 提供了非常完善的装配建模功能,能够在 NX 的集成环境中,模拟真实产品的装配过程,开展装配操作。装配操作主要有自底向上和自顶向下两种方式,本章将予以重点讲述。

任务 2.1　滑动式轴承座的设计及装配

请根据图 2-1-1 所示轴承座装配图要求,完成轴承座装配设计。

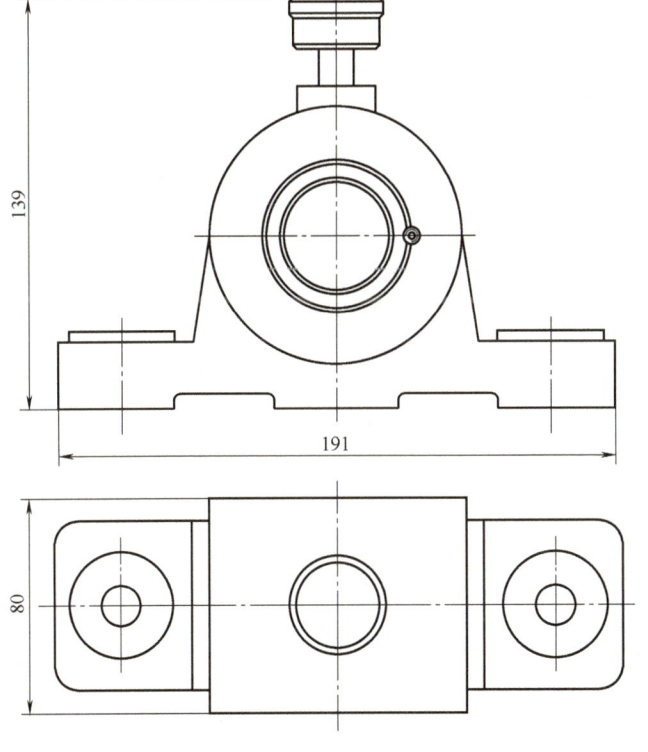
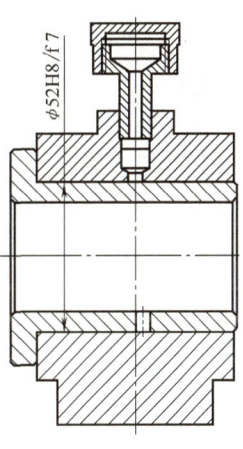

图 2-1-1　轴承座

2.1.1　任务目标

1. 知识目标

1) 了解自底向上装配的定义,熟悉装配的流程。

2）理解各类约束操作的含义。
3）掌握装配爆炸图和装配动画的设计方法。

2. 技能目标

1）熟练运用约束及定位命令，掌握自底向上的产品装配设计。
2）熟练运用所学的实体建模技术，开展自底向上的产品装配操作。
3）学会装配爆炸图分解操作，掌握爆炸图设计方法。
4）学会运用序列命令，制作装配动画，生成及导出动画视频。

3. 素养目标

1）引导学生熟悉机械设备工程制图的相关国家政策和行业标准。
2）遵守行业规范，培养严谨细致、精益求精的学习态度和工匠精神。
3）采取互相讨论、分组探究等形式，培养合作意识和团队精神。

2.1.2　任务分析

轴承座由基座、螺纹盖、套筒、油杯和骑缝螺钉等五类零件组装而成。装配前，需要运用前面所学的知识，分别设计如图 2-1-2a～e 所示五个零件的实体模型，并保存至相同目录。

图 2-1-2　滑动式轴承座各零件
a）基座　b）螺纹盖　c）套筒　d）油杯　e）骑缝螺钉　f）零件名称

然后，在装配环境下，通过约束及定位命令，完成装配操作，轴承座装配后如图 2-1-3 所示。

知识要点：

（1）自底向上装配法：首先需在建模环境下，创建各个零件的实体模型。如在本例滑动式轴承座的装配设计中，需要在建模环境下创建基座、螺纹盖等五类零件的实体模型。接着，在装配环境下，通过添加组件、移动组件、装配约束等操作，按一定的顺序和要求，将

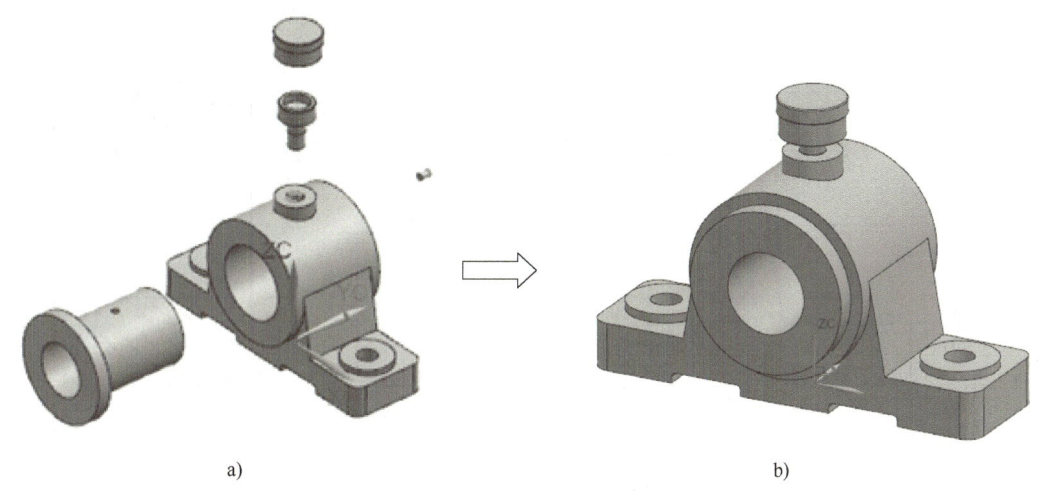

图 2-1-3 轴承座装配

a)轴承座各组件装配 b)轴承座装配效果

各零件组装起来。

（2）添加组件：以一定的定位方式加载部件或组件。

（3）装配约束：通过接触对齐、同心约束等方式，对零部件进行定位，建立约束关系。装配约束方式多、操作灵活、定位准确，是我们采用的主要放置方法。

（4）装配爆炸图：单击新建爆炸图，选择相应的组件后，通过移动对象命令移动各组件至合适位置。

2.1.3 任务实施

根据以上任务分析和参考步骤，滑动式轴承座设计和装配的操作步骤如下。

第一步 创建基座零件的实体模型，基座零件图如图 2-1-4 所示。

1. 新建文件

选择菜单中的【文件】→【新建】命令，或选择 图标，系统弹出【新建】对话框。在【模型】→【模板】栏中选择【建模】，在【单位】下拉列表框中选择"毫米"，在【名称】文本框中输入"基座.prt"，单击【确定】按钮，如图 2-1-5 所示。

2-1 创建轴承座装配体

2. 创建基座零件实体模型

（1）单击【主页】菜单下的 （草图）图标，进入草图环境，选择 ZX 平面为草图绘制平面，绘制基座轮廓草图，如图 2-1-6 所示，单击 （完成草图）图标，退出草图。

（2）单击 （拉伸）图标，系统弹出【拉伸】对话框，如图 2-1-7a 所示。在【截面线】→【选择曲线】中选择上一步绘制的基座轮廓草图，在【限制】→【结束】中选择"对称值"，在【距离】文本框中输入"28"，在【布尔】下拉列表中选择"无"，单击【确定】按钮，完成基座本体创建，结果如图 2-1-7b 所示。

（3）单击 （草图）图标，进入草图绘制环境，选择基座底板上平面为草图绘制平面，绘制两个 $\phi 36mm$ 的左右对称的圆，如图 2-1-8 所示，单击 （完成草图）图标，退出草图。

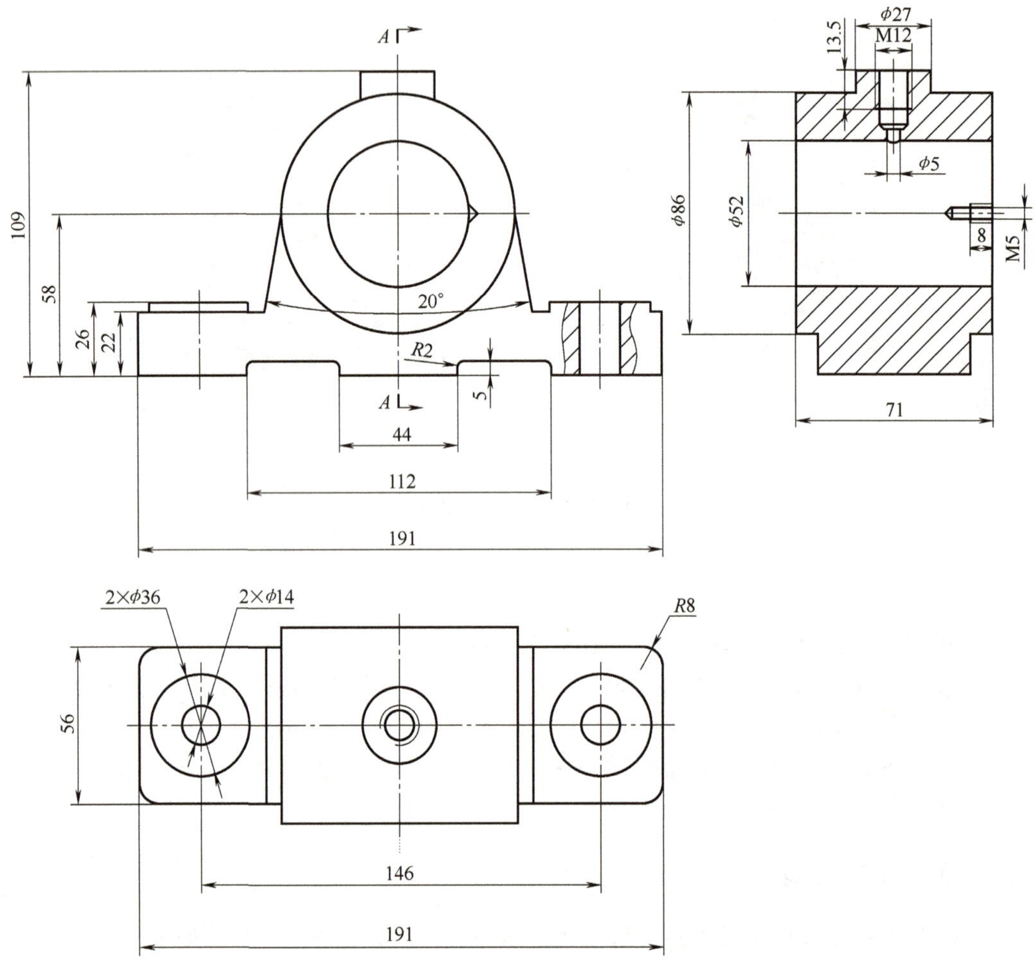

图 2-1-4 基座零件图

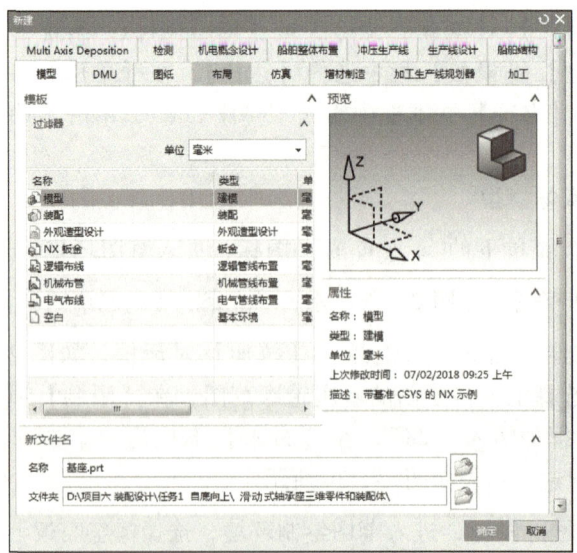

图 2-1-5 【新建】对话框

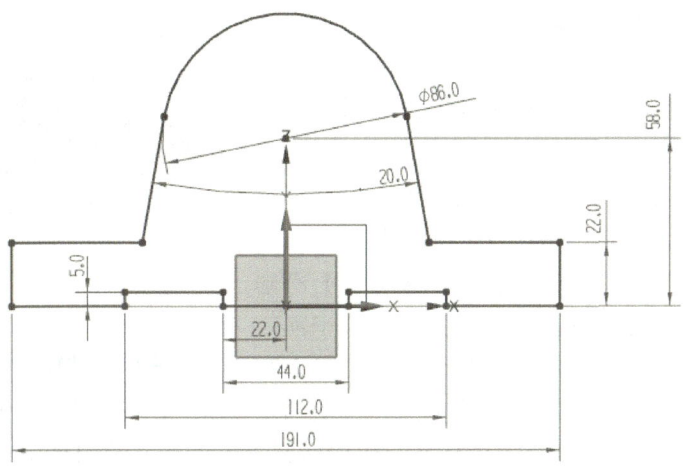

图 2-1-6　基座轮廓草图

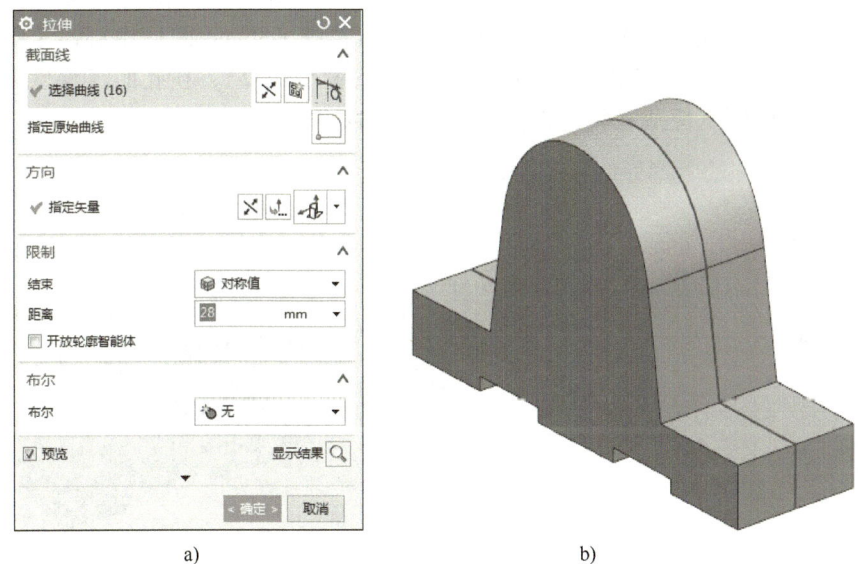

a)　　　　　　　　　　　　　　b)

图 2-1-7　拉伸"基座"

a)【拉伸】对话框　b）拉伸后的基座本体

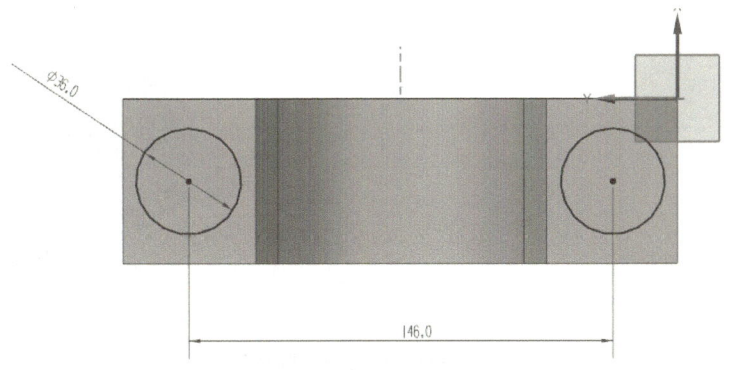

图 2-1-8　绘制两个圆

(4) 单击 (拉伸) 图标，选择上一步绘制的两个圆，拉伸距离设为 4mm，布尔运算选"合并"，单击【确定】按钮，完成基座两侧凸台的创建，如图 2-1-9 所示。

(5) 在两侧凸台上钻孔。单击 孔图标，弹出【孔】对话框，如图 2-1-10a 所示。在【孔类型】下拉列表中，选择"常规孔"，设置参数如下：【指定点】分别选择左右两侧凸台中心，【孔方向】选"垂直于面"，【成形】选"简单孔"，在【直径】中输入"14"，在孔的【深度限制】下拉列表中选择"贯通体"，完成孔特征操作，结果如图 2-1-10b 所示。

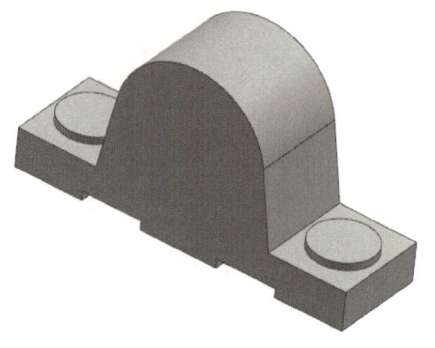

图 2-1-9　创建左右两侧圆形凸台

(6) 拉伸基座中间 φ86mm 的圆柱体。按前面所讲的方法，绘制草图并拉伸，设置的拉伸参数如图 2-1-11 所示。

(7) 钻中间通孔。单击 孔图标，系统弹出【孔】对话框。在【孔类型】下拉列表中，选择"常规孔"。设置孔参数如下：【指定点】选择 φ86mm 圆柱中心，【孔方向】选"垂直于面"，【成形】选"简单孔"，在【直径】中输入"52"，在孔的【深度限制】下拉列表中选择"贯通体"，完成孔特征操作，如图 2-1-12 所示。

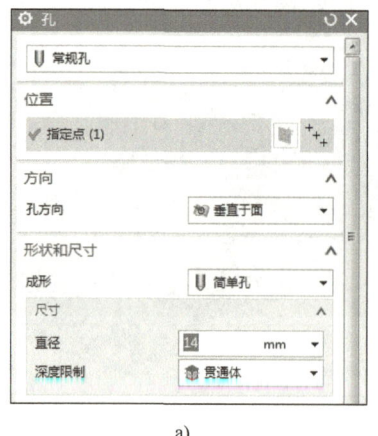

a)

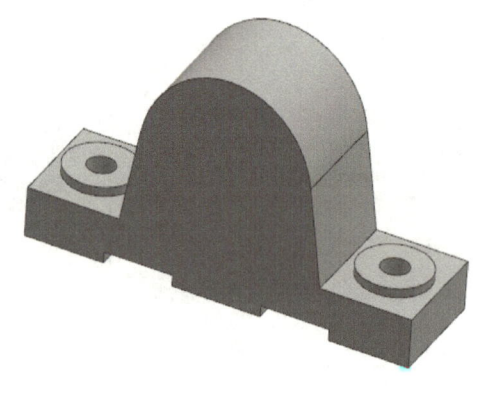

b)

图 2-1-10　圆形凸台钻孔

a)【孔】对话框　b) 两侧圆形凸台孔

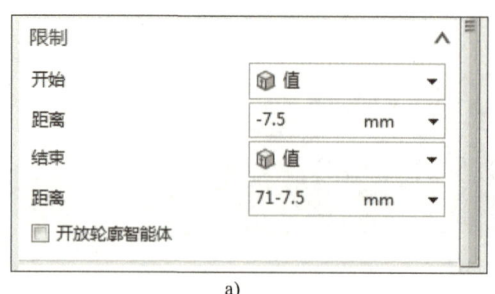

a)

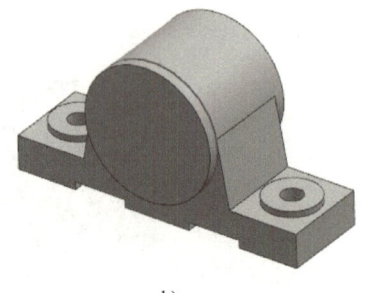

b)

图 2-1-11　创建中间圆柱体

a)【拉伸】参数　b) 凸台中间圆柱体

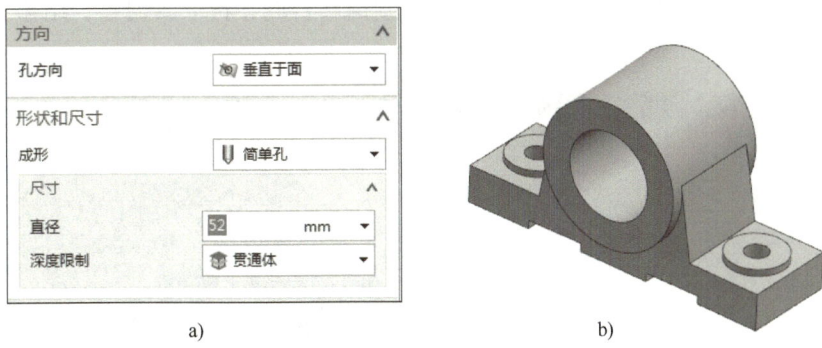

图 2-1-12　创建中间贯穿孔

a)【方向】参数　b) 凸台中间圆柱体通孔

(8) 创建顶部凸台。

① 单击【主页】菜单下的 图标（草图）图标，进入草图绘制环境，选择基座底面或 XY 平面为草图绘制平面，绘制 φ27mm 的圆，添加尺寸约束和几何约束，完成二维草图的绘制。单击 图标（完成草图）图标，退出草图。

② 单击 图标（拉伸）图标，在弹出的【拉伸】对话框中，设置参数如下：选择上一步绘制的 φ27mm 的圆，在【开始】下拉列表中选择"直至选定"，并选择 φ86mm 圆柱表面，结束值取 109mm，布尔运算设为"合并"，单击【确定】按钮，完成顶部凸台的创建，如图 2-1-13 所示。

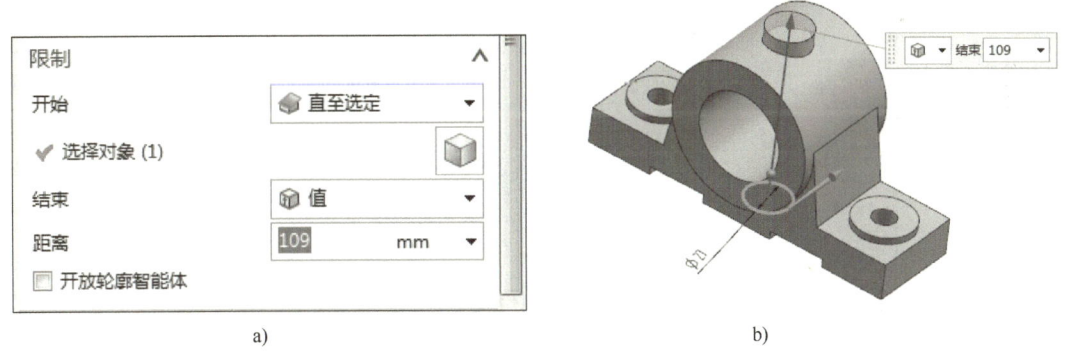

图 2-1-13　创建顶部凸台

a)【限制】参数　b) 顶部凸台

③ 钻顶部凸台螺纹孔。单击 孔图标，系统弹出【孔】对话框，在【孔类型】下拉列表中选择"螺纹孔"，设置参数如下：在【指定点】选项中选择顶部凸台中心为孔中心，在【孔方向】下拉列表中选择"垂直于面"，其他参数如图 2-1-14a 所示，单击【确定】按钮，完成顶部凸台螺纹孔特征的创建，结果如图 2-1-14b 所示。

④ 钻顶部凸台底孔。单击 孔图标，系统弹出【孔】对话框，在【孔类型】下拉列表中选择"常规孔"，设置参数如下：在【指定点】选项中选择顶部凸台中心为孔中心，在【孔方向】下拉列表中选择"沿矢量"，在【指定矢量】选项中选择沿"-Z"方向，其他参

数如图 2-1-15a 所示,单击【确定】按钮,完成顶部凸台底孔特征的创建,结果如图 2-1-15b 所示。

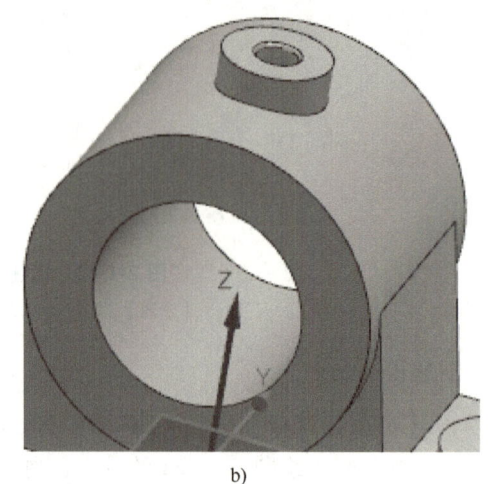

a) b)

图 2-1-14 创建顶部凸台螺纹孔

a)【孔】对话框 b) 凸台螺纹孔

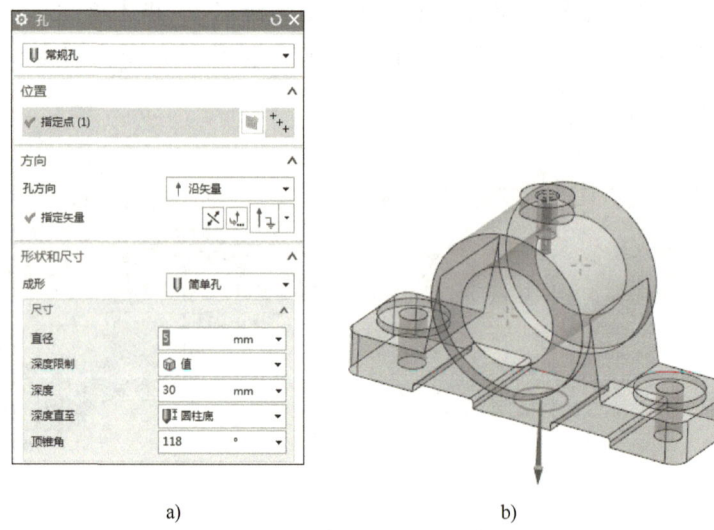

a) b)

图 2-1-15 创建顶部凸台底孔

a)【孔】对话框 b) 顶部凸台底孔

(9) 创建骑缝孔。单击 图标,系统弹出【孔】对话框,在【孔类型】下拉列表中选择"螺纹孔",设置参数如下:在【指定点】选项中选择中间的 φ52mm 孔右侧象限点为孔中心,在【孔方向】下拉列表中选择"垂直于面",其他参数如图 2-1-16a 所示,单击【确定】按钮,完成骑缝孔特征的创建,结果如图 2-1-16b 所示。

(10) 倒圆角。

① 基座四周侧面倒圆角,参数设置如图 2-1-17a 所示。倒圆角结果如图 2-1-17b 所示。

② 底部凹槽棱边倒圆角,半径设为 2mm,结果如图 2-1-18 所示。

项目 2　装配建模

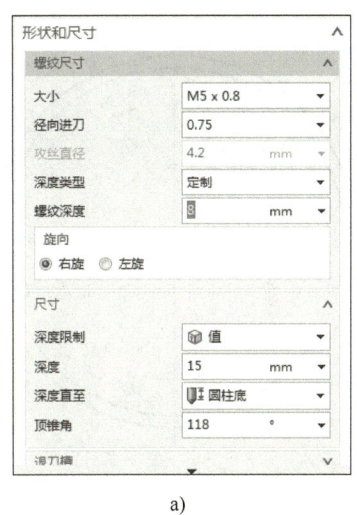
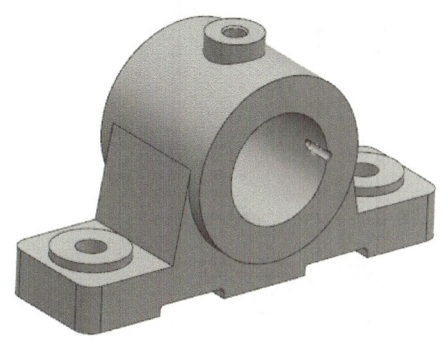

a)　　　　　　　　　　　　　　　　　　b)

图 2-1-16　创建骑缝孔

a)【形状和尺寸】各参数　b) 骑缝孔

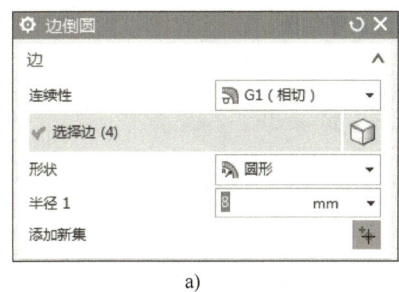
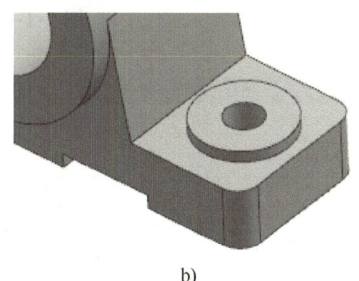

a)　　　　　　　　　　　　　　　　　　b)

图 2-1-17　四周倒圆角

a)【边倒圆】对话框　b) 基座四周侧面倒圆角

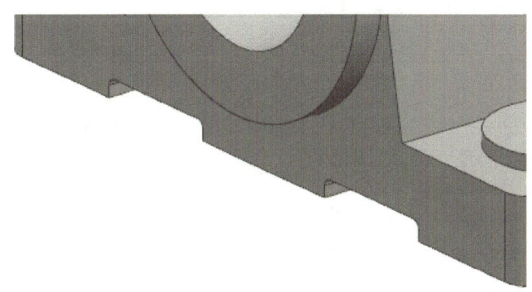

图 2-1-18　底部凹槽倒圆角

3. 保存

基座创建完成，单击 ![保存] (保存) 按钮，保存基座零件实体模型。

第二步　创建螺纹盖零件的实体模型，螺纹盖零件图如图 2-1-19 所示。

1. 新建文件

选择菜单中的【文件】→【新建】命令，或选择 ![图标] 图标，系统弹出【新建】对话框。在【模型】→【模板】栏中选择【建模】，在【单位】下拉列表框中选择"毫米"，在【名称】文本框中输入"螺纹盖.prt"，如图 2-1-20 所示，单击【确定】按钮。

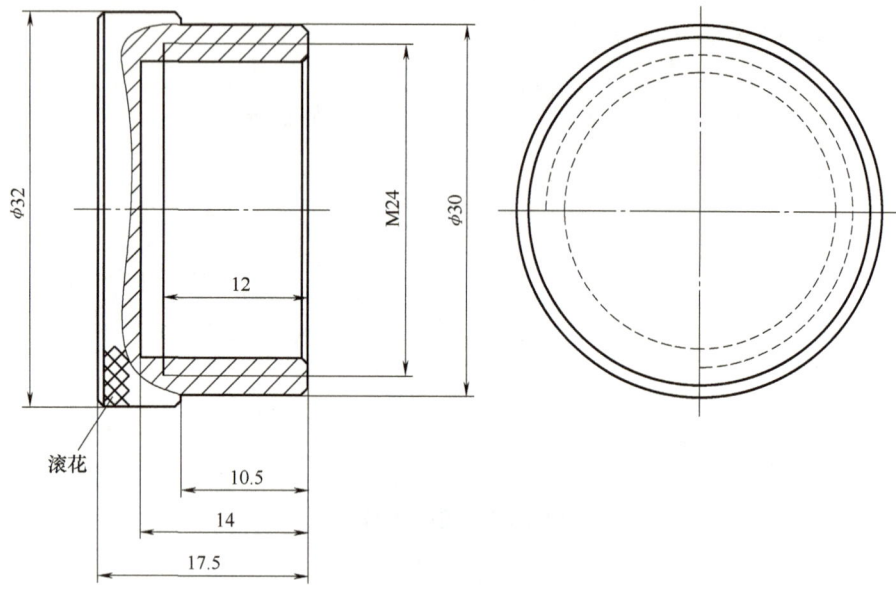

图 2-1-19　螺纹盖零件图

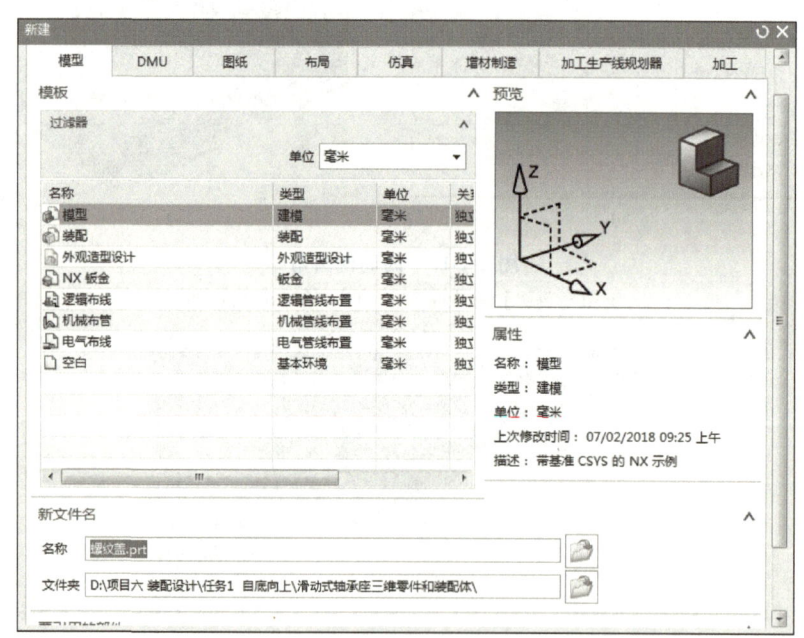

图 2-1-20　【新建】对话框 2

2. 创建草图

单击【主页】菜单下的（草图）图标，进入草图绘制环境，选择 ZX 平面为草图绘制平面，绘制直线，添加尺寸约束和几何约束，完成二维草图绘制。单击 （完成草图）图标，退出草图，结果如图 2-1-21 所示。

3. 创建旋转体

单击 （旋转）图标，系统弹出【旋转】对话框，如图 2-1-22a 所示，在【截面线】→

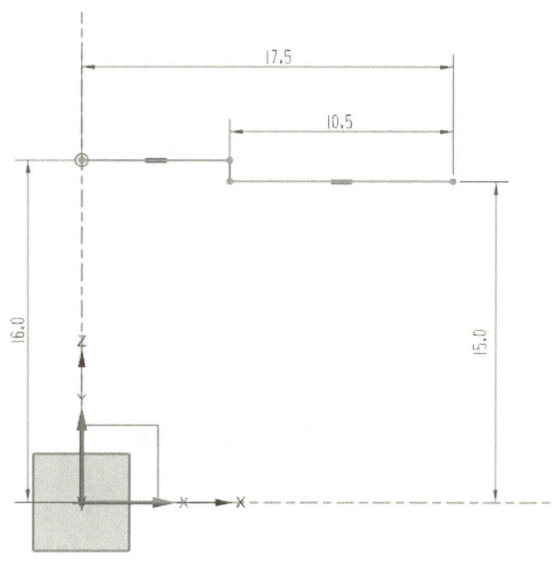

图 2-1-21　螺纹盖零件草图

【选择曲线】中选择上一步绘制的草图，在【轴】→【指定矢量】中选择 X 轴，在【限制】→【角度】栏中输入"360"，创建螺纹盖零件的基本体，如图 2-1-22b 所示。

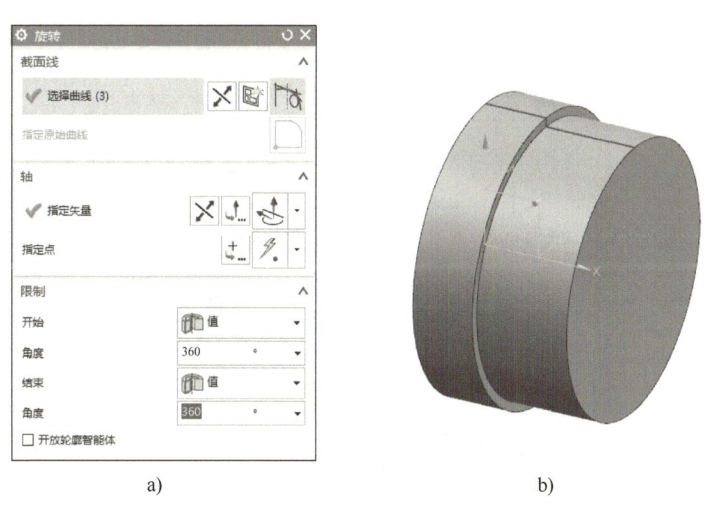

a)   b)

图 2-1-22　螺纹盖基本体

a)【旋转】对话框　b) 螺纹盖零件基本体

4. 创建拉伸特征

单击【主页】菜单下的 图标，选择小圆柱端面作为草绘平面，进入草图绘制环境，绘制一个 $\phi21.5$mm 的圆，如图 2-1-23a 所示。单击 图标，选中 $\phi21.5$mm 的圆，向 $-X$ 轴方向拉伸 14mm，布尔运算设置为"减去"，完成拉伸特征的创建，如图 2-1-23b 所示。

5. 创建倒角

单击 图标，按图样要求，对螺纹盖零件进行轮廓倒角，尺寸为 0.5mm×45°。

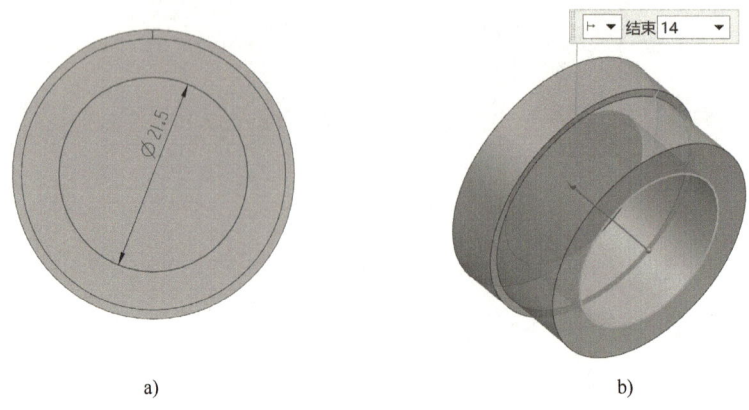

a)　　　　　　　　　　　　　　　　b)

图 2-1-23　创建螺纹盖中间孔

a）草图　b）中间孔

6. 创建螺纹孔特征

单击【插入】→【设计特征】→【螺纹】，弹出【螺纹切削】对话框。螺纹类型选 "详细"，接着选螺纹盖内孔圆柱面，起始面选一侧端面，旋转方向为右旋，在【大径】栏输入 "24"，【长度】栏输入 "12"，【螺距】栏输入 "2.5"，其余尺寸默认。单击【确定】按钮，如图 2-1-24 所示。

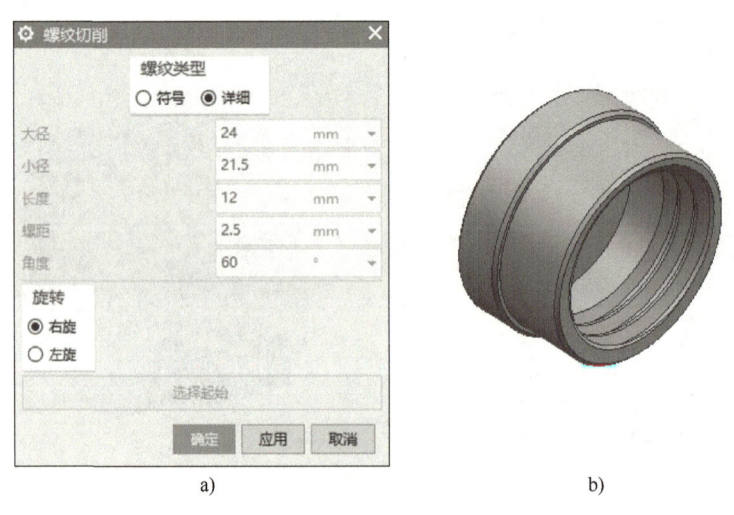

a)　　　　　　　　　　　　　　　　b)

图 2-1-24　创建螺纹孔

a）【螺纹切削】对话框　b）创建螺纹孔后的效果

7. 保存

单击 ■（保存）按钮，保存螺纹盖零件的实体模型。

第三步　创建套筒零件的实体模型，套筒零件图如图 2-1-25 所示。

1. 新建文件

选择菜单中的【文件】→【新建】命令，或选择 □ 图标，系统弹出【新建】对话框。在【模型】→【模板】栏中选择【建模】，在【单位】下拉列表框中选择 "毫米"，在【名称】文本框中输入 "套筒.prt"，如图 2-1-26 所示，单击【确定】按钮。

项目 2 装配建模

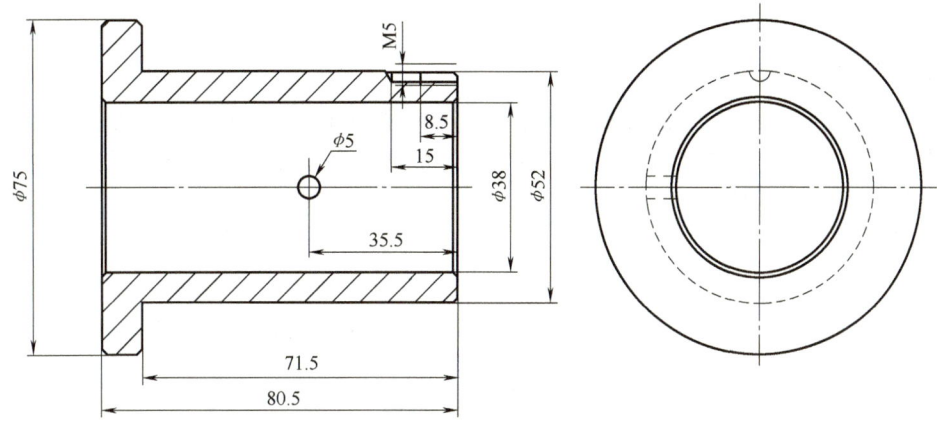

图 2-1-25 套筒零件图

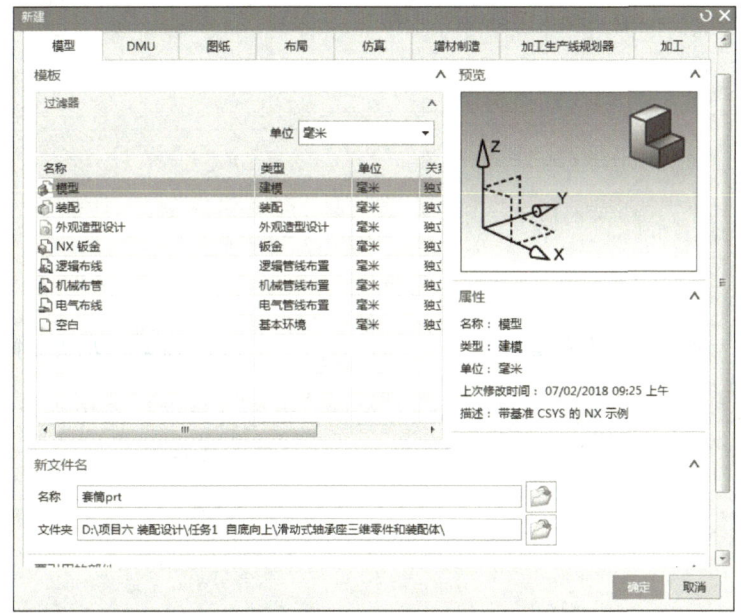

图 2-1-26 【新建】对话框 3

2. 创建草图

单击【主页】菜单下的 （草图）图标，进入草图绘制环境，选择 ZX 平面为草图绘制平面，绘制直线，添加尺寸约束和几何约束，完成二维草图绘制，如图 2-1-27 所示。单击

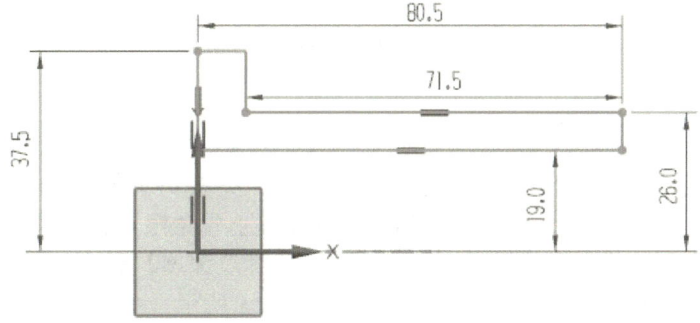

图 2-1-27 创建套筒零件草图

(完成草图)图标,退出草图。

3. 创建回转体

单击 (旋转)图标,在【截面线】→【选择曲线】中选择上一步绘制的草图,在【轴】→【指定矢量】中选择 X 轴,在【限制】→【角度】栏中输入"360",创建套筒零件的基本体,如图 2-1-28 所示。

4. 钻孔

(1)单击【主页】菜单下的 (草图)图标,进入草图绘制环境,选择 ZX 平面为草图绘制平面,绘制 φ5mm 的圆,添加尺寸约束和几何约束,完成二维草图绘制,如图 2-1-29 所示。单击 (完成草图)图标,退出草图。

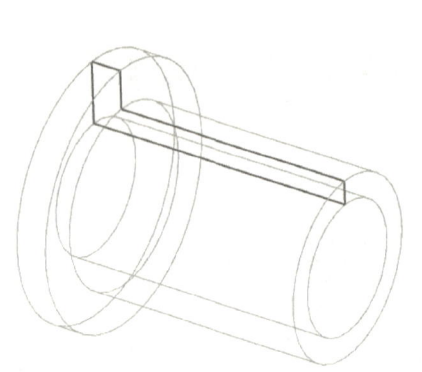
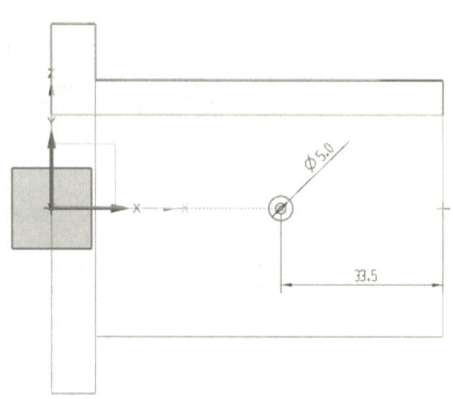

图 2-1-28 创建套筒零件的基本体　　　　　　　图 2-1-29 草绘圆

(2)单击 (拉伸)图标,选择 φ5mm 的圆,设置【结束】选项为"贯通",【布尔】运算选择"减去",并选择套筒零件的实体模型,结果如图 2-1-30 所示。

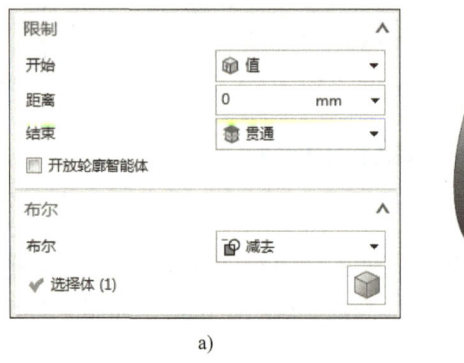
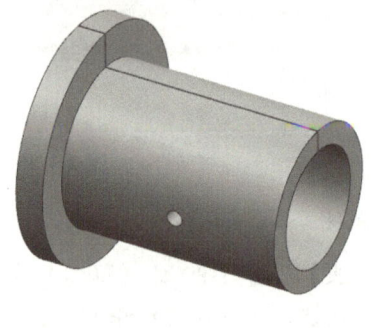

a)　　　　　　　　　　　　　　　　b)

图 2-1-30 钻孔

a) 参数　b) 套筒中间孔

5. 钻骑缝孔

单击 孔图标,系统弹出【孔】对话框。在【孔类型】下拉列表中选择"螺纹孔",设置参数如下:在【指定点】选项中选择 φ52mm 圆柱上端象限点,在【孔方向】选项中选择"沿矢量",−X 轴,螺纹尺寸设为"M5×0.8",【螺纹深度】设为"8.5mm",孔【深度限制】为"值",【深度】设为"15mm",如图 2-1-31a 所示。单击【确定】按钮,结果如图 2-1-31b 所示。

项目 2 装配建模

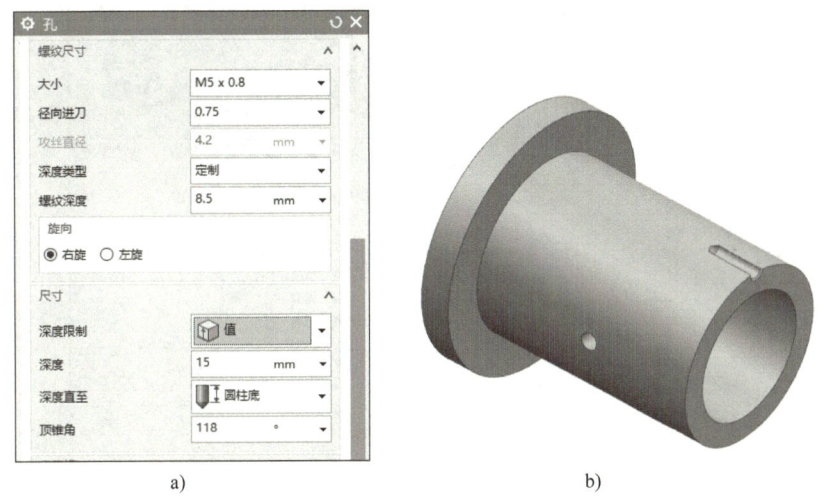

a)   b)

图 2-1-31　套筒骑缝孔

a)【孔】对话框　b) 骑缝孔

6. 保存

单击 ![保存] (保存) 图标，保存套筒零件的实体模型。

第四步　创建油杯零件的实体模型，油杯零件图如图 2-1-32 所示。

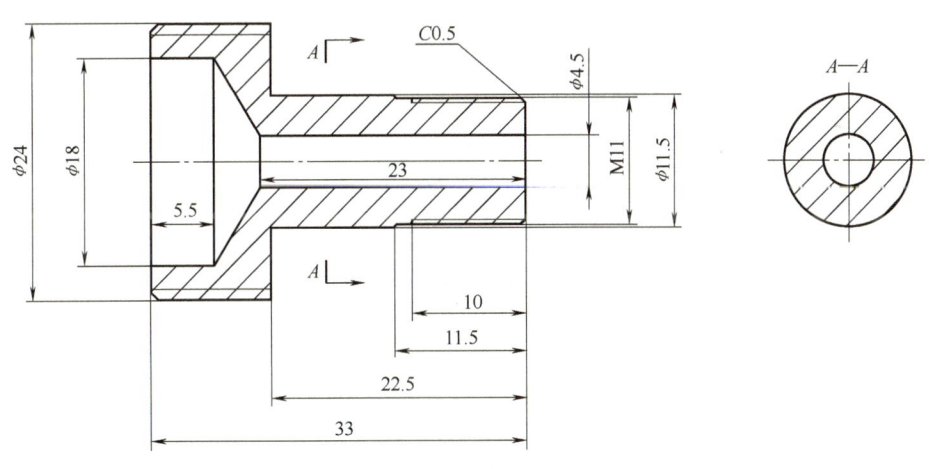

图 2-1-32　油杯零件图

1. 新建文件

选择菜单中的【文件】→【新建】命令，或选择 ![图标] 图标，系统弹出【新建】对话框。在【模型】→【模板】栏中选择【建模】，在【单位】下拉列表框中选择"毫米"，在【名称】文本框中输入"油杯.prt"，如图 2-1-33 所示，单击【确定】按钮。

2. 创建草图

单击【主页】菜单下的 ![草图] （草图）图标，进入草图绘制环境，选择 ZX 平面为草图绘制平面，绘制直线，添加尺寸约束和几何约束，完成二维草图绘制，如图 2-1-34 所示。单击 ![完成草图] （完成草图）图标，退出草图。

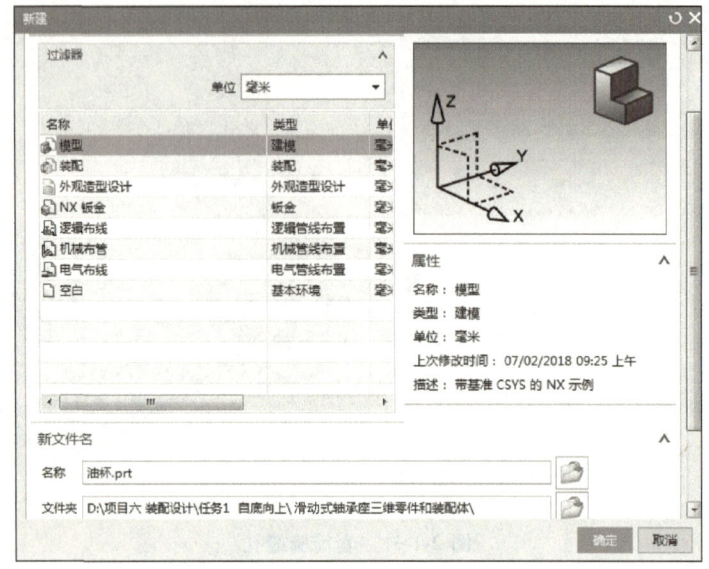

图 2-1-33 【新建】对话框 4

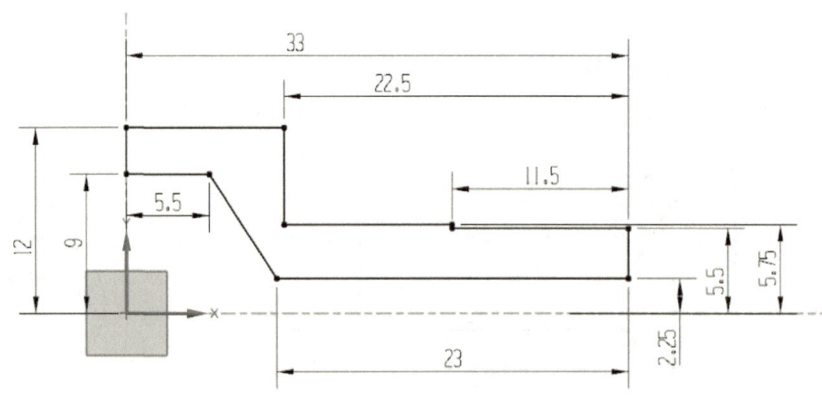

图 2-1-34 油杯零件草图

3. 创建旋转体

单击 (旋转) 图标,在【截面线】→【选择曲线】中选择上一步绘制的草图,在【轴】→【指定矢量】中选择 X 轴,在【限制】→【角度】中输入 "360",创建油杯零件的基本体,如图 2-1-35 所示。

4. 创建倒角操作

单击 (倒斜角) 图标,在【倒斜角】对话框中设置相关参数。按图样要求,对油杯轮廓倒角,尺寸为 0.5mm×45°,结果如图 2-1-36 所示。

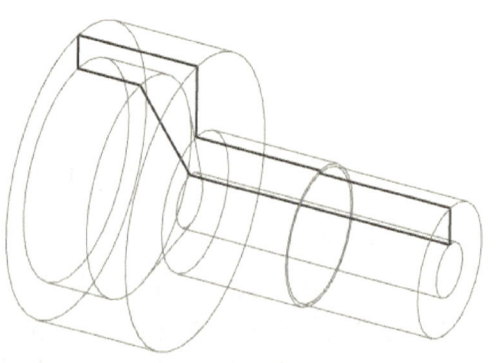

图 2-1-35 油杯零件的基本体

5. 保存

单击 (保存) 图标,保存油杯零件的实体模型。

第五步 创建骑缝螺钉零件的实体模型,骑缝螺钉零件图如图 2-1-37 所示。

项目 2 装配建模

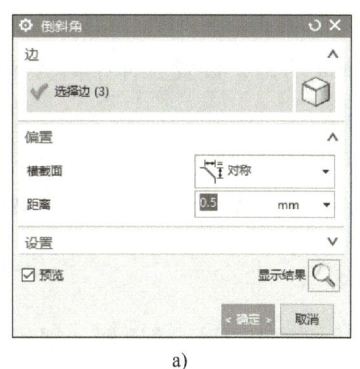
a)

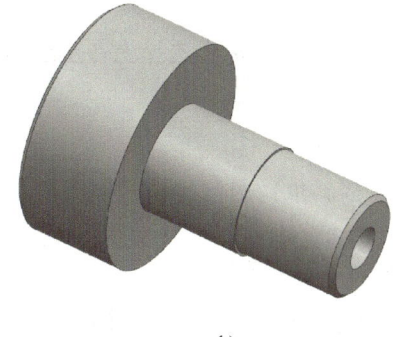
b)

图 2-1-36 油杯零件倒角
a)【倒斜角】对话框　b) 倒斜角后的效果

1. 新建文件

选择菜单中的【文件】→【新建】命令，或选择 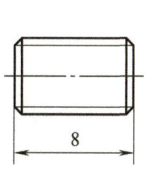 图标，系统弹出【新建】对话框。在【模型】→【模板】栏中选择【建模】，在【单位】下拉列表框中选择"毫米"，在【名称】文本框中输入"骑缝螺钉.prt"，如图 2-1-38 所示，单击【确定】按钮。

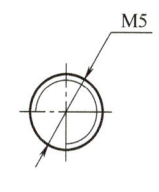

图 2-1-37 骑缝螺钉零件图

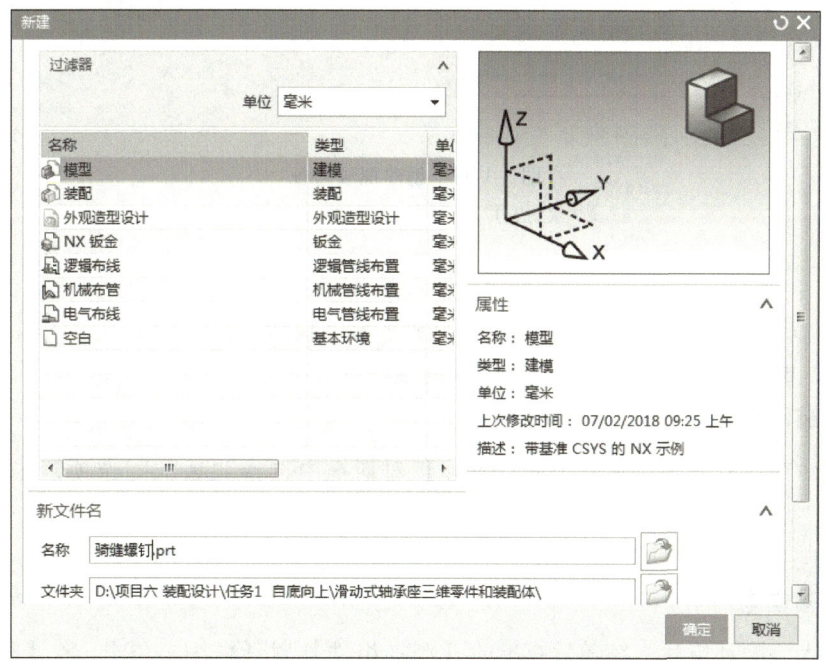

图 2-1-38 【新建】对话框

2. 创建草图

单击【主页】菜单下的 <image /> （草图）图标，进入草图绘制环境，选择 ZX 平面为草图绘制平面，绘制 φ5mm 的圆，完成二维草图绘制。单击 <image /> （完成草图）图标，退出草图。

3. 拉伸操作

单击 (拉伸)图标，选择上一步绘制的 $\phi 5mm$ 的圆，设置拉伸距离为 8mm，完成拉伸操作。

4. 倒角

单击 (倒斜角)图标，在【倒斜角】对话框中按图样要求，设置骑缝螺钉零件两端倒角尺寸为 $0.5mm \times 45°$。

5. 创建螺纹特征

单击【插入】→【设计特征】→【螺纹】，弹出【螺纹切削】对话框。螺纹类型选"详细"。接着选骑缝螺钉圆柱面，起始面选一侧端面，旋转方向为右旋，在【长度】栏输入"8"，其余尺寸默认。单击【确定】按钮，如图 2-1-39 所示。

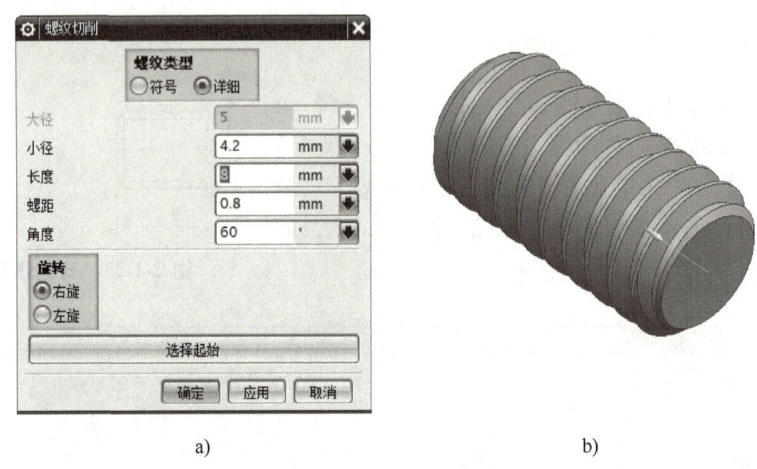

图 2-1-39 创建螺纹特征

a)【螺纹切削】对话框 b) 创建螺纹后的效果

6. 保存

单击 (保存)图标，保存骑缝螺钉零件的实体模型。

第六步 自底向上的滑动式轴承座的装配设计

1. 新建装配文件

单击 (新建)按钮，在弹出的【新建】对话框中选择"装配"选项，在【名称】文本框中输入"滑动式轴承座 .prt"，单击【确定】按钮，建立一个装配文件，如图 2-1-40 所示。

2. 加载基座零件

(1)进入装配环境后，在随后弹出的【添加组件】对话框中，单击 【打开】按钮，找到基座零件保存的目录，选择"基座"，单击【确定】按钮后将其调入。

(2)接着，在弹出的【添加组件】对话框中，在【位置】→【装配位置】下拉列表框中选择"绝对坐标系-工作部件"，自动将"基座"中心对齐至"工作部件中心"。随后，添加【约束类型】为 (固定)，在【要约束的几何体】→【选择对象】中选择"基座"，将其设为固定体，如图 2-1-41 所示。

项目 2　装配建模

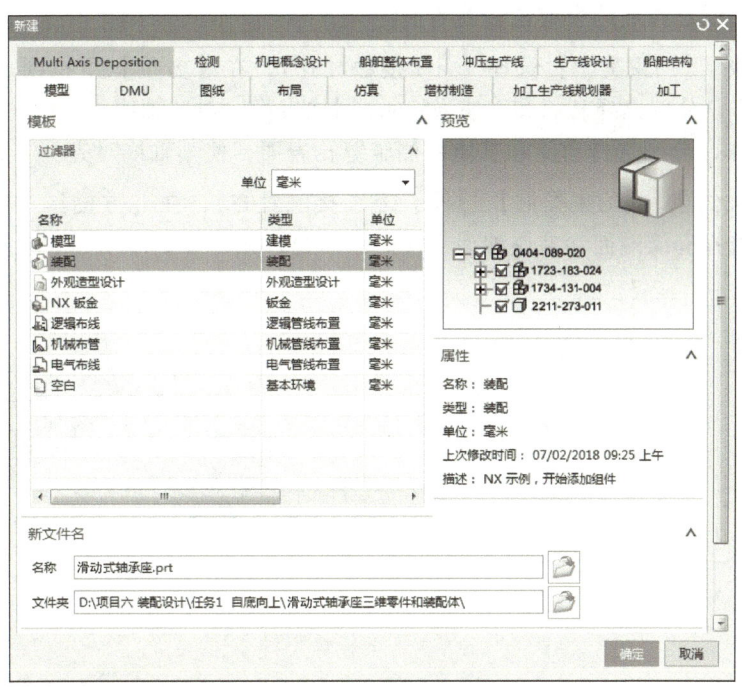

图 2-1-40　新建滑动式轴承座装配文件

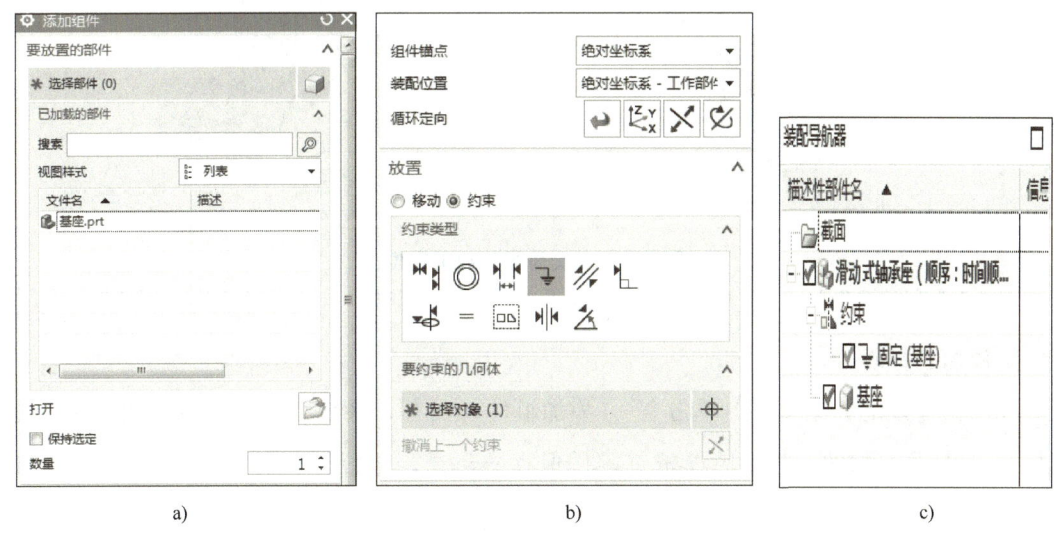

　　　　　a)　　　　　　　　　　　　　b)　　　　　　　　　　　　c)

图 2-1-41　加载基座

a)【添加组件】对话框　b) 约束类型　c) 装配导航器

3. 添加套筒零件

（1）在【装配】菜单下，单击 （添加组件）图标，系统弹出【添加组件】对话框。单击 （打开）按钮，找到套筒零件保存的目录，选择"套筒"，单击【确定】按钮后将其调入。

（2）在【位置】→【装配位置】下拉列表框中选择"对齐"，移动鼠标在屏幕合适位置单击，在基座零件旁临时放置套筒零件。

(3) 接着，通过添加约束定位套筒零件。

① 添加约束，【约束类型】选择 ▶◀ ▶|（接触对齐），在【方位】下拉列表框中选择"自动判断中心/轴"，分别选择套筒和基座 φ52mm 圆柱表面，对齐轴线。

② 同上操作，分别选择套筒和基座两侧骑缝孔表面，使其轴线对齐。

③ 继续添加约束，【约束类型】选择 ▶◀ ▶|（接触对齐），在【方位】下拉列表框中选择"接触"，分别选择套筒端面和基座端面，使两面贴合，如图 2-1-42 所示。

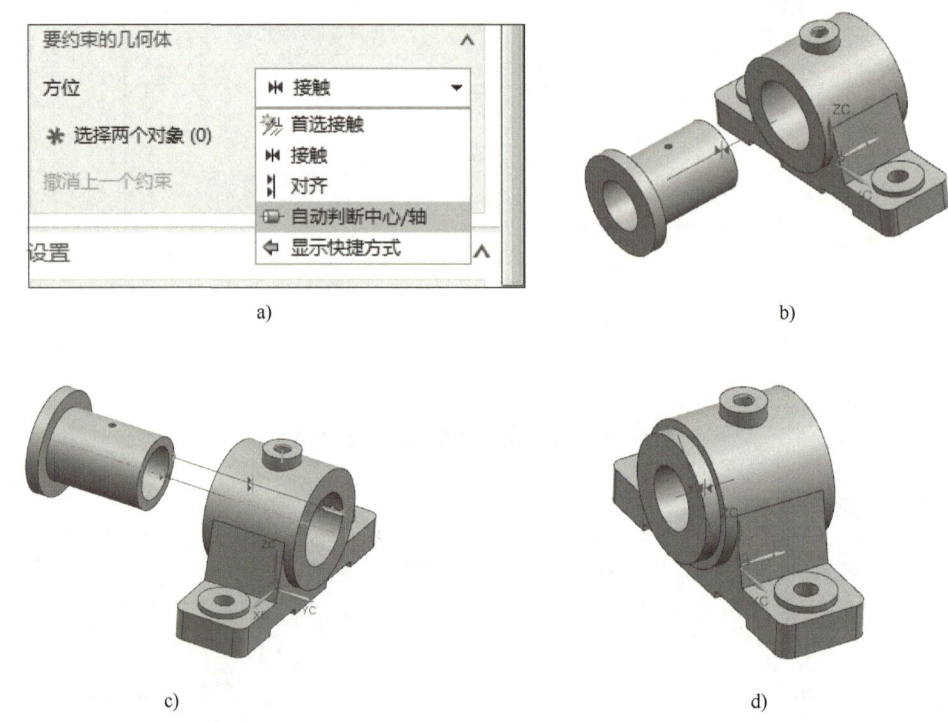

图 2-1-42　套筒零件约束定位

a)"自动判断中心/轴"约束　b) 孔轴对准方位 1　c) 孔轴对准方位 2　d) 套筒零件装配后效果

4. 添加骑缝螺钉

(1) 在【装配】菜单下，单击 （添加组件）图标，系统弹出【添加组件】对话框。单击 （打开）按钮，找到骑缝螺钉零件保存的目录，选择"骑缝螺钉"，单击【确定】按钮后将其调入。

(2) 在【位置】→【装配位置】下拉列表框中选择"对齐"，移动鼠标在屏幕合适位置单击，在基座零件旁临时放置骑缝螺钉零件。

(3) 接着，通过添加约束定位骑缝螺钉零件。

① 添加约束，【约束类型】选择 ▶◀ ▶|（接触对齐），在【方位】下拉列表框中选择"自动判断中心/轴"，分别选择骑缝螺钉外表面、基座或套筒上的骑缝孔，对齐轴线。

② 【约束类型】选择 ▶◀ ▶|（接触对齐），在【方位】下拉列表框中选择"接触"，分别选择骑缝螺钉端面、基座或套筒上的端面，对齐端面。若端面未对齐，可单击 （反向）按钮切换方向。完成骑缝螺钉装配，如图 2-1-43 所示。

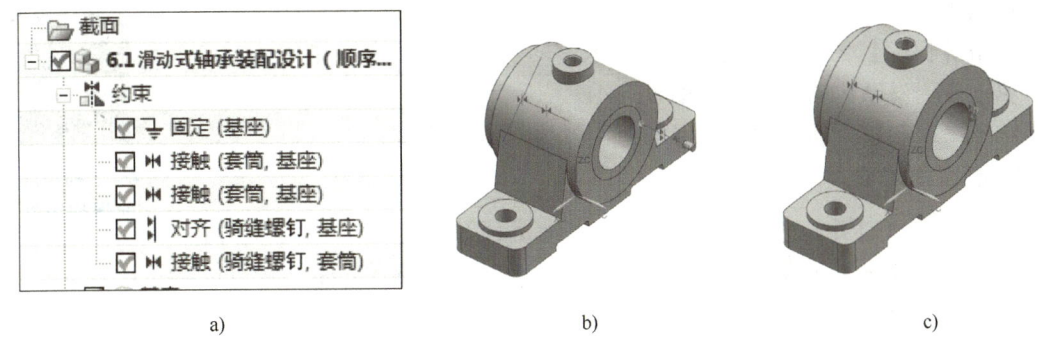

图 2-1-43 骑缝螺钉约束定位

a）装配导航器　b）骑缝螺钉预装　c）骑缝螺钉装配

5. 添加油杯

（1）在【装配】菜单下，单击 ![图标]（添加组件）图标，系统弹出【添加组件】对话框。单击 ![图标]（打开）按钮，找到油杯零件保存的目录，选择"油杯"，单击【确定】按钮后将其调入。

（2）在【位置】→【装配位置】下拉列表框中选择"对齐"，移动鼠标在屏幕合适位置单击，在基座零件旁临时放置油杯零件。

（3）接着，通过添加约束定位油杯零件。

① 添加约束，【约束类型】选择 ![图标]（接触对齐），在【方位】下拉列表框中选择"自动判断中心/轴"，分别选择油杯圆柱表面和基座上端孔表面，对齐轴线。

② 添加约束，【约束类型】选择 ![图标]（接触对齐），在【方位】下拉列表框中选择"接触"，分别选择油杯端面和基座上凸台的端面，对齐端面，完成油杯装配，如图 2-1-44 所示。

图 2-1-44 油杯约束定位

6. 添加螺纹盖

（1）在【装配】菜单下，单击 ![图标]（添加组件）图标，系统弹出【添加组件】对话框。单击 ![图标]（打开）按钮，找到螺纹盖零件保存的目录，选择"螺纹盖"，单击【确定】按钮后将其调入。

（2）在【位置】→【装配位置】下拉列表框中选择"对齐"，移动鼠标在屏幕合适位置单击，在基座零件旁临时放置螺纹盖零件。

（3）接着，通过添加约束定位螺纹盖零件。

① 添加约束，【约束类型】选择 ![图标]（接触对齐），在【方位】下拉列表框中选择"自动判断中心/轴"，分别选择螺纹盖圆柱表面和油杯外圆柱表面，对齐轴线。

② 添加约束，【约束类型】选择 ![图标]（接触对齐），在【方位】下拉列表框中选择"接触"，分别选择螺纹盖端面和油杯端面，对齐端面，完成螺纹盖的装配。滑动式轴承座装配完成效果图如图 2-1-45 所示。

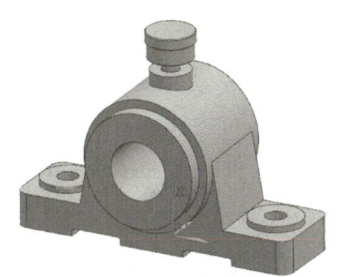

图 2-1-45 滑动式轴承座装配完成效果图

7. 保存

单击【保存】图标，完成滑动式轴承座的装配。

第七步 滑动式轴承座爆炸图设计

接下来，创建滑动式轴承座爆炸图，具体操作步骤如下。

1. 新建爆炸图

单击 (打开)按钮，打开滑动式轴承座装配体。选择【装配】菜单，进入装配环境。选择爆炸图，单击 (新建爆炸图)按钮，将爆炸图命名为"滑动式轴承座爆炸图"。

2. 编辑爆炸图

（1）移动螺纹盖零件。单击 (编辑爆炸图)按钮，系统弹出【编辑爆炸】对话框，如图2-1-46a所示，选择"螺纹盖"，光标切换到"移动对象"，将螺纹盖零件沿Z轴移动-100mm，单击【应用】按钮，如图2-1-46b所示。

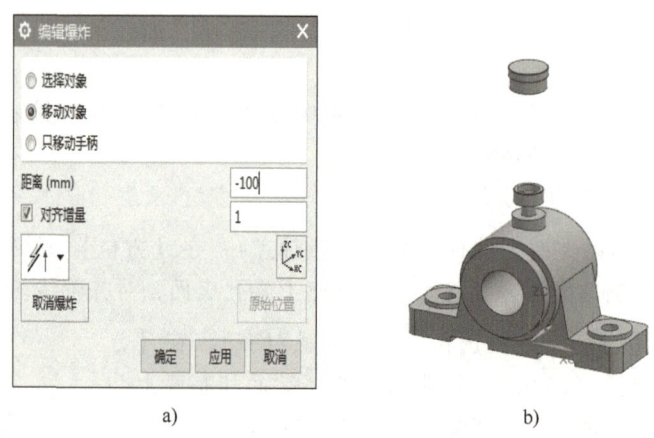

a) b)

图 2-1-46 移动螺纹盖零件

a)【编辑爆炸】对话框 b) 移动螺纹盖零件

（2）移动油杯零件。单击"选择对象"，先选择油杯（★注意，这时螺纹盖仍处于选中状态，可按<Shift>键+单击螺纹盖取消选择，再加选油杯零件），再切换到"移动对象"，将油杯零件沿Z轴移动-50mm，单击【应用】按钮，结果如图2-1-47所示。

（3）移动骑缝螺钉零件。单击"选择对象"，先选择骑缝螺钉（★注意，这时油杯仍处于选中状态，可按<Shift>键+单击油杯取消选择，再加选骑缝螺钉），再切换到"移动对象"，将骑缝螺钉零件沿Y轴移动100mm，单击【应用】按钮，结果如图2-1-48所示。

（4）移动套筒零件。单击"选择对象"，先选择套筒（★注意，这时骑缝螺钉仍处于选中状态，可按<Shift>键+单击骑缝螺钉取消选择，再加选套筒零件），再切换到"移动对象"，将套筒零件沿Y轴移动-150mm，单击【应用】按钮，结果如图2-1-49所示。

3. 保存

单击 (保存)图标，保存滑动式轴承座爆炸图。

第八步 制作滑动式轴承座装配和拆卸动画

接着，创建装配动画，具体步骤如下。

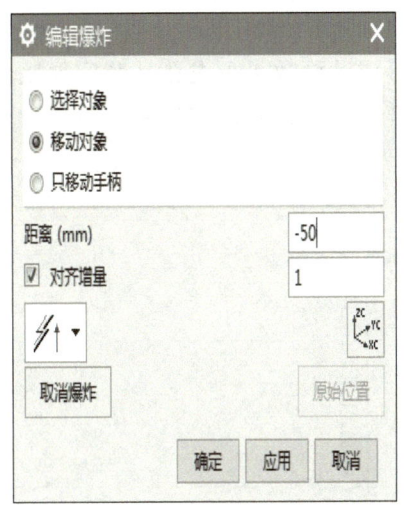 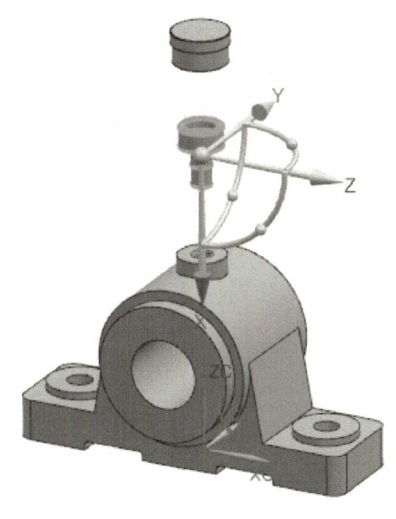

a) b)

图 2-1-47 移动油杯零件

a)【编辑爆炸】对话框　b) 移动油杯零件

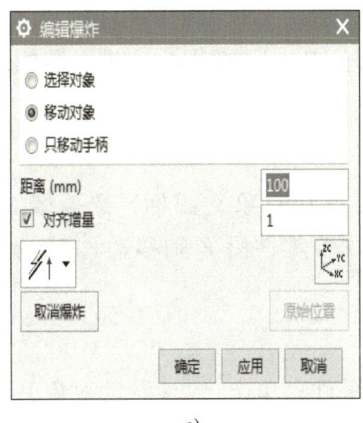 

a) b)

图 2-1-48 移动骑缝螺钉零件

a)【编辑爆炸】对话框　b) 移动骑缝螺钉零件

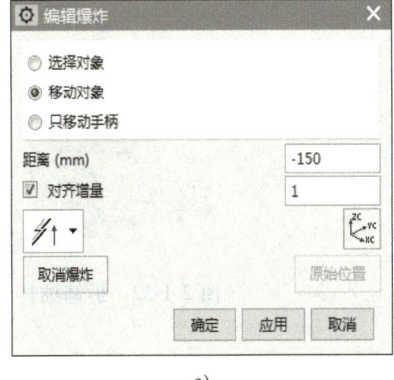 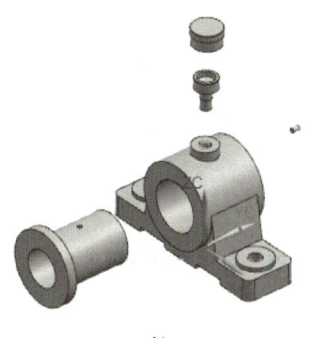

a) b)

图 2-1-49 移动套筒零件

a)【编辑爆炸】对话框　b) 移动套筒零件

1. 抑制装配约束

打开滑动式轴承座装配体，进入装配环境。为形成动画效果，先在【装配导航器】中，抑制各类约束，分别在约束框前单击，去除"√"号即可，如图 2-1-50 所示。

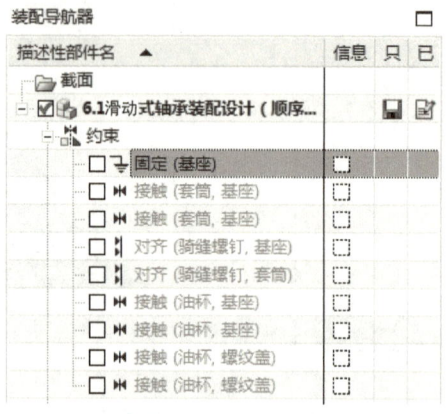

图 2-1-50　抑制零件间的各项装配约束

2. 新建序列

在【装配】菜单下的【常规】工具栏内，单击 序列 图标，进入装配序列环境。单击（新建）图标，新建序列。

3. 拆卸螺纹盖零件

单击（插入运动）图标，单击（选择对象）图标，选择螺纹盖零件；单击（移动对象）图标，切换到移动对象，将螺纹盖零件沿 Z 轴移动 -100mm，结果如图 2-1-51 所示。

4. 拆卸油杯零件

单击（选择对象）图标，选择油杯零件；单击（移动对象）图标，切换到移动对象，将油杯零件沿 Z 轴移动 -50mm，结果如图 2-1-52 所示。

图 2-1-51　拆卸螺纹盖零件

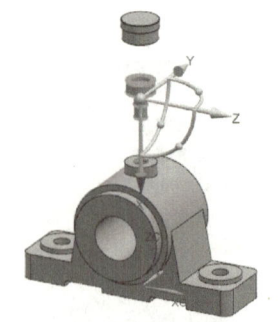

图 2-1-52　拆卸油杯零件

5. 拆卸骑缝螺钉零件

单击（选择对象），选择骑缝螺钉零件；单击（移动对象）图标，切换到移动对象，将骑缝螺钉零件沿 Y 轴移动 100mm，结果如图 2-1-53 所示。

6. 拆卸套筒零件

单击 ⊞（选择对象）图标，单击选择套筒零件；单击 （移动对象）图标，将套筒零件沿 Y 轴移动 -150mm，结果如图 2-1-54 所示。

7. 播放拆卸和装配动画

在动画回放区域，单击 ⏮（倒回到开始）图标，再按 ▶（向前播放）图标，播放滑动式轴承座拆卸动画。单击 ⏭（快进到结尾）图标，再按 ◀（向后播放）图标，播放滑动式轴承座装配动画。

8. 导出动画

动画播放结束后，单击 （导出）图标，选择目录，导出动画并保存，如图 2-1-55 所示。

图 2-1-53 拆卸骑缝螺钉零件

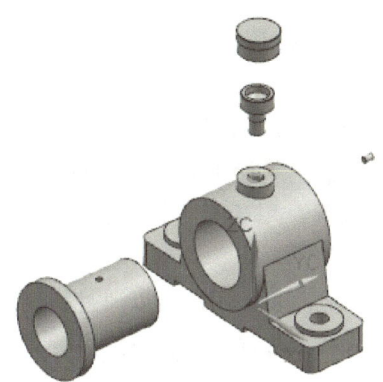

图 2-1-54 拆卸套筒零件

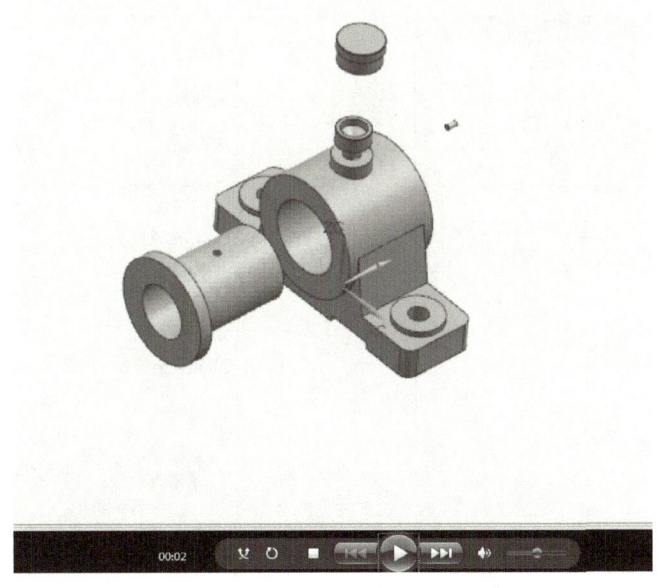

图 2-1-55 播放动画

2.1.4 任务注释——自底向上

滑动式轴承座的装配设计，首先需在建模环境下，创建各个零件实体。接着，在装配环境下，通过添加组件、移动组件、装配约束等操作，按一定的顺序和要求，将各个零件组装起来。

2.1.5 任务注释——添加组件

建模的相关命令在前面已重点讲解，这里不再一一赘述。通过本任务重点学习装配约束等操作。选择菜单栏中的【装配】→【组件】→【添加组件】命令或单击【装配】工具栏中的（添加组件）按钮，系统弹出如图2-1-56所示的【添加组件】对话框，其各选项的功能如下：

1）要放置的部件：用于加载部件或组件。如果加载部件在"已加载的部件"列表中，可通过单击直接调用；如果未在列表中，单击（打开）按钮，找到相应目录，调入新部件。

2）数量：调入部件的数量。

3）位置：调整导入部件相对于组件锚点的位置。

4）放置：用于指定添加的部件在装配体中的定位方式，有"移动"和"约束"两种操作。

① 移动：表示用户可以通过拖动鼠标的方式调整加载部件在装配体中的位置。

② 约束：通过添加各类约束，以确定加载的部件在装配体中的相对位置。

2.1.6 任务注释——装配约束

装配约束的类型共有11种，如图2-1-57所示。各类型的定义及应用介绍如下：

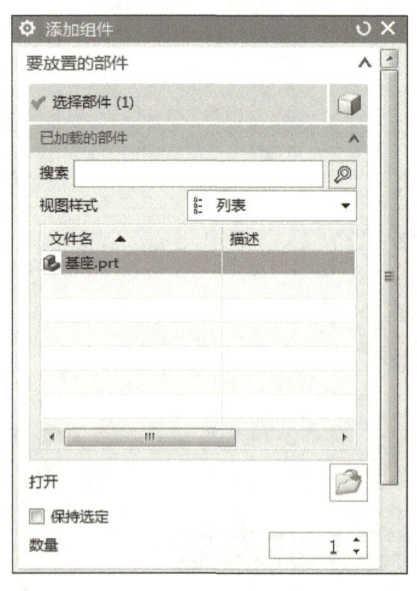

图2-1-56 【添加组件】对话框

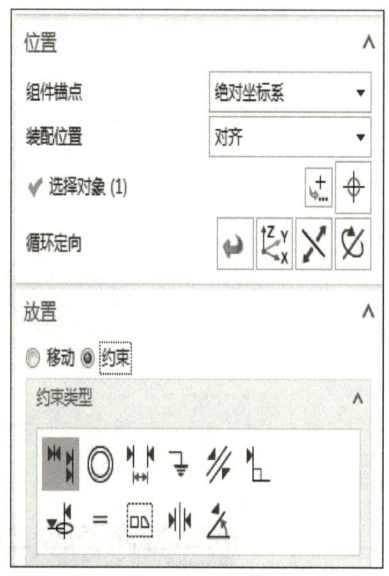

图2-1-57 约束类型

(接触对齐)：约束两个对象，使它们相互接触或对齐。

(同心约束)：约束两个配对对象同心。

(距离约束)：指定两个对象之间的距离。

(固定约束)：将对象固定在当前位置。

(平行约束)：约束两个对象的矢量方向平行。

(垂直约束)：约束两个对象的矢量方向垂直。

(对齐/锁定)：对齐不同对象的两个轴，防止绕公共轴旋转。

(拟合约束)：用于约束两个对象，保持拟合关系。

(胶合约束)：将两个对象胶合在一起而成为一个整体，即不能产生相对运动。

(中心约束)：用于约束两个对象的中心重合，如孔和轴的配合。

(角度约束)：用于约束两个对象之间的角度关系。

2.1.7　任务注释——爆炸图

创建滑动式轴承座爆炸图，首先，打开已创建完成的滑动式轴承座装配体，进入装配环境后，新建爆炸图，选择相应的组件后，通过【移动对象】命令移动各组件至合适位置。待所有组件的位置调整完毕，爆炸图就创建好了。

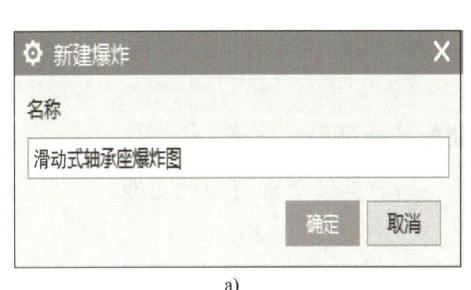 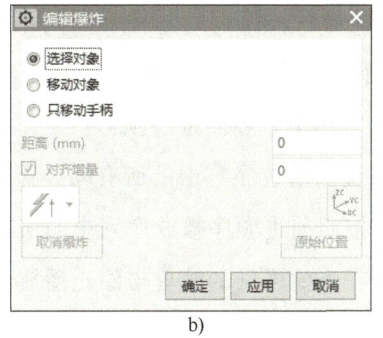 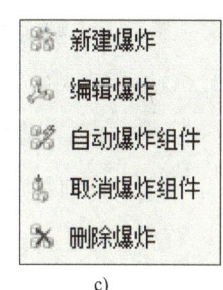

a)　　　　　　　　　　　　　　b)　　　　　　　　　　　　c)

图 2-1-58　爆炸图

a)【新建爆炸】对话框　b)【编辑爆炸】对话框　c) 爆炸图中的各选项

现将爆炸图各选项的功能介绍如下：

：新建一个爆炸图，在随后弹出的【新建爆炸】对话框中输入爆炸图的名称，如图 2-1-58a 所示。

：编辑爆炸图，选择各组件，并将其移动至相应位置，【编辑爆炸】对话框如图 2-1-58b 所示。

1）选择对象：选择要移动的组件。
2）移动对象：沿坐标轴移动组件，设定移动距离。
3）只移动手柄：只移动坐标系，组件不随之移动。

: 按输入距离，自动爆炸组件。

: 取消爆炸组件，将组件恢复到未爆炸位置。

: 删除爆炸组件，删除爆炸图操作。

2.1.8 任务注释——装配动画

滑动式轴承座装配和拆卸动画，在装配环境下，通过装配序列、编辑组件移动、动画回放等命令完成。

: 新建装配序列。

: 记录组件间装配和拆卸的运动过程，以形成动画，【录制组件运动】工具条如图 2-1-59 所示。工具条中各选项功能介绍如下：

: 选择组件对象。

: 移动组件对象。

: 只移动坐标系，不移动组件。

: 调整坐标系的矢量方向。

: 对齐手柄至 WCS。

动画【回放】工具条如图 2-1-60 所示。工具条中各选项功能介绍如下：

: 动画开始，即第一帧。

: 动画结束，即最后一帧。

: 上一帧，在序列中单步后退一帧。

: 下一帧，在序列中单步前进一帧。

: 向后播放，反向播放序列中的所有帧，播放装配动画可用此功能。

: 向前播放，按照前进顺序播放序列中的所有帧，播放拆卸动画可用此功能。

: 停止播放，在当前可见的帧单击停止播放。

: 导出装配动画。

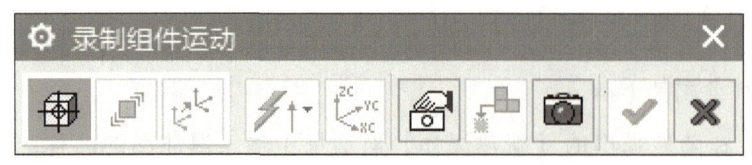

图 2-1-59 【录制组件运动】工具条

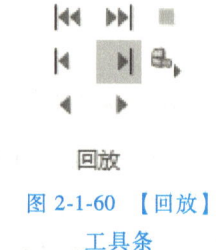

图 2-1-60 【回放】工具条

2.1.9 任务拓展

根据如图 2-1-61 所示装配图，对机用虎钳的各零件（零件图见本书配套资源）进行实体建模，在装配环境下完成组件装配，并制作装配动画，生成装配爆炸图。

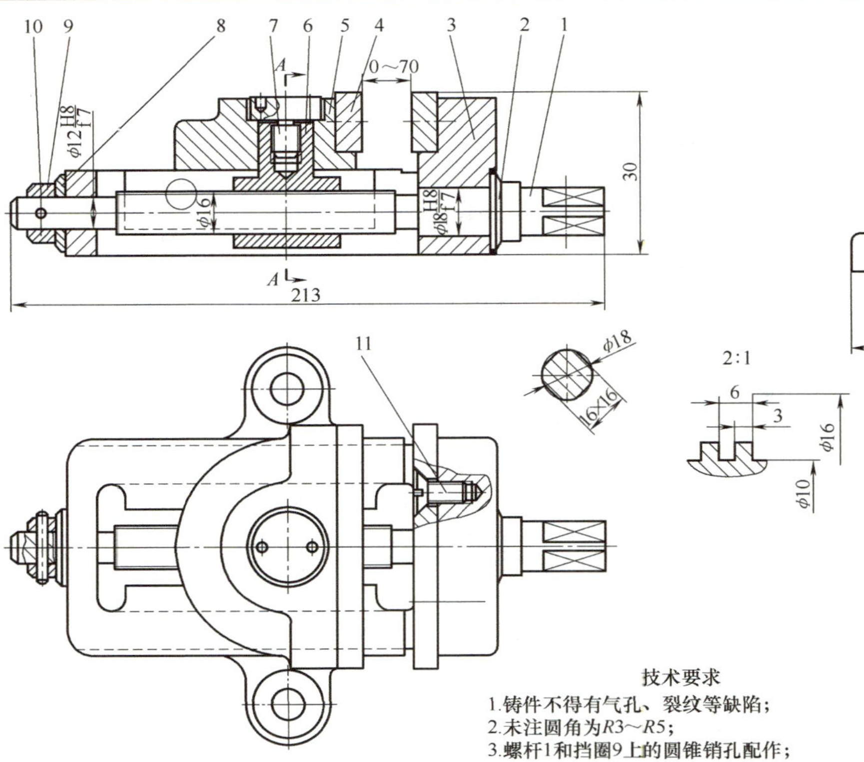

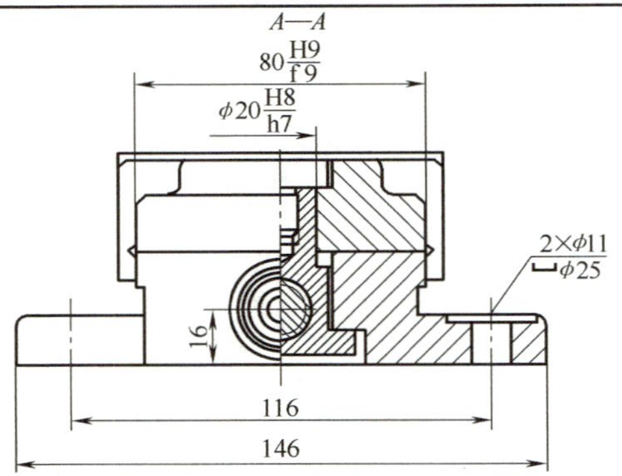

技术要求

1.铸件不得有气孔、裂纹等缺陷；
2.未注圆角为$R3\sim R5$；
3.螺杆1和挡圈9上的圆锥销孔配作；
4.零件在装配前必须清理和清洗干净；
5.装配前应对零、部件的主要配合尺寸，进行复查；
6.装配过程中零件不允许磕、碰、划伤和锈蚀。

序号	代号	名称	数量	备注
11	GB/T 68—2000	螺钉 M8×20	4	
10	GB/T 117—2000	销 4×24	1	
9	JYHQ-08	挡圈	1	
8	GB/T 97.2—2000	垫圈12	1	
7	JYHQ-07	螺钉	1	
6	JYHQ-06	螺母	1	
5	JYHQ-05	活动钳身	1	
4	JYHQ-04	钳口板	2	
3	JYHQ-03	固定钳身	1	
2	JYHQ-02	垫圈	1	
1	JYHQ-01	螺杆	1	

标记	处数	分区	更改文件号	签名		(材料代号)	(单位名称)
设计			标准化				机用虎钳
制图							JYHQ-00
审核							
工艺			批准				

图 2-1-61　机用虎钳装配图

任务 2.2 工业机器人手臂的设计及装配

自底向上装配设计和自顶向下装配设计两种装配方法有所不同。自底向上装配设计是先在建模环境下,创建各个零件,将零件保存至同一目录下,再进入装配环境,通过各类装配约束,完成装配设计;而自顶向下装配设计是先创建一个装配文件,再通过 (新建组件)命令逐个创建组件实体,最后完成装配设计。一般而言,较简单的组合体用自底向上的装配设计方法,较复杂的组合体可以考虑采用自顶向下装配或混合装配方法。接下来,我们以工业机器人手臂的设计和装配为例,介绍自顶向下装配设计方法。

2.2.1 任务目标

请根据如图 2-2-1 所示的工业机器人手臂,创建工业机器人手臂的各个零件,选择自顶向下装配设计方法完成工业机器人手臂设计。

1. 知识目标

1)了解装配的定义,熟悉装配的过程。
2)了解 WAVE 几何链接器的功能和作用。
3)掌握自顶向下装配设计方法。

2. 技能目标

1)熟练运用前面所学的知识,创建装配体的各组件实体模型。
2)学会运用 WAVE 几何链接器进行链接操作,保持各组件间实时更新。

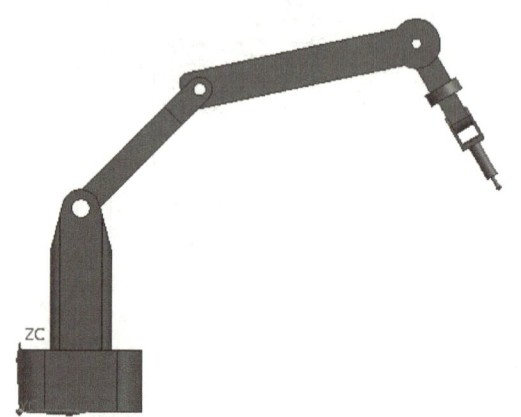

图 2-2-1 工业机器人手臂

3)熟练运用所学的实体建模技术,开展自顶向下的产品装配操作。

3. 素养目标

1)引导学生熟悉机械设备工程制图的相关国家政策和行业标准。
2)了解国家政策文件、法律要求、行业标准和职业规范。
3)树立正确的职业规范意识,培养遵守行业要求、具备良好职业道德和职业规范的专业机械设计人才。

2.2.2 任务分析

工业机器人手臂由底座、垂直臂、后臂、中间臂、前臂、探针和圆柱销等零件组装而成。开展自顶向下装配设计的基本流程如下:先创建一个装配文件,再通过 (新建组件)命令逐个创建各组件实体,最后完成装配设计,如图 2-2-2 所示。要注意的是新建组件后,需双击激活该组件作为工作部件,再运用前面所学的知识完成实体建模。同时,为保证各组件间相互关联,便于实时更新,用 (WAVE 几何链接器)开展链接,保证某一组件修改后,装配体同步更新。

知识要点:

(1)自顶向下:不同于自底向上的装配方法,自顶向下的装配方法需要先创建一个装配文件,再通过 (新建组件)命令逐个创建各组件,最后完成整个装配体的设计。

项目 2　装配建模

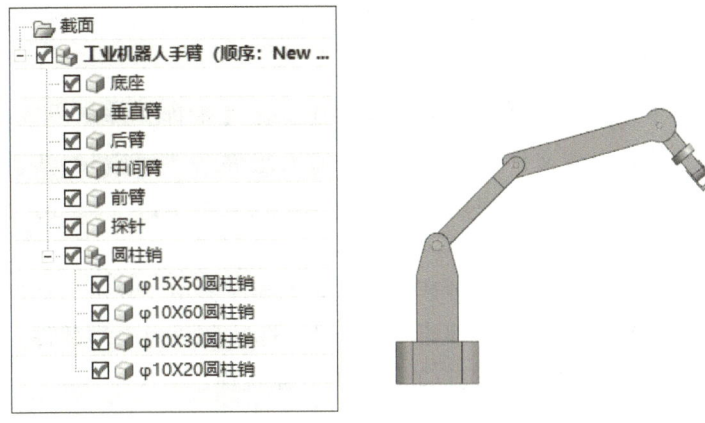

图 2-2-2　自顶向下装配设计

（2）新建组件：新建装配体的组件，包含选择对象、组件名和引用集等选项。

（3）WAVE 几何链接器：组件间建立链接关系，链接的对象可选复合曲线、点、基准、草图、面或体等。

2.2.3　任务实施

根据以上项目分析和参考步骤，采用自顶向下的方法设计和装配工业机器人手臂，具体步骤如下。

第一步　新建装配文件

选择菜单中的【文件】→【新建】命令，或选择 图标，系统弹出【新建】对话框。在【模型】→【模板】栏中选择【装配】，在【单位】下拉列表框中选择"毫米"，在【名称】文本框中输入"工业机器人手臂.prt"，如图 2-2-3 所示，单击【确定】按钮，进入装配环境。

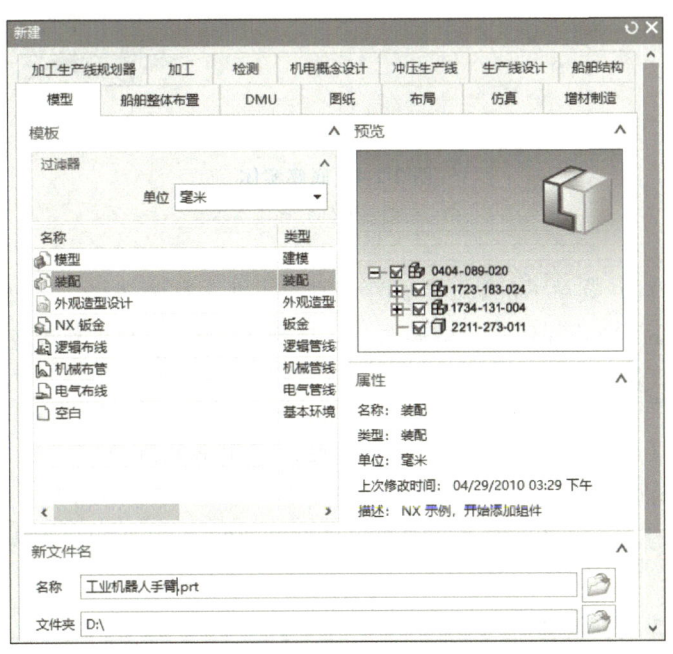

2-4　工业机器人手臂装配

图 2-2-3　新建工业机器人手臂装配文件

接着，在装配环境下，通过新建各组件，设计并装配工业机器人手臂。

第二步　新建底座零件实体模型

在主菜单上单击【装配】选项，进入装配模块。在【组件】栏中，单击 （新建组件）图标，在弹出的【新组件文件】对话框中，输入组件名"底座"，其余参数可不更改。单击【确定】按钮，在弹出的【新建组件】对话框中，直接单击【确定】按钮，创建一个空文件。

接下来，创建底座实体，如图 2-2-4 所示。在装配导航器中，双击"底座"，将其设为工作部件并高亮显示。（★注意：一定要双击"底座"，将其激活为工作部件，才能往下建模。否则，所有特征操作是在总装配体下进行的，而非底座实体。）

底座实体创建过程如下：

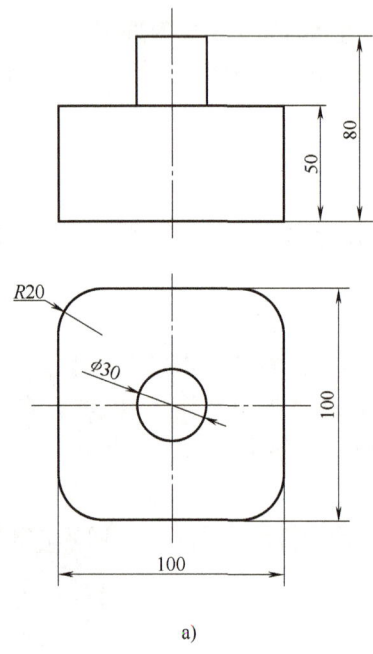
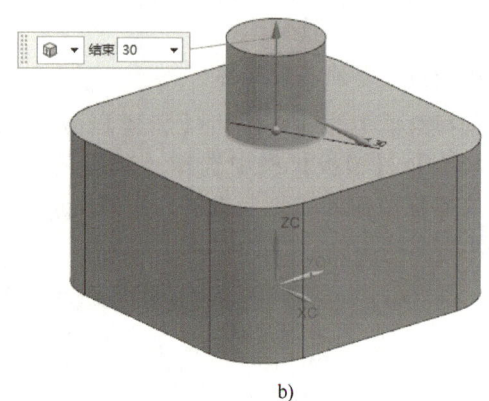

图 2-2-4　底座实体
a）底座视图　b）底座实体

（1）单击【主页】菜单下的 ■（草图）图标，进入草图环境，选择 XY 平面为草图绘制平面，绘制 100mm×100mm 矩形，倒圆角，半径为 20mm，完成二维草图绘制，如图 2-2-5a 所示。单击 ■（完成草图）图标，退出草图。

（2）单击 ■（拉伸）图标，选择上一步绘制的矩形轮廓草图，沿 Z 轴拉伸，距离为 50mm，如图 2-2-5b 所示。

（3）在长方体顶面中心位置创建圆柱体，直径为 ϕ30mm，拉伸高度为 30mm，如图 2-2-6 所示。

第三步　创建垂直臂实体

在装配导航器中，双击"工业机器人手臂"图标，将其设为工作部件。在主菜单中单击

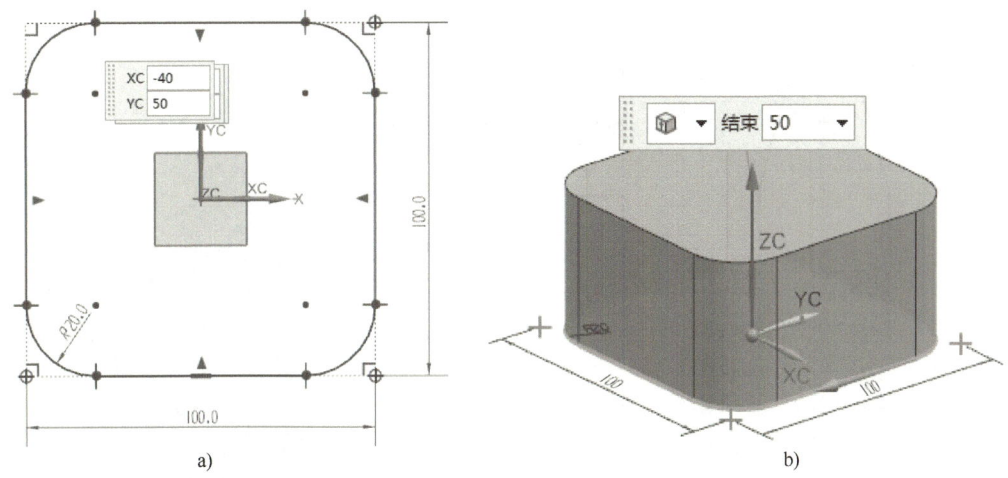

图 2-2-5 底座草图及实体

a) 底座草图　b) 拉伸后形成的实体

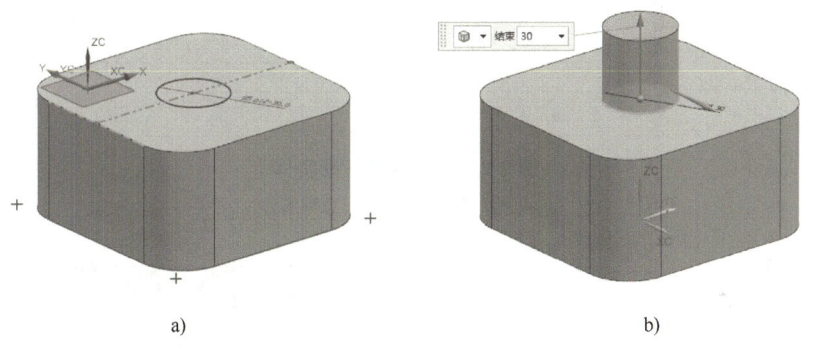

图 2-2-6 拉伸圆柱

a) 拉伸前　b) 拉伸后

【装配】选项,进入装配模块。在【组件】栏中,单击 （新建组件）图标,在弹出的【新组件文件】对话框中,输入组件名"垂直臂",其余参数可不更改。单击【确定】按钮,在弹出的【新建组件】对话框中,将引用集改为"仅整个部件",单击【确定】按钮,创建一个空文件。

接下来,创建垂直臂实体,如图 2-2-7 所示。在装配导航器中,双击"垂直臂",将其设为工作部件并高亮显示。(★注意:一定要双击"垂直臂",将其激活为工作部件,才能往下建模。否则,所有特征操作是在总装配体下进行的,而非垂直臂实体。)

垂直臂实体建模步骤如下:

1. 建立链接

单击 （WAVE 几何链接器）图标,系统弹出【WAVE 几何链接器】对话框,在下拉列表框中选择"体",在【体】→【选择体】中选择"底座"为链接体,单击【确定】按钮,建立链接,如图 2-2-8 所示。(★注意:WAVE 几何链接器起到链接的作用,使相邻两组件间建立关联。当其中一个组件尺寸和形状发生改变时,另一组件能自动实时更新。机械手其他零件也需按此操作,后面不再一一赘述。)

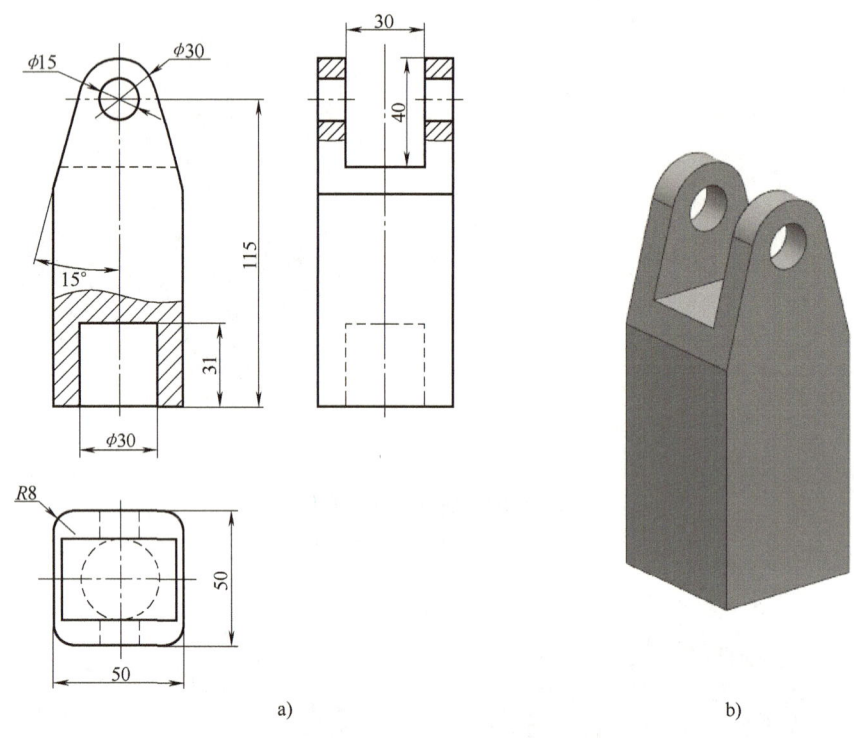

图 2-2-7 垂直臂三维实体
a）垂直臂视图 b）垂直臂实体

2. 建模操作

（1）单击【主页】菜单下的 图标，进入草图环境，选择 YZ 平面为草图绘制平面，绘制如图 2-2-9a 所示轮廓草图，完成二维草图绘制。单击 图标，退出草图。

（2）单击 图标，选择上一步所绘制的轮廓，对称拉伸，拉伸距离设为 25mm，完成拉伸操作，如图 2-2-9b 所示。

（3）单击【主页】菜单下的 图标，进入草图环境，选择 ZX 平面为草图绘制平面，绘制如图 2-2-10a 所示轮廓草图，完成二维草图绘制。单击 图标，退出草图。

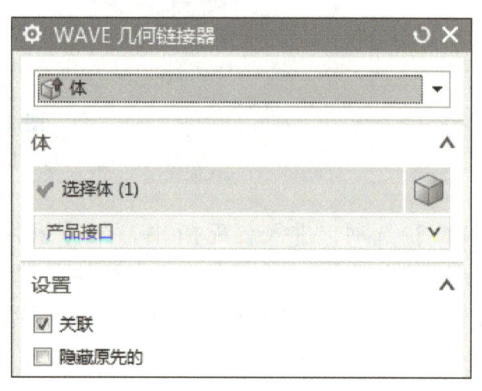

图 2-2-8 【WAVE 几何链接器】对话框

（4）单击 图标，选择上一步绘制的矩形轮廓，对称拉伸，拉伸距离设为 30mm，布尔运算设为"求差"，完成切槽操作，如图 2-2-10b 所示。

（5）在垂直臂底部创建一个 φ30mm×31mm 的圆柱体，"求差"切除，完成钻孔操作，如图 2-2-10c 所示。

第四步 创建后臂实体

在装配导航器中，双击"工业机器人手臂"图标，将其设为工作部件。在主菜单中单击

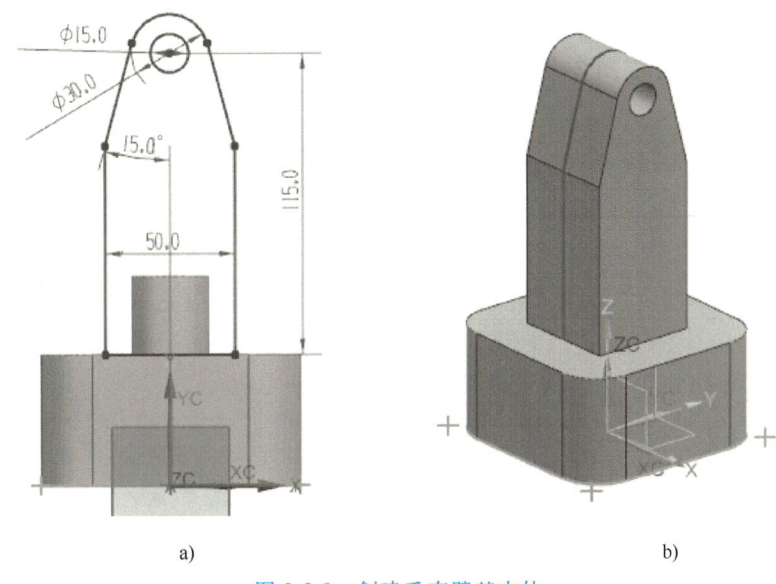

图 2-2-9 创建垂直臂基本体
a）垂直臂草图　b）拉伸后的垂直臂实体

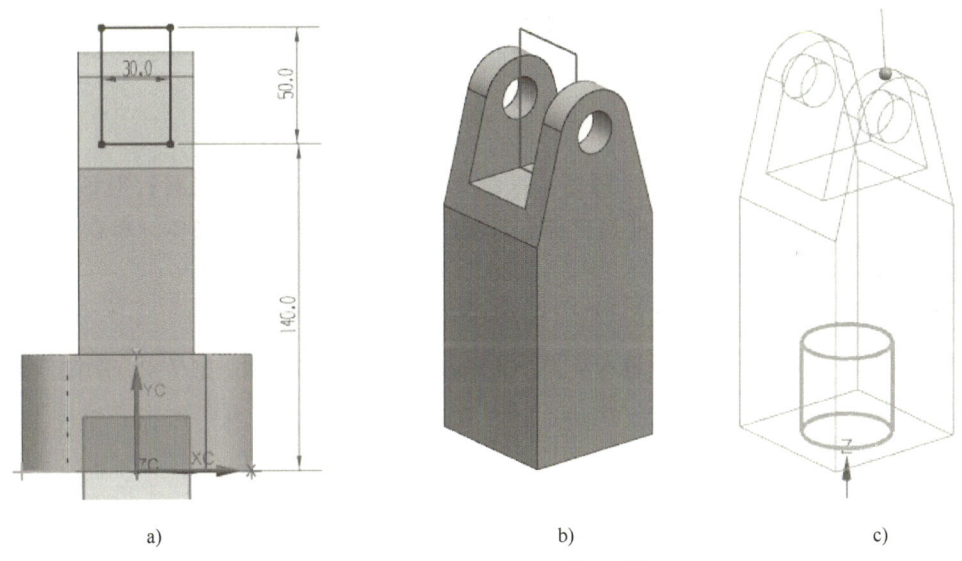

图 2-2-10 垂直臂挖中间槽、钻孔
a）垂直臂中间槽草图　b）垂直臂中间槽　c）垂直臂底孔

【装配】选项，进入装配模块。在【组件】栏中，单击 （新建组件）图标，在弹出的【新组件文件】对话框中，输入组件名"后臂"，其余参数可不更改。单击【确定】按钮，在弹出的【新建组件】对话框中，将引用集改为"仅整个部件"，单击【确定】按钮，创建一个空文件。

接下来，创建后臂实体，如图 2-2-11 所示。在装配导航器中，双击"后臂"，将其设为工作部件并高亮显示。（★注意：一定要双击"后臂"，将其激活为工作部件，才能往下建模。否则，所有特征操作是在总装配体下进行的，而非后臂实体。）

后臂实体如图 2-2-11b 所示，呈拨叉状，左右各有大小不同的通孔，右边中间开槽。在建立链接后，通过在建模环境下，建立草图，拉伸实体，接着开槽和钻孔，完成后臂实体模型的建模。

后臂实体的具体尺寸如图 2-2-11a 所示。

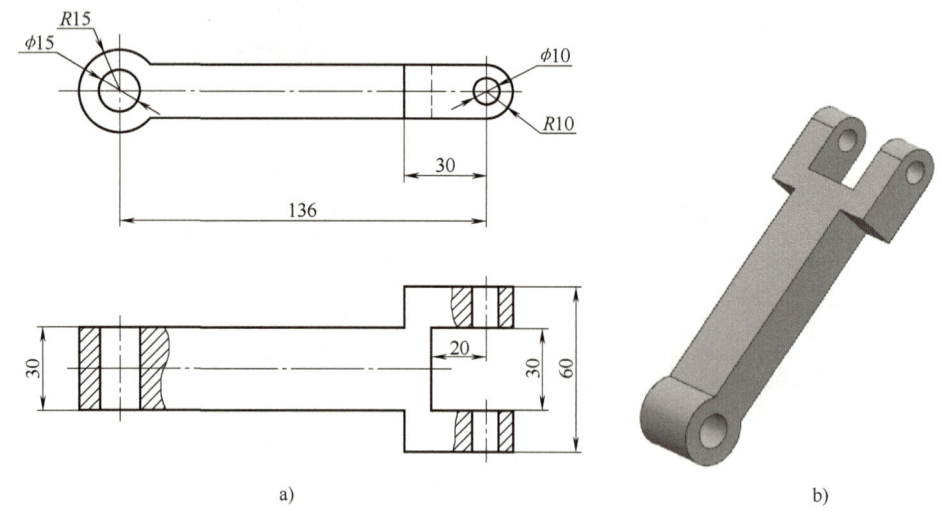

图 2-2-11 后臂

a）后臂视图 b）后臂实体

后臂实体建模具体步骤如下：

1. 建立链接

单击 (WAVE 几何链接器) 图标，系统弹出【WAVE 几何链接器】对话框，在下拉列表框中选择"体"，在【体】→【选择体】中选择"垂直臂"为链接体，单击【确定】按钮，建立链接。

2. 建模操作

（1）单击 (草图) 图标，进入草图环境，选择 YZ 平面为草图绘制平面，绘制如图 2-2-12 所示轮廓草图，其对称中心线与 X 轴成 45°，单击 (完成草图) 图标，完成二维草图绘制。

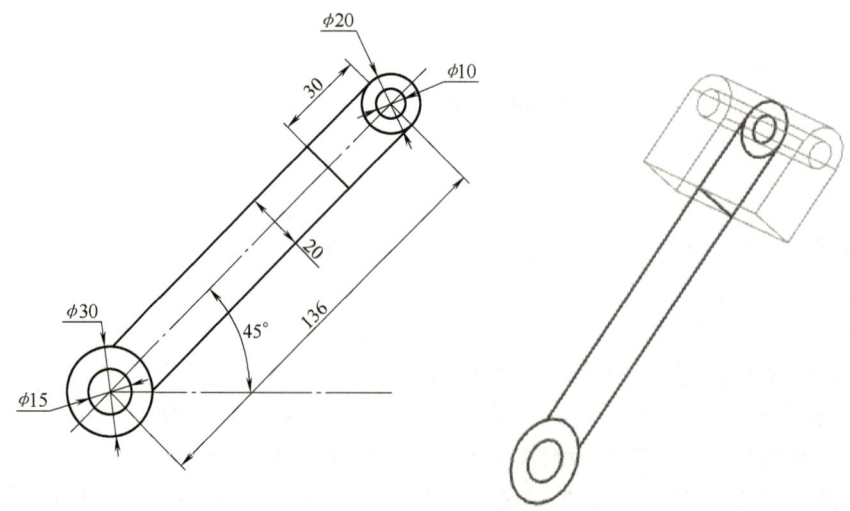

图 2-2-12 绘制后臂草图

（2）单击 ■（拉伸）图标，选择合适的轮廓（可用 ┼ 分段选择所需轮廓），对称拉伸，拉伸距离分别设为 30mm 和 15mm，执行"求和"运算，完成基体模型的创建，如图 2-2-13 所示。

（3）单击 ■（草图）图标，进入草图环境，选择上平面为草图绘制平面，绘制矩形，单击 ■（完成草图）图标，完成二维草图绘制。如图 2-2-14a 所示。

（4）单击 ■（拉伸）图标，选择上一步绘制的矩形，拉伸切除，完成后臂模型的创建，如图 2-2-14b 所示。

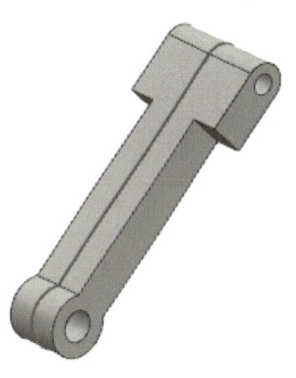

图 2-2-13　后臂三维实体

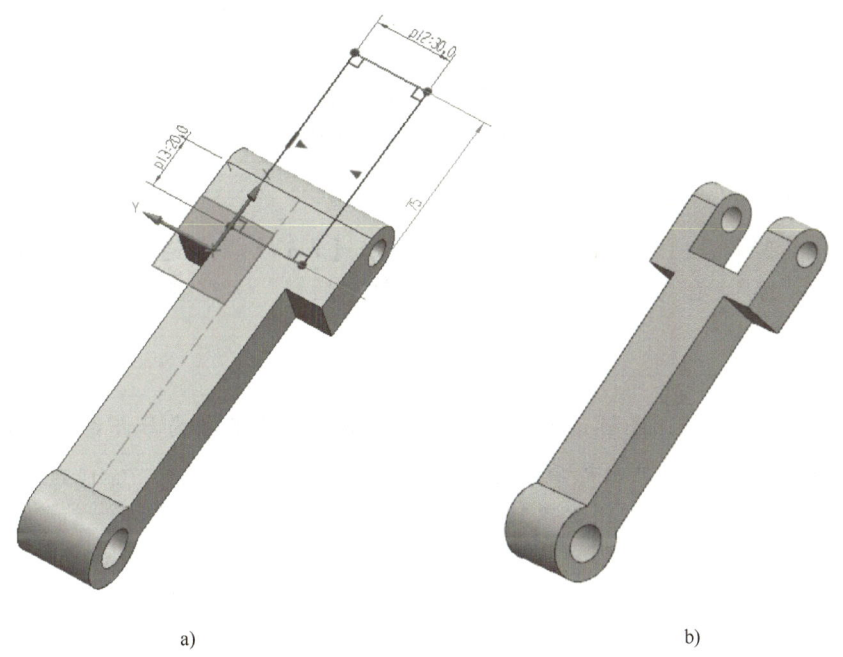

a)　　　　　　　　　　　　　　　　b)

图 2-2-14　拉伸切槽

a）中间槽草图　b）切槽后的效果

第五步　创建中间臂实体

在装配导航器中，双击"工业机器人手臂"图标，将其设为工作部件。在主菜单中单击【装配】选项，进入装配模块。在【组件】栏中，单击 ■（新建组件）图标，在弹出的【新组件文件】对话框中，输入组件名"中间臂"，其余参数可不更改。单击【确定】按钮，在弹出的【新建组件】对话框中，将引用集改为"仅整个部件"，单击【确定】按钮，创建一个空文件。

接下来，创建中间臂实体，如图 2-2-15 所示。在装配导航器中，双击"中间臂"，将其设为工作部件并高亮显示。（★注意：一定要双击"中间臂"，将其激活为工作部件，才能往下建模。否则，所有特征操作是在总装配体下进行的，而非中间臂实体。）

中间臂建模具体步骤如下：

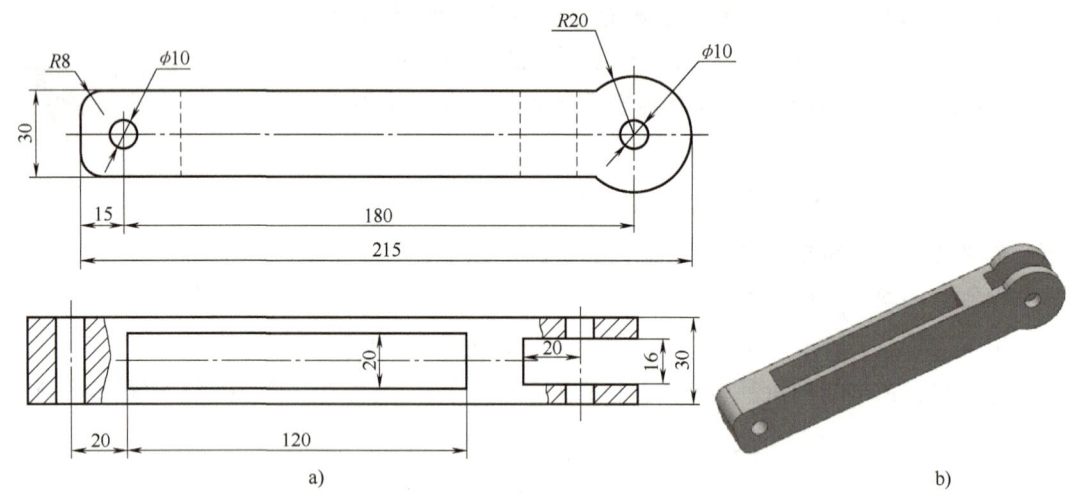

图 2-2-15 中间臂实体

a）中间臂视图 b）中间臂实体

1. 建立链接

单击 ![icon]（WAVE 几何链接器）图标，系统弹出【WAVE 几何链接器】对话框，在下拉列表框中选择"体"，在【体】→【选择体】中选择"后臂"为链接体，单击【确定】按钮，建立链接。

2. 建模操作

（1）单击 ![icon]（草图）图标，进入草图环境，选择 YZ 平面为草图绘制平面，绘制如图 2-2-16a 所示轮廓草图，其对称中心线与后臂呈 150°角，单击 ![icon]（完成草图）图标，完成草图绘制。

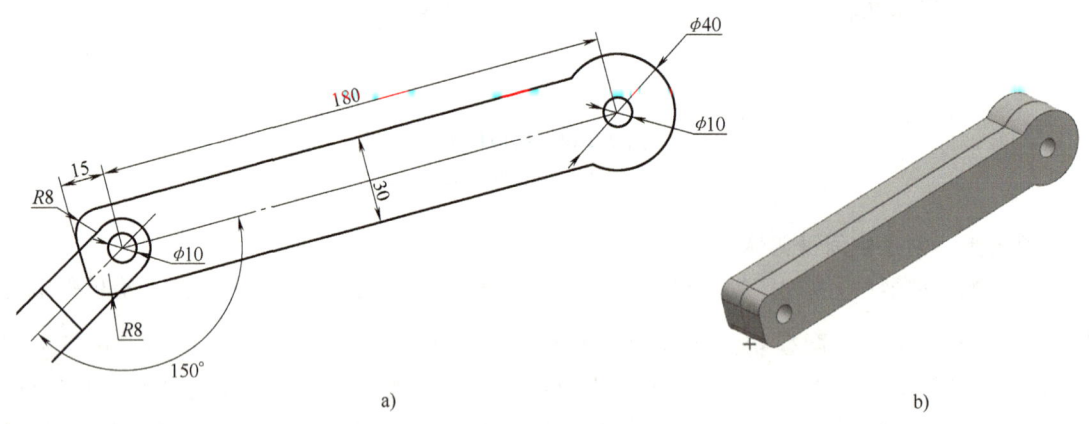

图 2-2-16 创建中间臂草图及基本体

a）中间臂草图 b）拉伸后的效果

（2）单击 ![icon]（拉伸）图标，选择上一步所绘制的轮廓草图，对称拉伸，拉伸距离设为 15mm，结果如图 2-2-16b 所示。

（3）单击 ![icon]（草图）图标，进入草图环境，选择上平面为草图绘制平面，绘制如图 2-2-17a

所示轮廓草图，单击 图标，完成草图绘制。

（4）单击 ![icon]（拉伸）图标，选择上一步所绘制的两个矩形，拉伸切除，中间臂创建完成，如图 2-2-17b 所示。

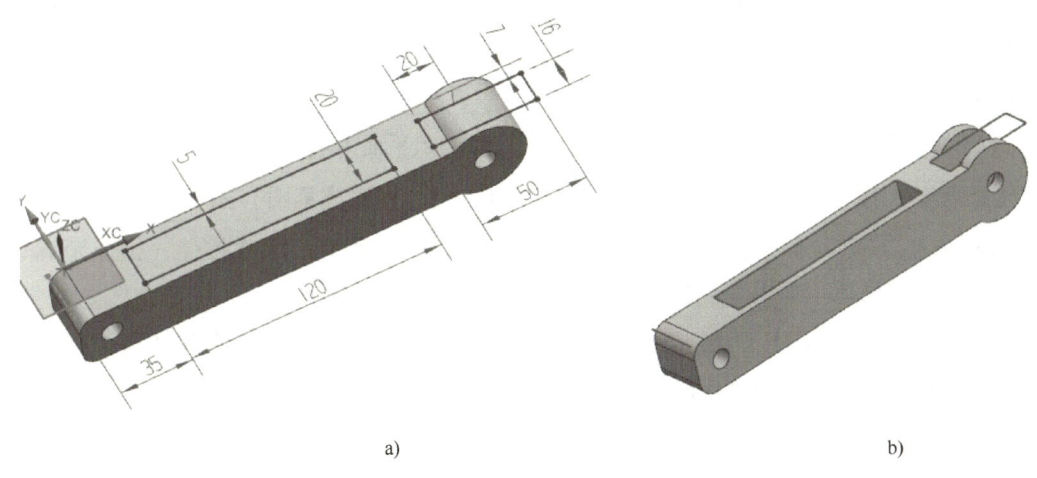

图 2-2-17　创建中间臂实体

a）中间槽草图　b）切槽后的效果

第六步　创建前臂实体

在装配导航器中，双击"工业机器人手臂"图标，将其设为工作部件。在主菜单中单击【装配】选项，进入装配模块。在【组件】栏中，单击 ![icon]（新建组件）图标，在弹出的【新组件文件】对话框中，输入组件名"前臂"，其余参数可不更改。单击【确定】按钮，在弹出的【新建组件】对话框中，将引用集改为"仅整个部件"，单击【确定】按钮，创建一个空文件。

接下来，创建前臂实体，如图 2-2-18 所示。在装配导航器中，双击"前臂"，将其设为工作部件并高亮显示。（★注意：一定要双击"前臂"，将其激活为工作部件，才能往下建模。否则，所有特征操作是在总装配体下进行的，而非前臂实体。）

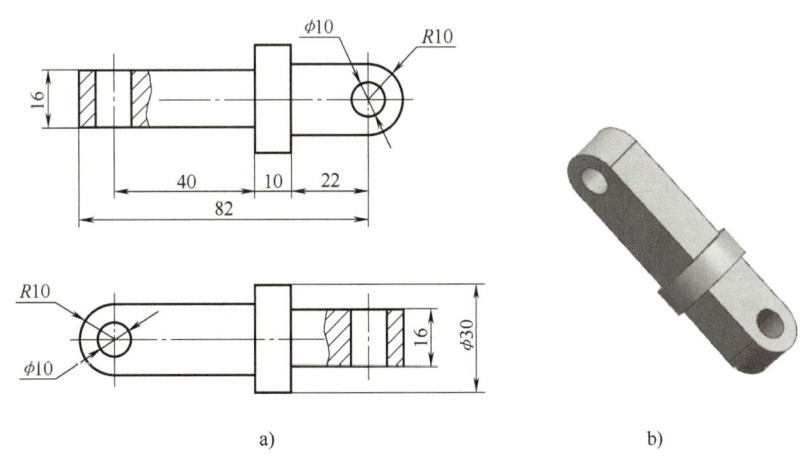

图 2-2-18　创建前臂实体

a）前臂视图　b）前臂实体

前臂建模具体步骤如下：

1. 创建链接

单击 (WAVE 几何链接器) 图标，系统弹出【WAVE 几何链接器】对话框，在下拉列表框中选择"体"，在【体】→【选择体】中选择"中间臂"为链接体，单击【确定】按钮，建立链接。

2. 建模操作

（1）单击 (草图) 图标，进入草图环境，选择 YZ 平面为草图绘制平面，绘制如图 2-2-19 所示轮廓草图，其对称中心线与后臂呈 115°角，单击 (完成草图) 图标，完成草图绘制。

（2）单击 (拉伸) 图标，选择上一步绘制的轮廓草图，对称拉伸，拉伸距离设为 8mm，基体创建完成，如图 2-2-20 所示。

（3）单击 (草图) 图标，进入草图环境，选择底平面为草图绘制平面，绘制一个 φ30mm 的圆，单击 (完成草图) 图标，完成草图绘制，如图 2-2-20 所示。

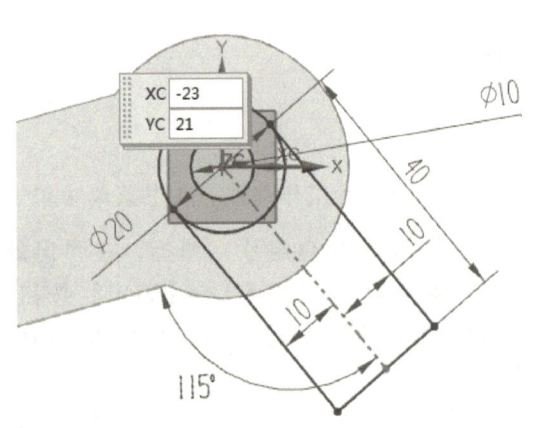
图 2-2-19　绘制前臂草图 1

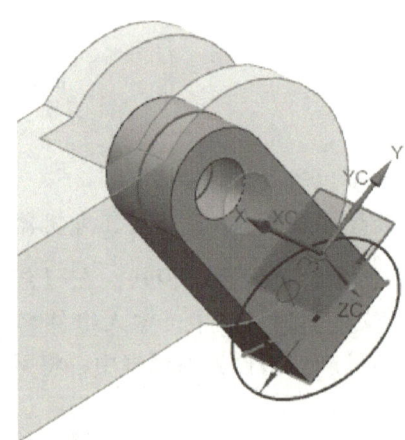
图 2-2-20　拉伸创建基体

（4）单击 (拉伸) 图标，选择上一步绘制的圆，拉伸距离设为 10mm，中间圆柱体创建完成。

（5）新建一个基准平面作为草图绘制平面，单击 (草图) 图标，进入草图环境，绘制如图 2-2-21 所示轮廓草图，单击 (完成草图) 图标，完成草图绘制。

（6）单击 (拉伸) 图标，选择上一步绘制的轮廓草图，对称拉伸，拉伸距离设为 8mm，前臂实体创建完成，如图 2-2-22 所示。

第七步　创建探针实体

在装配导航器中，双击"工业机器人手臂"图标，将其设为工作部件。在主菜单中单击【装配】选项，进入装配模块。在【组件】栏中，单击 (新建组件) 图标，在弹出的【新组件文件】对话框中，输入组件名"探针"，其余参数可不更改。单击【确定】按钮，在弹出的【新建组件】对话框中，将引用集改为"仅整个部件"，单击【确定】按钮，创建一个空文件。

接下来，创建探针实体，如图 2-2-23 所示。在装配导航器中，双击"探针"，将其设为

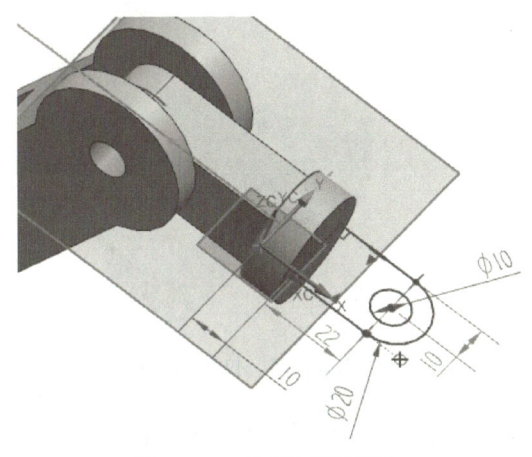

图 2-2-21　绘制前臂草图 2　　　　　　图 2-2-22　前臂实体

工作部件并高亮显示。（★注意：一定要双击"探针"，将其激活为工作部件，才能往下建模。否则，所有特征操作是在总装配体下进行的，而非探针实体。）

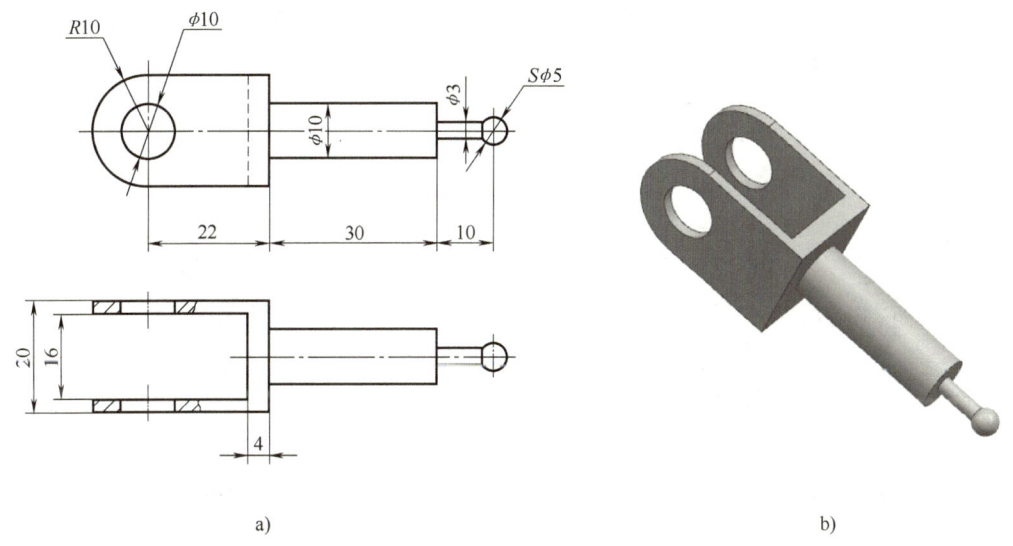

图 2-2-23　探针实体
a）探针视图　b）探针实体

探针建模具体步骤如下：
1. 创建链接

单击 ![icon] （WAVE 几何链接器）图标，系统弹出【WAVE 几何链接器】对话框，在下拉列表框中选择"体"，在【体】→【选择体】中选择"前臂"为链接体，单击【确定】按钮，建立链接。

2. 建模操作

（1）单击 ![icon] （草图）图标，进入草图环境，选择前臂的对称中心平面为草图绘制平面，绘制如图 2-2-24 所示轮廓草图，单击 ![icon] （完成草图）图标，完成草图绘制。

（2）单击 ![icon] （拉伸）图标，选择上一步绘制的轮廓草图，对称拉伸，拉伸距离设为 10mm，基体创建完成，如图 2-2-25 所示。

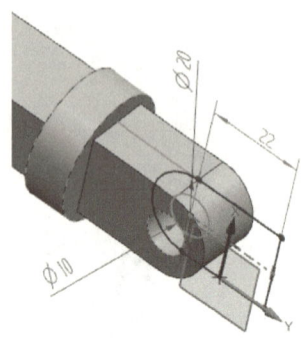

图 2-2-24　探针草图 1

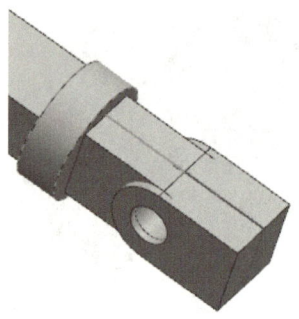

图 2-2-25　拉伸创建基体

（3）单击 （草图）图标，进入草图环境，选择上平面为草图绘制平面，绘制如图 2-2-26 所示矩形，单击 （完成草图）图标，完成草图绘制。

（4）单击 （拉伸）图标，选择上一步绘制的矩形，拉伸切除，完成凹槽的创建。

（5）分别创建一个 φ10mm×30mm 的圆柱体、φ3mm×10mm 的圆柱体和一个 φ5mm 的球体（球体中心和 φ3mm×10mm 的圆柱体中心重合），布尔运算设为"求和"，完成探针的创建，如图 2-2-27 所示。

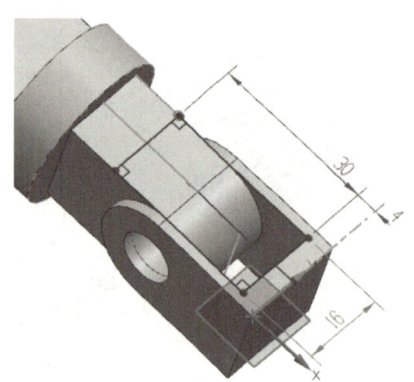

图 2-2-26　探针草图 2

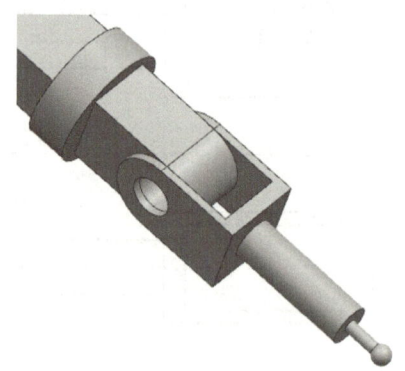

图 2-2-27　创建探针实体

第八步　创建圆柱销

在装配导航器中，双击"工业机器人手臂"图标，将其设为工作部件。在主菜单中单击【装配】选项，进入装配模块。在组件栏中，单击 （新建组件）图标，在弹出的【新组件文件】对话框中，输入组件名"圆柱销"。单击【确定】按钮，在弹出的【新建组件】对话框中，将引用集改为"仅整个部件"，单击【确定】按钮，创建一个空文件。

在装配导航器中，双击"圆柱销"，将其设为工作部件并高亮显示。

按此方法，在"圆柱销"子目录下建立二级子目录，如图 2-2-28 所示。

创建 4 个不同规格的圆柱销时，先单击 （WAVE 几何链接器）图标，系统弹出【WAVE 几何链接器】对话框，在下拉列表框中选择"复合曲线"，在【体】→【选择体】中选择"孔边"为链接体，如图 2-2-29 所示，单击【确定】按钮，建立链接。（建立链接的目的是保持实时更新，当孔尺寸改变时，与之配合的圆柱销的尺寸也随之改变。）

通过【拉伸】命令分别创建 4 个不同规格的圆柱销后，结果如图 2-2-30 所示，圆柱销创建完毕。

项目 2 装配建模

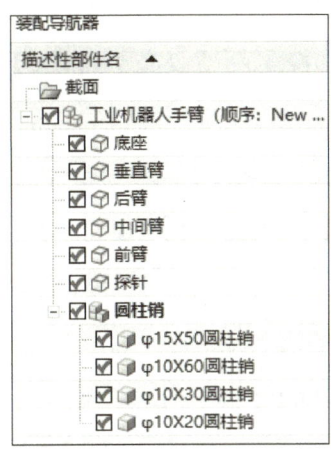

图 2-2-28 创建"圆柱销"二级子目录

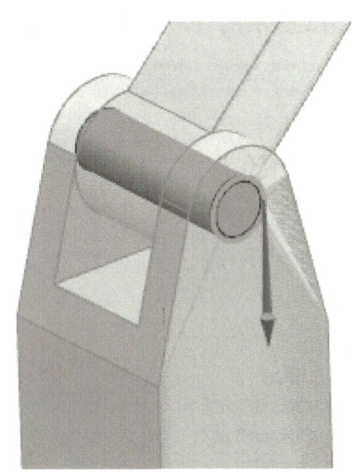

图 2-2-29 链接体

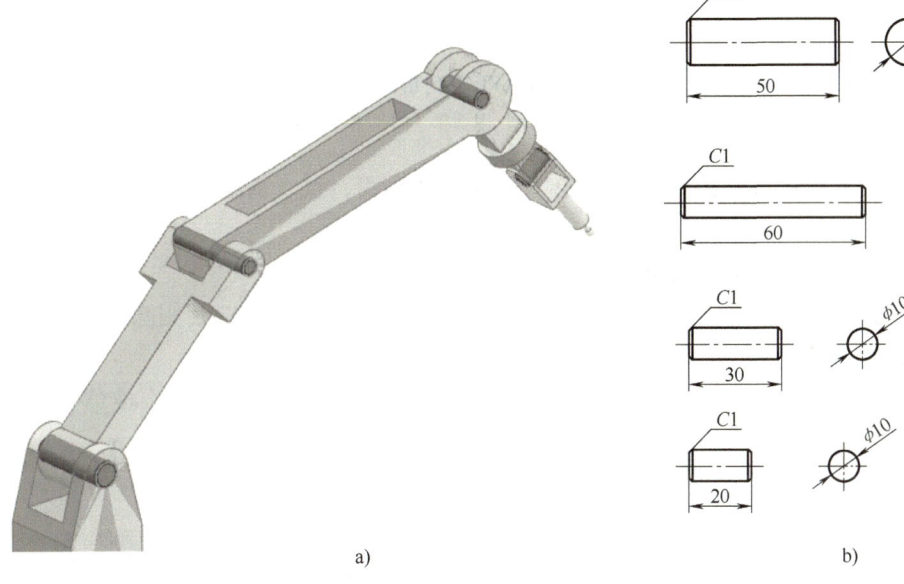

图 2-2-30 圆柱销
a) 圆柱销效果图　b) 圆柱销规格

第九步　保存装配体

在装配导航器中，双击"工业机器人手臂"图标，将其设为工作部件。在主菜单下，单击【文件】→【保存】→【全部保存】按钮，保存工业机器人手臂文件。

2.2.4　任务注释——自顶向下

本节主要介绍自顶向下的装配方法，这种装配方法是先创建一个装配文件，再通过（新建组件）命令逐个创建组件实体，最后完成装配设计。在装配过程中，主要内容涉及（新建组件）命令和（WAVE 几何链接器）以及引用集等知识。

1. WAVE 几何链接器

单击【装配】菜单下的【常规】工具栏中的（WAVE 几何链接器）图标，系统弹出如图 2-2-31a 所示的【WAVE 几何链接器】对话框，其各选项的主要功能如下：

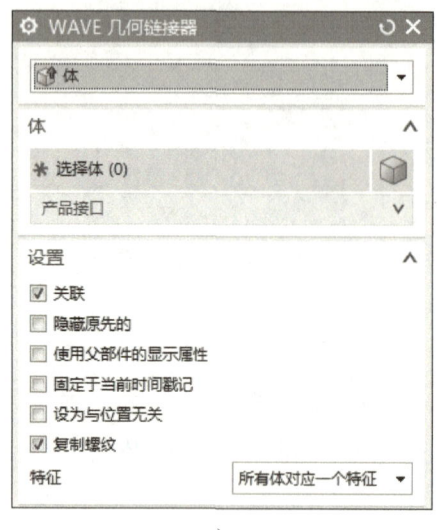
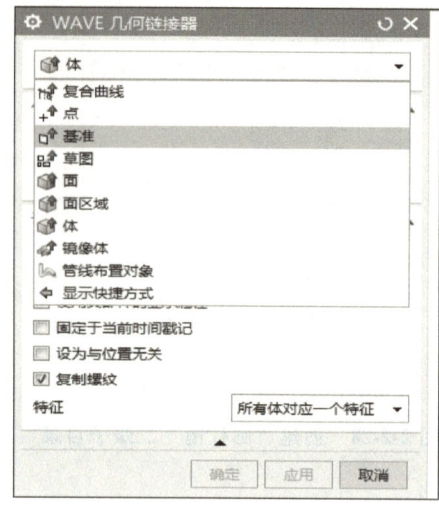

图 2-2-31　WAVE 几何链接器

a)【WAVE 几何链接器】对话框　b)"体"选项

【体】：部件或组件可链接的几何对象，可选复合曲线、点、基准、草图、面、面区域、体等，如图 2-2-31b 所示。

【关联】：默认勾选，取消勾选表示不关联。

【隐藏原先的】：默认不勾选，表示被链接几何对象会高亮显示，勾选后则隐藏链接对象。

2. 新建组件

进入装配环境后，单击菜单栏中的【装配】→【组件】→【新建组件】命令或单击【装配】工具栏中的 ![] （新建组件）按钮，系统弹出如图 2-2-32 所示的【新建组件】对话框，其各选项的功能如下：

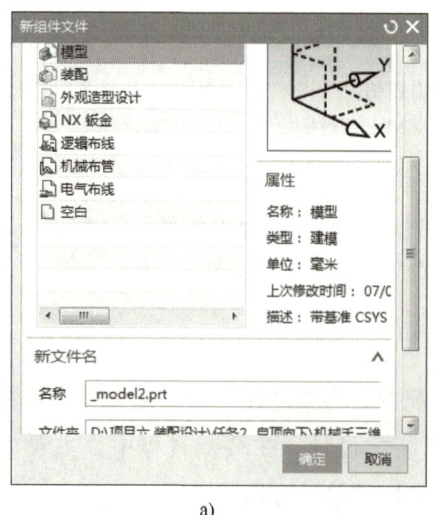
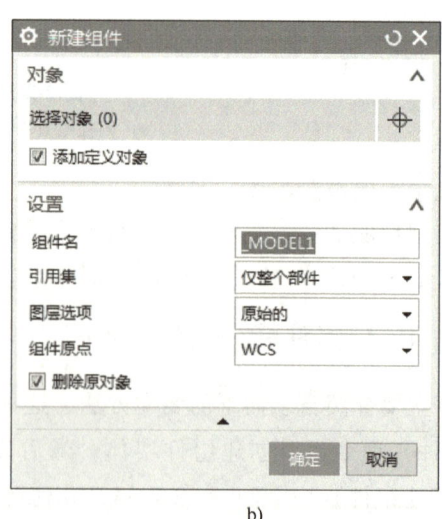

图 2-2-32　新建组件

a)【新组件文件】对话框　b)【新建组件】对话框

【选择对象】：选择对象作为组件的子对象，不选择任何实体表示建立空组件。

【组件名】：给新建组件命名。

【引用集】：组件引用的几何对象，可以是几何对象的实体、片体、曲线、草图、基准平面、基准轴、坐标系等对象。常用引用集有以下几种：

（1）模型：只包含模型中整个实体的引用集。

（2）仅整个部件：表示整个组件的全部特征作为一个引用集。

（3）空的：表示创建一个空的引用集，不包括任何特征。

2.2.5 任务拓展

千斤顶是机械安装和汽车维修中经常使用的一种起重工具，它利用螺旋传动来顶起重物。顶盖1用螺钉2联接在起重螺杆4顶部；起重螺杆4的上部有两个垂直正交的径向孔，孔中插有旋转杆3。工作时通用转动旋转杆3，使起重螺杆4在底座5中依靠螺纹做上下运动，从而使顶盖1上升顶起重物或下降复位。重物向上移动的最大距离，就是螺杆的最大行程。

请根据千斤顶装配简图（图2-2-33）和零件图（见本书配套资源）设计三维实体模型，并完成千斤顶的装配。

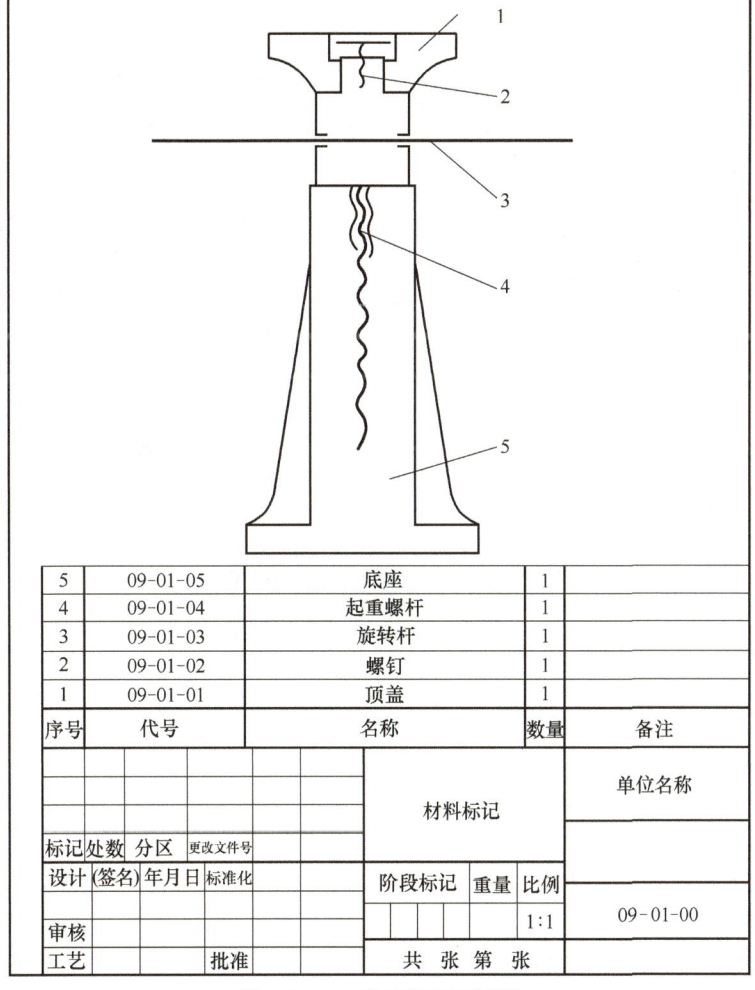

图 2-2-33 千斤顶装配简图

项目 3　平面类产品的加工

NX 数控加工应用模块的功能是利用三维模型自动生成数控铣削轨迹路径，是基于模型参数和加工策略的灵活运用，能够帮助用户快速地进行产品数控编程。另外，该模块具有从 2.5 轴到 5 轴的多场景应用能力，是目前加工行业较受欢迎的 CAM 软件。

任务 3.1　迷宫模型的设计及加工

本任务是根据如图 3-1-1 所示迷宫的 2D 工程图和 3D 模型，完成迷宫模型的建模和数控加工路径编辑。

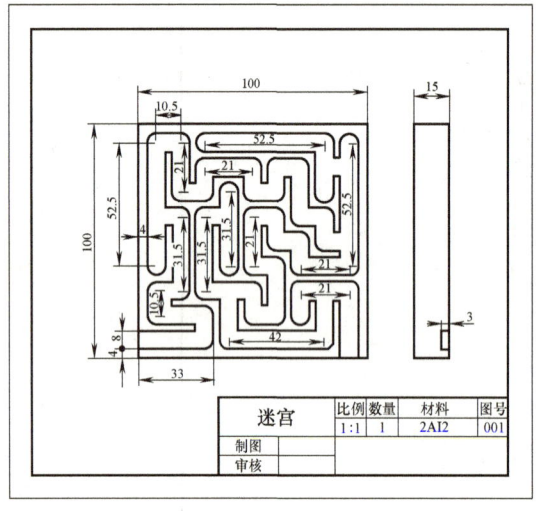
a)

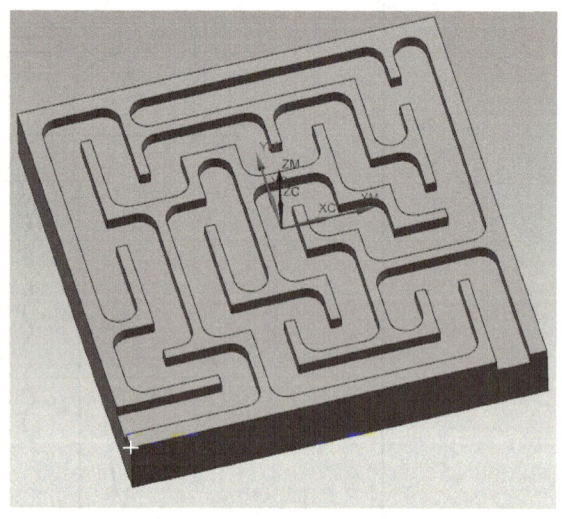
b)

图 3-1-1　迷宫 2D 工程图及 3D 模型
a）2D 工程图　b）3D 模型

3.1.1　任务目标

1. 知识目标

1）掌握正确的三维建模方法。
2）理解加工策略的选择原理。
3）掌握加工策略的使用方法。

2. 技能目标

1）熟悉软件界面和基本功能。
2）掌握平面、轮廓铣削加工。

3）熟练运用深度轮廓铣策略。

3. 素养目标

1）引领学生正确认识我国制造强国的国际地位和未来发展态势，站在专业角度，培养学生的奉献精神和爱国情怀，激励学生以专业之力投身新时代制造强国建设。

2）培养学生严谨细致、一丝不苟、精益求精、追求卓越的工匠精神，引导学生意识到制图建模、加工制造的严谨性和重要性，树立匠人之心，塑造专业匠人。

3.1.2 任务分析

先利用 UG 建模模块和草图拉伸功能创建迷宫模型主体，再运用草图"拉伸"和"求减"的方式创建迷宫轨道。完成迷宫模型三维设计后，运用 UG 加工模块，使用深度轮廓铣和底壁铣策略自动生成数控加工路径，加工步骤如图 3-1-2a~f 所示。

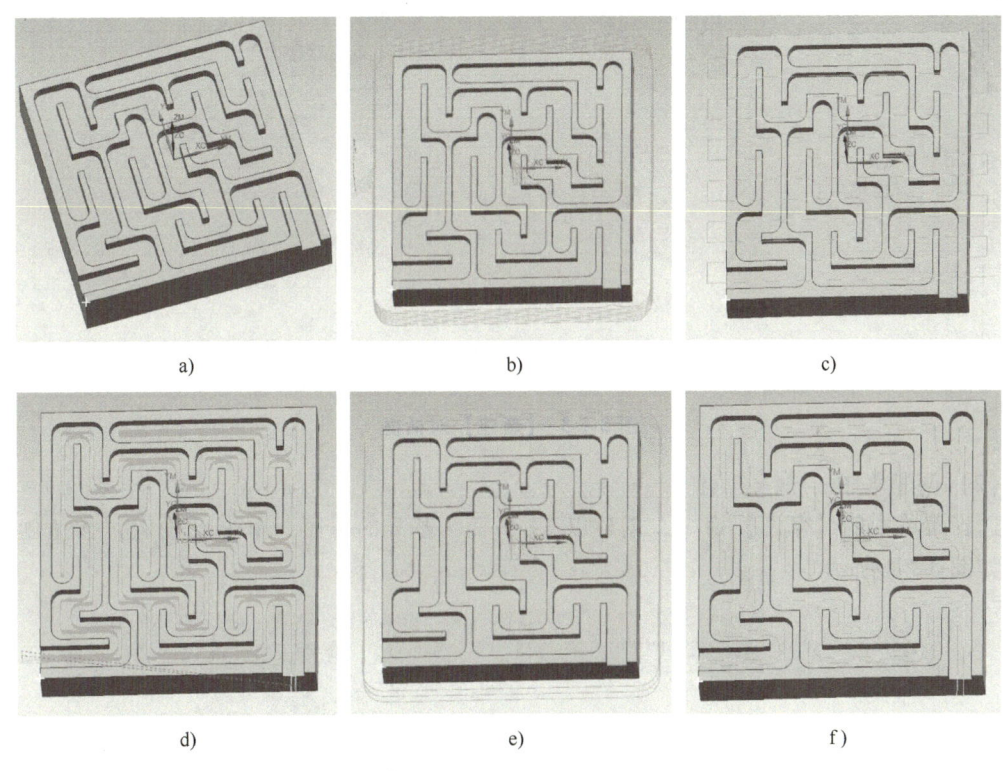

图 3-1-2　加工步骤

a）迷宫模型　b）外形粗加工　c）平面加工　d）轨道粗加工　e）外形精加工　f）轨道精加工

知识要点：

（1）掌握迷宫模型的三维建模。

（2）学会运用深度轮廓铣、底壁铣策略自动生成数控加工轨迹路径及参数设置。

3.1.3 任务实施

1. 创建迷宫三维模型

（1）新建文件。

选择菜单中的【文件】→【新建】命令，或选择 图标，打开【新建】

3-1　迷宫模型的设计及加工

对话框。在【模型】→【模板】栏中选择"建模",在【单位】下拉列表框中选择"毫米",单击【确定】按钮,如图 3-1-3 所示。

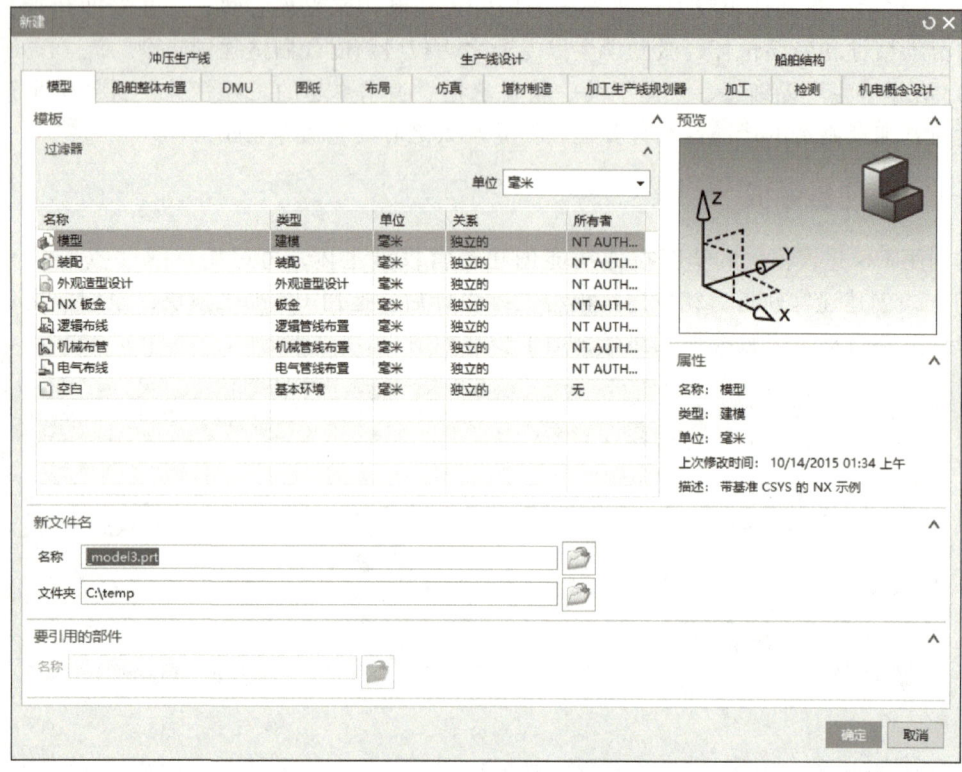

图 3-1-3 【新建】对话框

(2) 创建草图。

选择菜单中的【草图】命令,创建以 XY 平面为基准的草图,单击【确定】按钮创建草图,如图 3-1-4 所示。

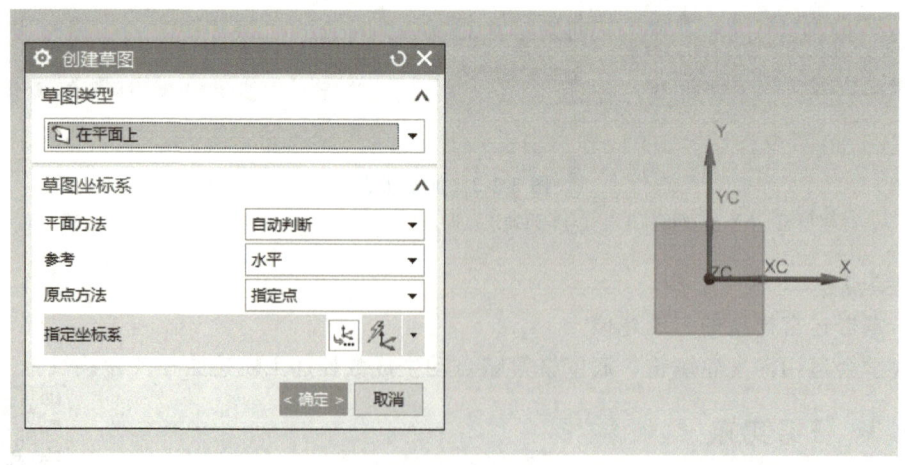

图 3-1-4 创建草图

(3) 创建外形。

选择菜单中的【矩形】命令绘制 100×100 的矩形。选择菜单中的【拉伸】命令,系统弹出【拉伸】对话框,在【开始】中选择"值",在【距离】中输入"0",在【结束】中选择"值",在【距离】中输入"-15",在【布尔】中选择"自动判断",单击【确定】按钮,结果如图 3-1-5 所示。

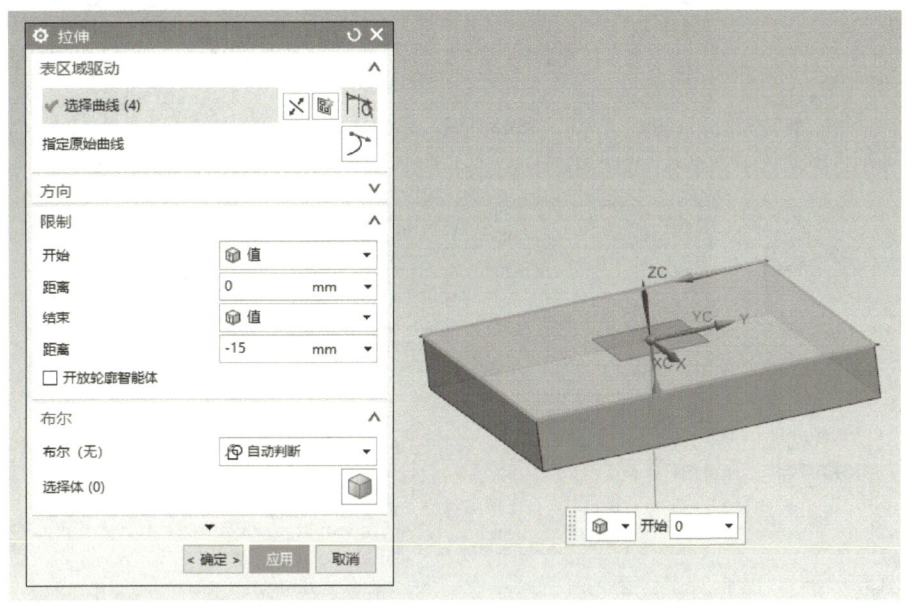

图 3-1-5 【拉伸】对话框及拉伸结果 1

（4）创建轨道。

再次创建以 XY 平面为基准的草图,绘制迷宫轨道,迷宫进出口需封口,如图 3-1-6 所示。

选择菜单中的【拉伸】命令,系统弹出【拉伸】对话框,在【开始】中选择"值",在【距离】中输入"0",在【结束】中选择"值",在【距离】中输入"-3",在【布尔】中选择"减去",在【选择体】中选择之前创建的方形模型,单击【确定】按钮,结果如图 3-1-7 所示。

保存建模文件至适当位置。

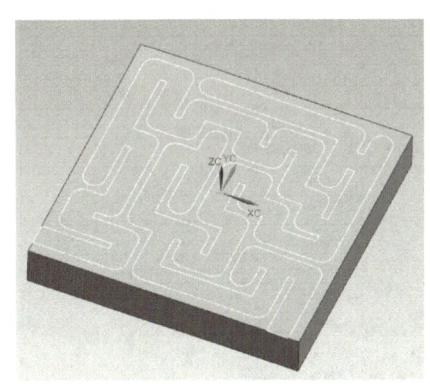

图 3-1-6 绘制迷宫轨道

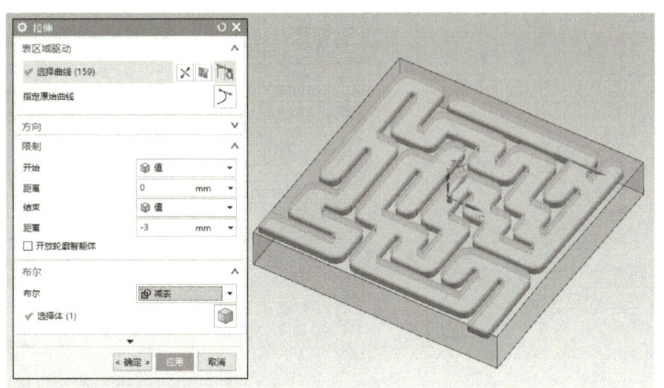

图 3-1-7 【拉伸】对话框及拉伸结果 2

2. 打开文件

选择菜单中的【打开】命令或单击 图标,系统弹出【打开】对话框,在对话框中选择对应文件"迷宫",单击【OK】按钮,如图 3-1-8 所示。

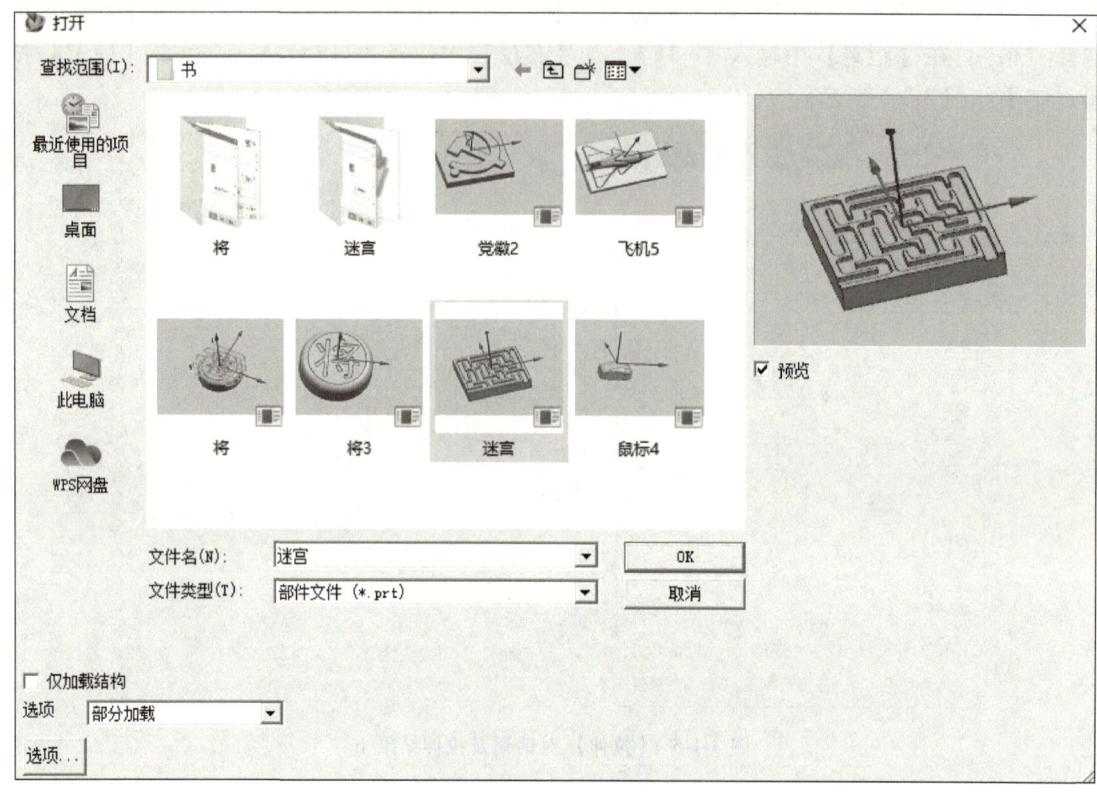

图 3-1-8 【打开】对话框

3. 进入加工环境

选择菜单中的【文件】→【加工】命令，进入加工环境，如图 3-1-9 所示。

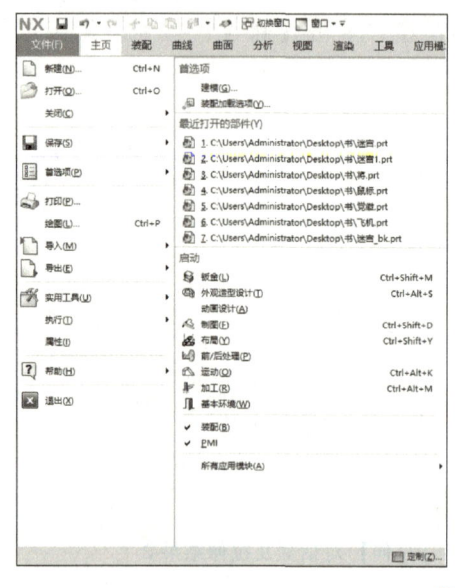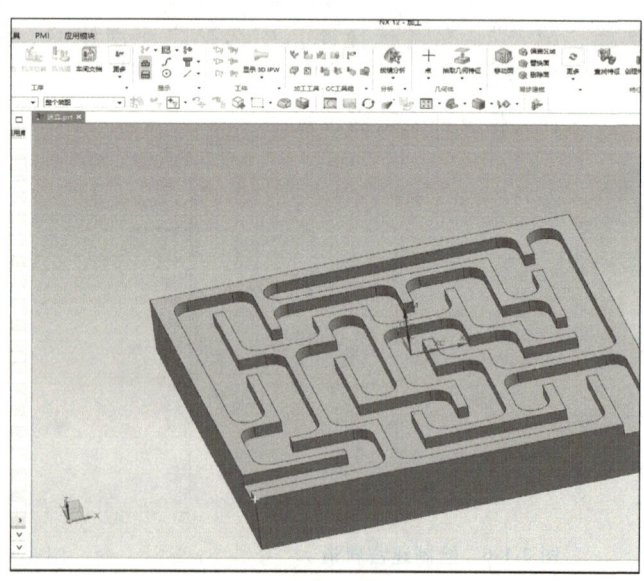

图 3-1-9 进入加工环境

4. 创建刀具

选择菜单中的【创建刀具】命令，系统弹出【创建刀具】对话框，如图 3-1-10 所示。

在【类型】中选择"mill_planar",在【刀具子类型】中选择 ,在【位置】中选择"GENERIC_MACHINE",在【名称】中输入"D16"。单击【确定】按钮,打开【铣刀-5 参数】对话框,如图 3-1-11 所示。在【直径】中输入"16.0",其余参数根据实际情况修改。用同样的方法创建 D6.0mm 立铣刀。

5. 创建几何体

选择菜单中的【创建几何体】命令,系统弹出【创建几何体】对话框,如图 3-1-12 所示。在【类型】中选择"mill_planar",在【几何体子类型】中选择 ,创建加工坐标系,在【位置】中选择"GEOMETRY",在【名称】中输入"MCS"。单击【确定】按钮,打开【MCS】对话框,创建加工坐标系,选择工件最上平面,在【安全距离】中输入"10",其余参数保持默认,单击【确定】按钮,如图 3-1-13 所示。

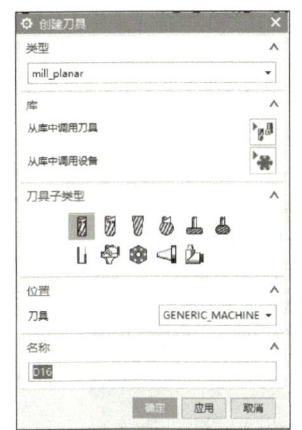 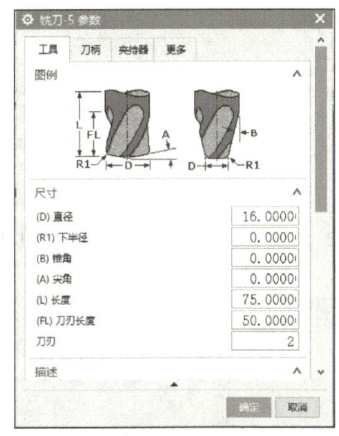 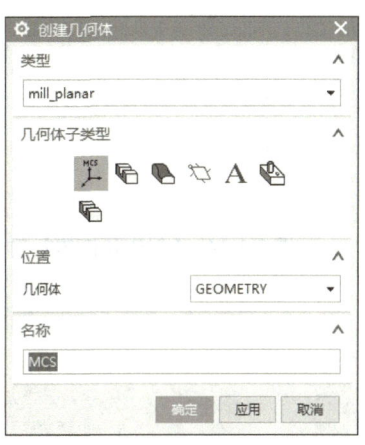

图 3-1-10 【创建刀具】对话框   图 3-1-11 【铣刀-5 参数】对话框   图 3-1-12 【创建几何体】对话框 1

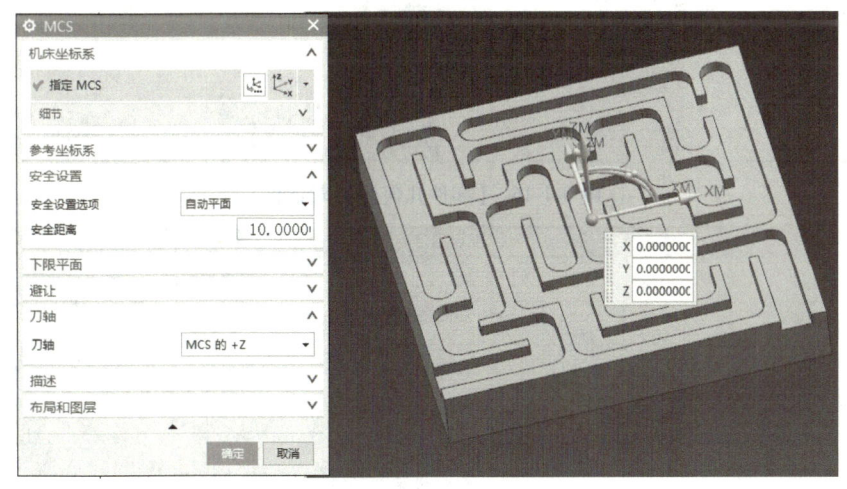

图 3-1-13 【MCS】对话框

选择菜单中的【创建几何体】命令,系统弹出【创建几何体】对话框,在【几何体子类型】中选择 ,在【位置】中选择"MCS",在【名称】中输入"几何体",单击【确定】按钮,如图 3-1-14 所示。打开【工件】对话框,如图 3-1-15 所示,单击 (指定部件）图标，打开【部件几何体】对话框，在【几何体】→【选择对象】中选择整个模型，如图 3-1-16 所示，单击【确定】按钮。回到【工件】对话框，再单击【几何体】中的 ⊗（指定毛坯）图标，打开【毛坯几何体】对话框，在【类型】中选择"包容块"，在【限制】中【XM-】、【YM-】、【ZM-】、【XM+】、【YM+】、【ZM+】输入"0"，如图 3-1-17 所示，单击【确定】按钮。回到【工件】对话框；【几何体】中的 ▰（指定检查）默认不设置，单击【确定】按钮。

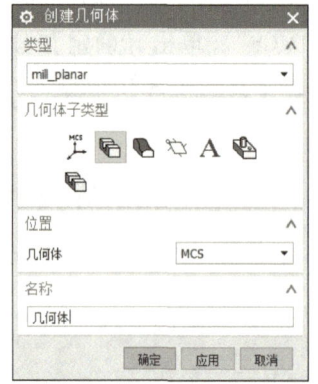

图 3-1-14 【创建几何体】对话框 2

图 3-1-15 【工件】对话框

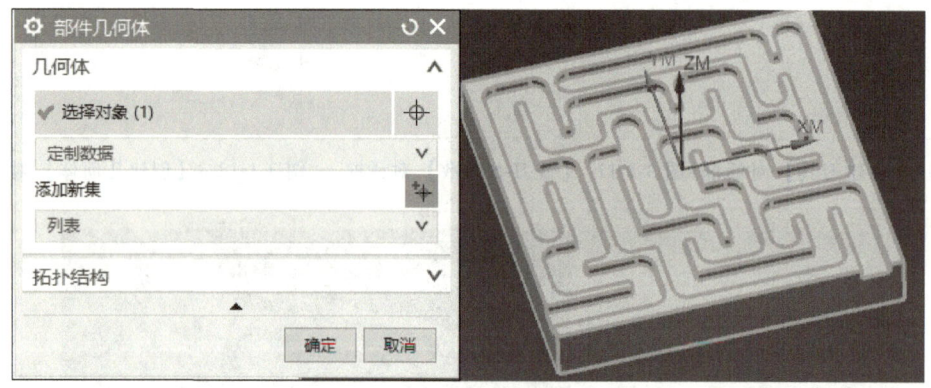

图 3-1-16 【部件几何体】对话框

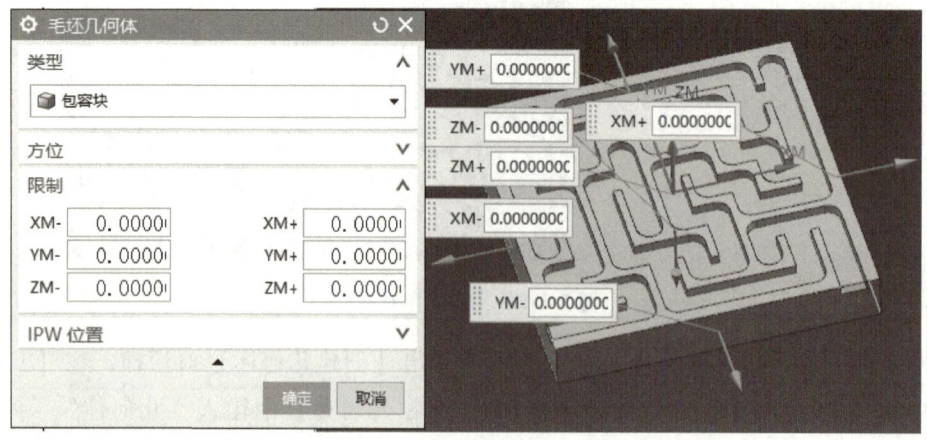

图 3-1-17 【毛坯几何体】对话框

6. 创建程序

选择菜单中的【创建程序】命令，系统弹出【创建程序】对话框，如图 3-1-18 所示。在【程序子类型】中选择默认 ，在【位置】→【程序】中选择"NC_PROGRAM"，在【名称】中输入"粗加工"，单击【确定】按钮。用同样的方法创建精加工程序，如图 3-1-19 所示。

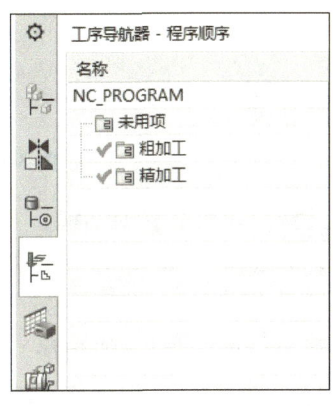

图 3-1-18　【创建程序】对话框

图 3-1-19　创建粗、精加工程序

7. 创建工序

（1）外形粗加工。

选择菜单中的【创建工序】命令，系统弹出【创建工序】对话框，如图 3-1-20 所示。在【类型】中选择"mill_contour"，在【工序子类型】中选择 ，在【位置】→【程序】中选择"粗加工"，在【位置】→【刀具】中选择"D16（铣刀-5 参数）"，在【位置】→【几何体】中选择"几何体"，在【位置】→【方法】中选择"METHOD"，在【名称】中输入"外形 D16"，单击【确定】按钮，打开【深度轮廓铣】对话框，如图 3-1-21 所示。在【几何体】中选择"几何体"，在【指定部件】中会自动默认选择，在【指定切削区域】中单击 ，打开【切削区域】对话框，在【几何体】→【选择对象】中选择工件外轮廓面，单击【确定】按钮，如图 3-1-22 所示。

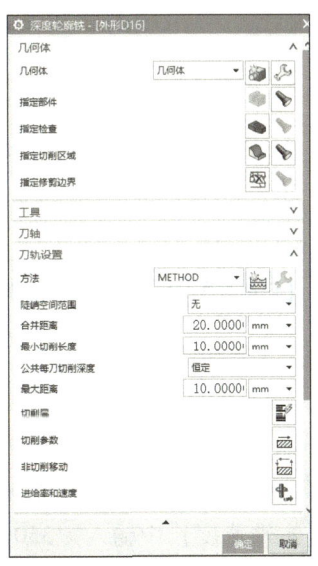

图 3-1-20　【创建工序】对话框 1

图 3-1-21　【深度轮廓铣】对话框

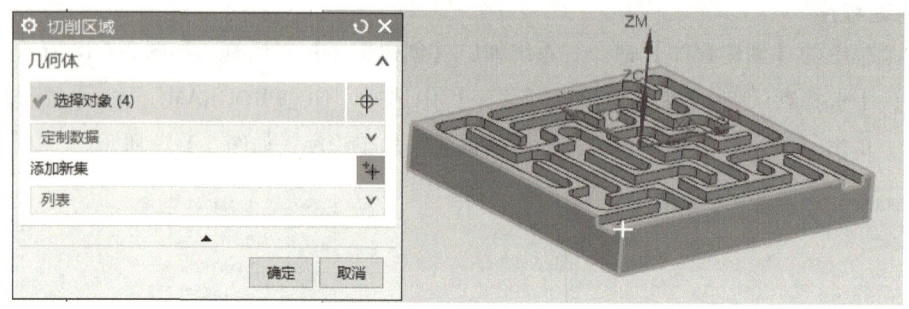

图 3-1-22 【切削区域】对话框 1

回到【深度轮廓铣】对话框，在【刀轨设置】→【方法】中选择"METHOD"，在【陡峭空间范围】中选择"无"，在【合并距离】中输入"20.0"，在【最小切削长度】中输入"10.0"，在【公共每刀切削深度】中选择"恒定"，在【最大距离】中输入"10.0"，如图 3-1-21 所示。单击 （切削层）按钮，打开【切削层】对话框，如图 3-1-23 所示。在【范围定义】→【选择对象】中单击需要切削的底面，自动计算【范围深度】，也可以在【范围深度】中输入"15.0"，在【测量开始位置】中选择"顶层"，在【每刀切削深度】中输入"2.0"，其余参数保持默认，单击【确定】按钮。

单击 （切削参数）按钮，系统弹出【切削参数】对话框，在【策略】→【切削方向】中选择"顺铣"，在【切削顺序】中选择"深度优先"，如图 3-1-24 所示。在【余量】中勾选"使底面余量与侧面余量一致"，在【部件侧面余量】中输入"0.3"，在【公差】→【内公差】、【外公差】中均输入"0.01"，如图 3-1-25 所示，单击【确定】按钮。

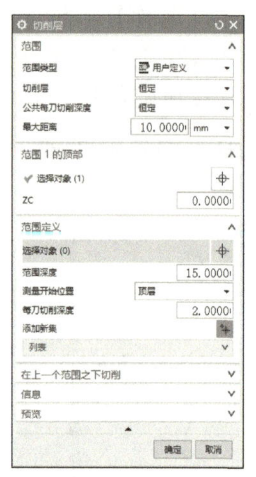 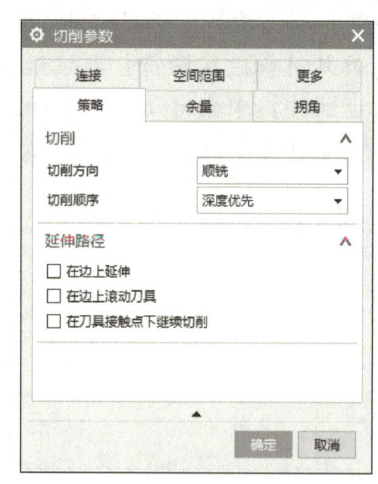 

图 3-1-23 【切削层】对话框 1　　图 3-1-24 【切削参数】对话框 1　　图 3-1-25 【切削参数】对话框 2

单击 （非切削移动）按钮，系统弹出【非切削移动】对话框，在【进刀】→【开放区域】→【进刀类型】中选择"圆弧"，在【半径】中输入"50.0"，在【圆弧角度】中输入"90.0"，其余参数保持默认，单击【确定】按钮，如图 3-1-26 所示。

单击 （进给率和速度）按钮，系统弹出【进给率和速度】对话框，勾选"主轴速度"，在【主轴速度】中输入"3500"，在【进给率】→【切削】中输入"600"，单击【主轴速度】后面的 （计算）按钮，单击【确定】按钮，如图 3-1-27 所示。

项目 3　平面类产品的加工

图 3-1-26　【非切削移动】对话框 1

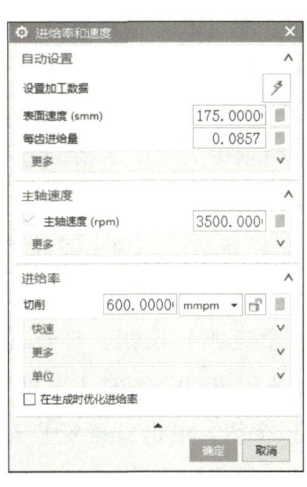

图 3-1-27　【进给率和速度】对话框 1

单击 按钮，生成外轮廓刀具轨迹，如图 3-1-28 所示。单击 按钮，模拟仿真刀具轨迹，如图 3-1-29 所示，单击【确定】按钮。在【深度轮廓铣】对话框中单击【确定】按钮。

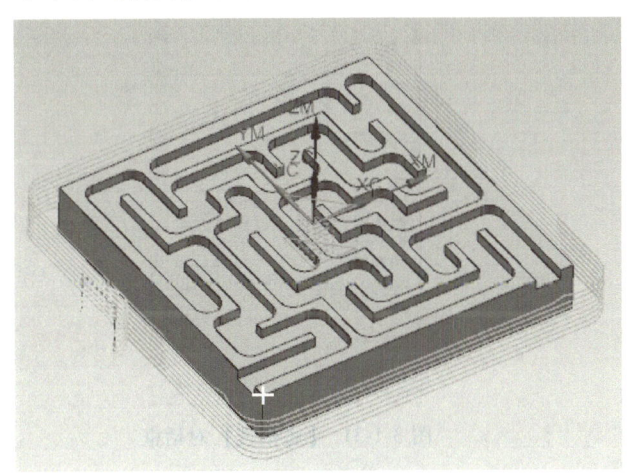

图 3-1-28　刀具轨迹 1

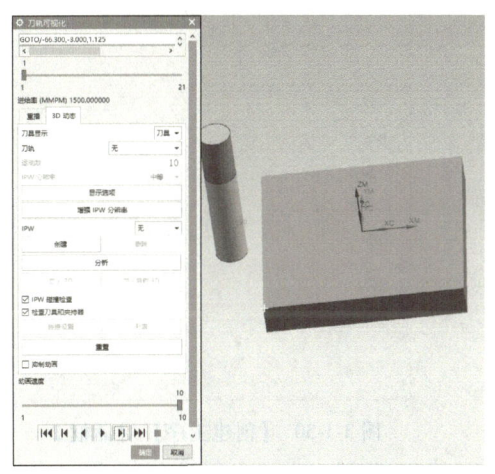

图 3-1-29　模拟仿真刀具轨迹 1

（2）铣平面加工。

选择菜单中的【创建工序】命令，系统弹出【创建工序】对话框，如图 3-1-30 所示。在【类型】中选择"mill_planar"，在【工序子类型】中选择 ![]，在【位置】→【程序】中选择"粗加工"，在【刀具】在选择"D16（铣刀-5 参数）"，在【几何体】中选择"几何体"，在【方法】中选择"METHOD"，在【名称】中输入"平面 D16"，单击【确定】按钮，打开【底壁铣】对话框，如图 3-1-31 所示。在【几何体】→【指定部件】中自动默认选择，在【指定切削区底面】中单击 ![]，打开【切削区域】对话框，在【几何体】→【选择对象】中选择工件顶面，单击【确定】按钮，如图 3-1-32 所示。

回到【底壁铣】对话框，在【刀轨设置】→【方法】中选择"METHOD"，在【切削区域空间范围】中选择"底面"，在【切削模式】中选择"往复"，在【步距】中选择"恒定"，在【最大距离】中输入"50.0"，在【底面毛坯厚度】中输入"3.0"，在【每刀切削深度】

中输入"0",在【Z向深度偏置】中输入"0",如图3-1-31所示。单击 (切削参数)按钮,打开【切削参数】对话框,在【策略】→【切削】→【切削方向】中选择"顺铣",在【剖切角】中选择"自动",如图3-1-33所示。单击【余量】标签,在【部件余量】、【壁余量】等余量中均输入"0",在【公差】→【内公差】、【外公差】中均输入"0.01",其余参数保持默认,单击【确定】按钮,如图3-1-34所示。单击 (非切削移动)按钮,打开【非切削移动】对话框,单击【进刀】→【开放区域】,在【进刀类型】中选择"线性",在【长度】中输入"3.0",其余参数保持默认,单击【确定】按钮,如图3-1-35所示。单击 (进给率和速度)按钮,打开【进给率和速度】对话框,勾选"主轴速度",在【主轴转速】中输入"4000",在【进给率】→【切削】中输入"1000",单击【主轴速度】后的 (计算)按钮,单击【确定】按钮,如图3-1-36所示。

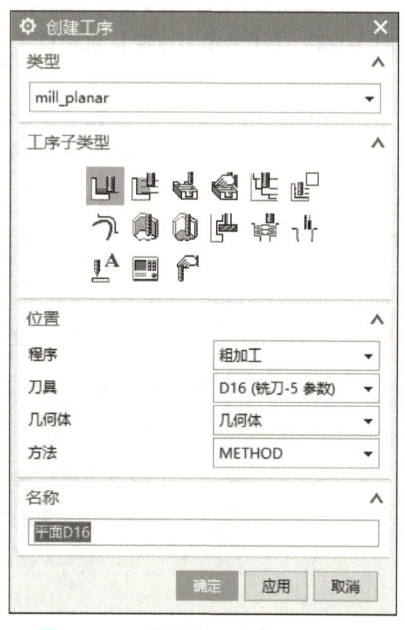

图3-1-30 【创建工序】对话框2

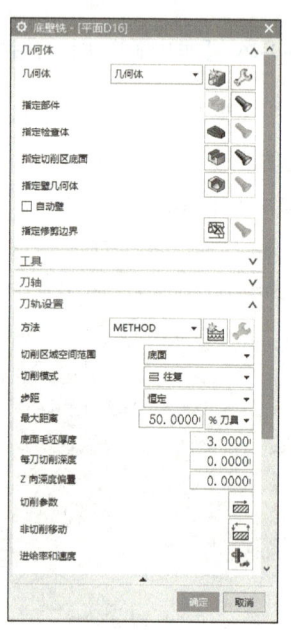

图3-1-31 【底壁铣】对话框

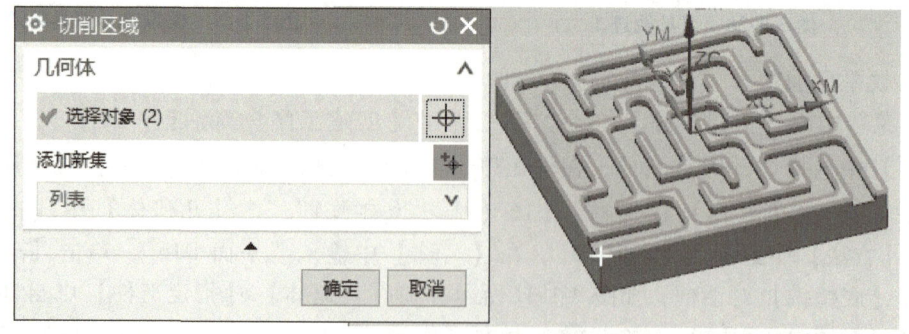

图3-1-32 【切削区域】对话框2

单击 (生成)按钮,生成平面加工刀具轨迹,如图3-1-37所示。单击 (确定)按钮,模拟仿真刀具轨迹,单击【确定】按钮,如图3-1-38所示。在【深度轮廓铣】对话框中单击【确定】按钮。

项目 3　平面类产品的加工

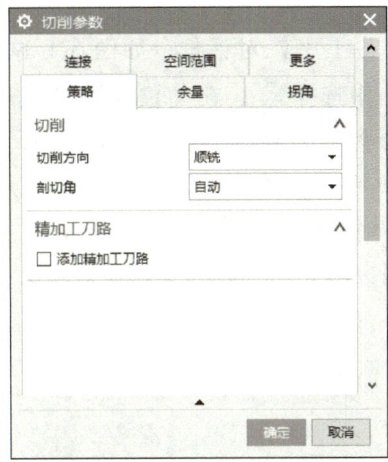

图 3-1-33　【切削参数】对话框 3

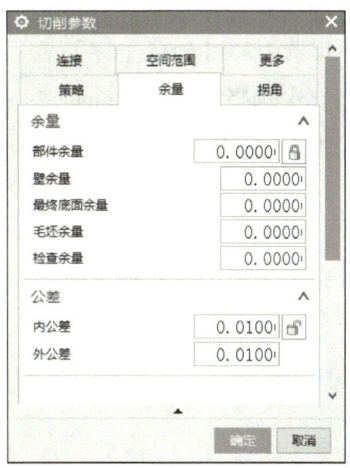

图 3-1-34　【切削参数】对话框 4

图 3-1-35　【非切削移动】对话框 2

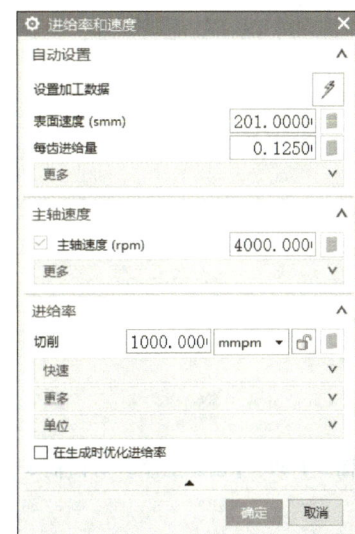

图 3-1-36　【进给率和速度】对话框 2

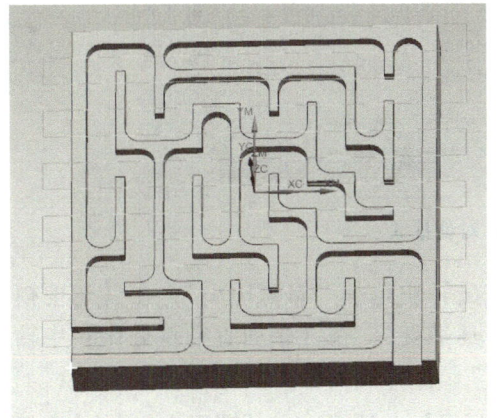

图 3-1-37　刀具轨迹 2

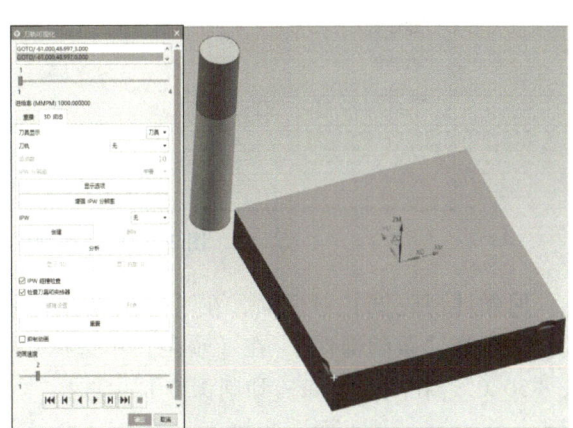

图 3-1-38　模拟仿真刀具轨迹 2

（3）迷宫轮廓粗加工。

选择菜单中的【创建工序】命令，系统弹出【创建工序】对话框，如图 3-1-39 所示。在【类型】中选择"mill_contour"，在【工序子类型】中选择 ，在【位置】→【程序】中选择"粗加工"，在【刀具】中选择"D6（铣刀-5 参数）"，在【几何体】中选择"几何体"，在【方法】中选择"METHOD"，在【名称】中输入"轮廓D6"，单击【确定】按钮，打开【型腔铣】对话框，如图 3-1-40 所示。在【几何体】→【指定部件】中会自动选择上，在【指定切削区域】中单击 按钮，打开【切削区域】对话框，选择迷宫轮廓面，单击【确定】按钮，如图 3-1-41 所示。

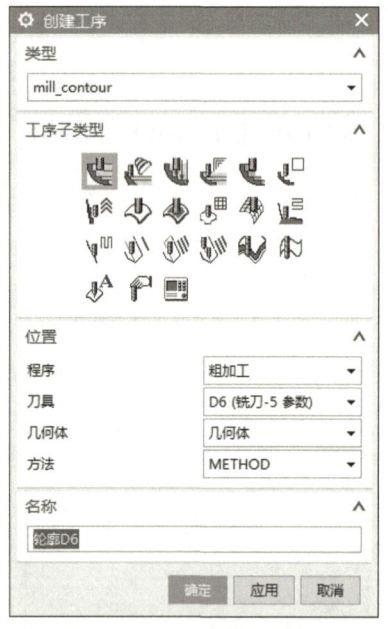

图 3-1-39 【创建工序】对话框 3

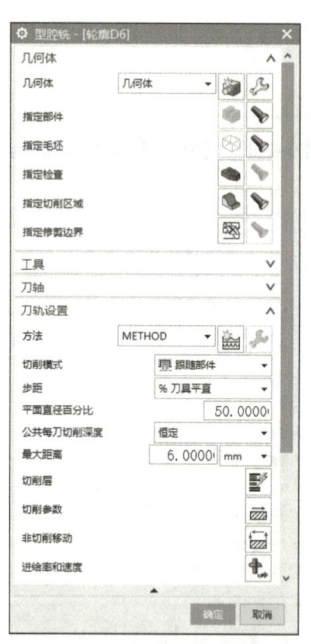

图 3-1-40 【型腔铣】对话框

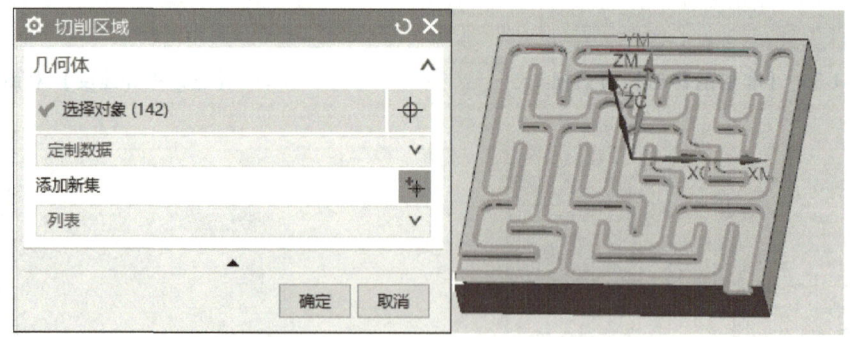

图 3-1-41 【切削区域】对话框 3

回到【型腔铣】对话框，在【刀轨设置】→【方法】中选择"METHOD"，在【切削模式】中选择"跟随部件"，在【步距】中选择"%刀具平直"，在【平面直径百分比】中输入"50.0"，在【公共每刀切削深度】中选择"恒定"，在【最大距离】中输入"6.0"，如图 3-1-40 所示。单击 （切削层）按钮，打开【切削层】对话框，在【范围定义】→【选择对象】中单击需要切削的底面，自动计算【范围深度】，也可以在【范围深度】中输入

"3.0",在【测量开始位置】中选择"顶层",在【每刀切削深度】中输入"0.5",其余参数保持默认,单击【确定】按钮,如图 3-1-42 所示。单击 (切削参数)按钮,打开【切削参数】对话框,在【策略】→【切削方向】中选择"顺铣",在【切削顺序】中选择"层优先",如图 3-1-43 所示。在【余量】中勾选"使底面余量与侧面余量一致",在【部件侧面余量】中输入"0.3",在【公差】→【内公差】、【外公差】中均输入"0.01",单击【确定】按钮,可参见图 3-1-25。单击 (非切削移动)按钮,打开【非切削移动】对话框,在【进刀】→【开放区域】→【进刀类型】中选择"线性",在【长度】中输入"50.0",其余参数保持默认,单击【确定】按钮,如图 3-1-44 所示。单击 (进给率和速度)按钮,打开【进给率和速度】对话框,勾选"主轴速度",在【主轴速度】中输入"6000",在【进给率】→【切削】中输入"600",单击【主轴速度】后面 (计算)按钮,单击【确定】按钮,如图 3-1-45 所示。

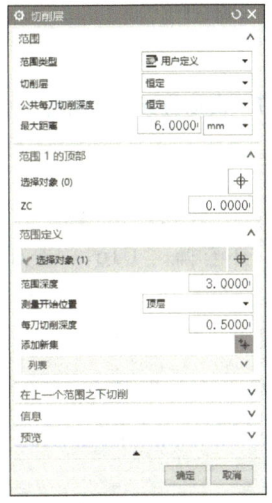

图 3-1-42 【切削层】对话框 2

图 3-1-43 【切削参数】对话框 5

图 3-1-44 【非切削移动】对话框 3

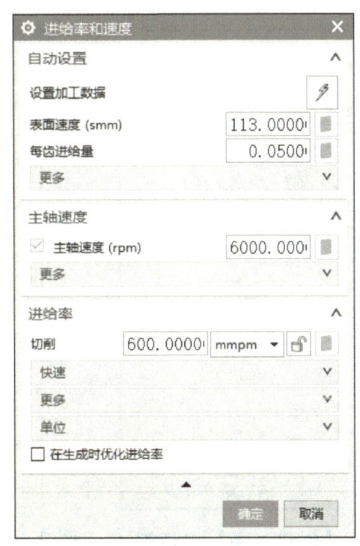

图 3-1-45 【进给率和速度】对话框 3

单击 ![生成] (生成) 按钮，生成迷宫轮廓加工刀具轨迹，如图 3-1-46 所示。单击 ![确定] （确定）按钮，模拟仿真刀具轨迹，单击【确定】按钮，如图 3-1-47 所示。在【深度轮廓铣】对话框中单击【确定】按钮。

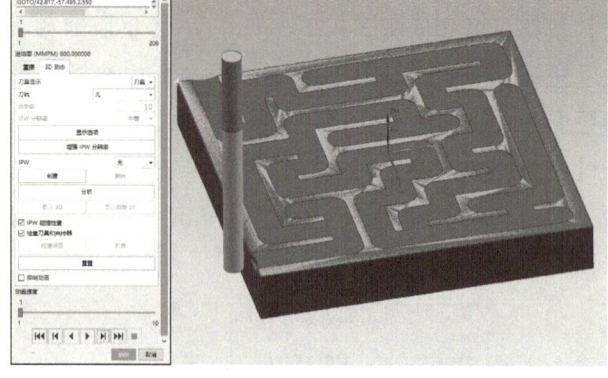

图 3-1-46　刀具轨迹 3　　　　　　　　图 3-1-47　模拟仿真刀具轨迹 3

(4) 外形轮廓精加工。

参考外形轮廓粗加工，选择菜单中的【创建工序】命令，系统弹出【创建工序】对话框，在【位置】→【程序】中选择"精加工"，在【刀具】中选择"D16（铣刀-5 参数）"，在【名称】中输入"外形精 D16"，单击【确定】按钮，如图 3-1-48 所示。打开【深度轮廓铣】对话框，在【刀轨设置】中，【方法】、【陡峭空间范围】、【合并距离】、【最小切削长度】、【公共每刀切削深度】、【最大距离】均为默认参数，如图 3-1-49 所示。单击 ![切削层] （切削层）按钮，打开【切削层】对话框，在【每刀切削深度】中输入"6.0"，其余参数保持默认，单击【确定】按钮，如图 3-1-50 所示。

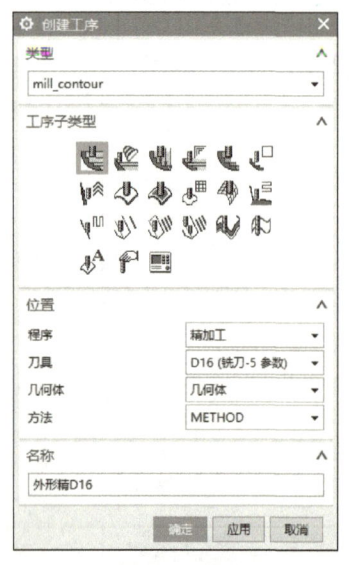
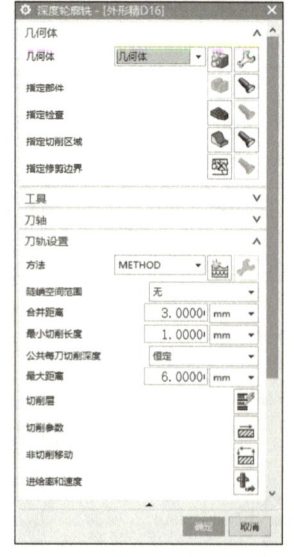
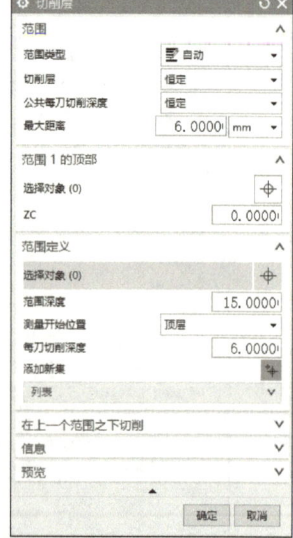

图 3-1-48　【创建工序】对话框 4　　图 3-1-49　【深度轮廓铣】对话框　　图 3-1-50　【切削层】对话框 3

单击 (切削参数) 按钮, 打开【切削参数】对话框, 在【余量】中勾选"使底面余量与侧面余量一致", 在【部件侧面余量】中输入"0.3", 在【公差】→【内公差】、【外公差】中均输入"0.01", 单击【确定】按钮, 参见图 3-1-25。单击 (非切削移动) 按钮, 参考迷宫轮廓粗加工, 单击 (进给率和速度) 按钮, 打开【进给率和速度】对话框, 勾选"主轴速度", 在【主轴速度】中输入"4000"。在【进给率】→【切削】中输入"800", 单击【主轴速度】后面 (计算) 按钮, 单击【确定】按钮, 如图 3-1-51 所示。

单击 (生成) 按钮, 生成外形精加工刀具轨迹, 如图 3-1-52 所示。单击 (确定) 按钮, 模拟仿真刀具轨迹, 单击【确定】按钮, 如图 3-1-53 所示。在【深度轮廓铣】对话框中单击【确定】按钮。

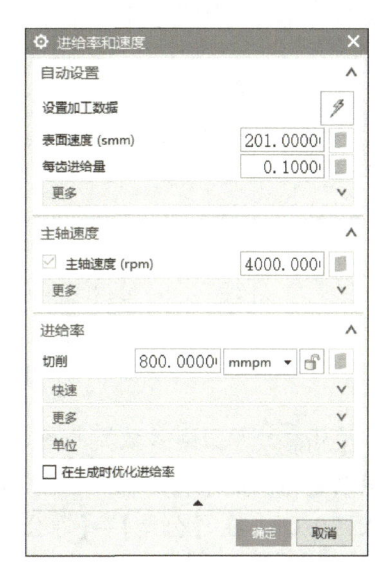

图 3-1-51 【进给率和速度】对话框 4

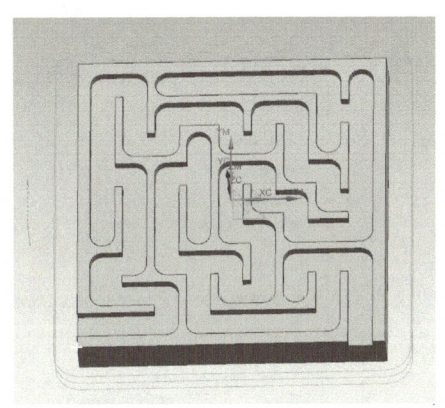

图 3-1-52 刀具轨迹 4

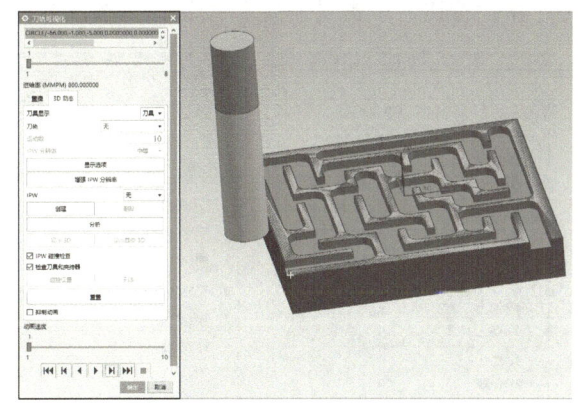

图 3-1-53 模拟仿真刀具轨迹 4

（5）迷宫轮廓底面精加工。

参考迷宫轮廓粗加工, 选择菜单中的【创建工序】命令, 系统弹出【创建工序】对话框, 在【类型】中选择"mill_contour", 在【工序子类型】中选择"型腔铣", 在【位置】→【程序】中选择"精加工", 在【名称】中输入"轮廓底面精 D6", 单击【确定】按钮, 如图 3-1-54 所示。打开【型腔铣】对话框, 在【指定切削区域】中单击 按钮, 打开【切削区域】对话框, 选择迷宫轮廓底面, 单击【确定】按钮, 如图 3-1-55 所示。

【型腔铣】对话框的参数设置参考迷宫轮廓粗加工, 如图 3-1-40 所示。单击 (切削层) 按钮, 打开【切削层】对话框, 在【每刀切削深度】中输入"6.0", 其余参数保

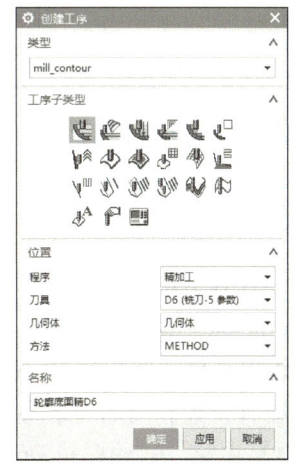

图 3-1-54 【创建工序】对话框 5

持默认。单击【确定】按钮,如图 3-1-56 所示。

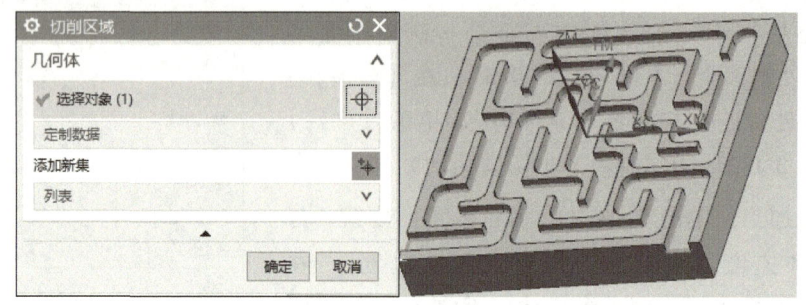

图 3-1-55 【切削区域】对话框 4

单击 (切削参数)按钮,打开【切削参数】对话框,在【余量】中取消勾选"使底面余量与侧面余量一致",在【部件侧面余量】中输入"0.03",在【部件底面余量】中输入"0.0",在【公差】→【内公差】、【外公差】中均输入"0.01",如图 3-1-57 所示。单击 (进给率和速度)按钮,打开【进给率和速度】对话框,勾选"主轴速度",在【主轴速度】中输入"6000",在【进给率】→【切削】中输入"500",单击主轴速度后面 (计算)按钮,单击【确定】按钮,如图 3-1-58 所示。

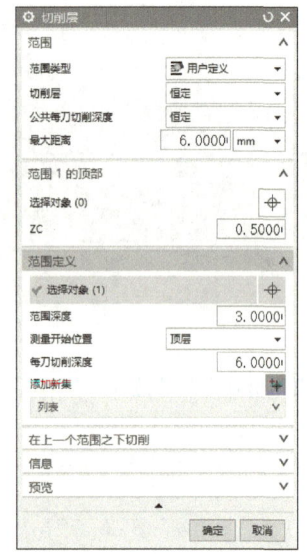  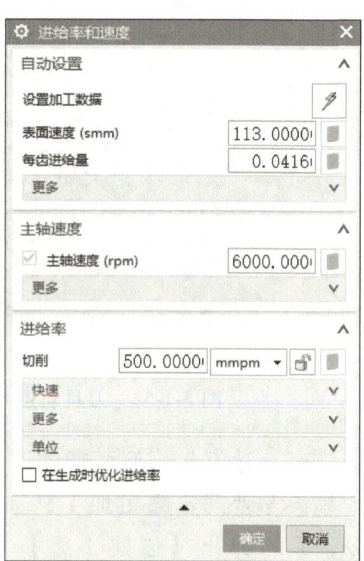

图 3-1-56 【切削层】对话框 4　　图 3-1-57 【切削参数】对话框 6　　图 3-1-58 【进给率和速度】对话框 5

单击 (生成)按钮,生成迷宫轮廓底面精加工刀具轨迹,如图 3-1-59 所示。单击 (确定)按钮,模拟仿真刀具轨迹,单击【确定】按钮,如图 3-1-60 所示。在【深度轮廓铣】对话框中单击【确定】按钮。

(6)迷宫轮廓精加工。

参考外形轮廓精加工,选择菜单中的【创建工序】命令,系统弹出【创建工序】对话框,在【位置】→【程序】中选择"精加工",在【刀具】中选择"D6(铣刀-5 参数)",在【名称】中输入"轮廓精 D6",单击【确定】按钮,如图 3-1-61 所示。打开【深度轮廓铣】对话框,在【指定切削区域】中单击 按钮,选择迷宫轮廓侧面,如图 3-1-62 所示。在

【刀轨设置】中,【方法】、【陡峭空间范围】、【合并距离】、【最小切削长度】、【公共每刀切削深度】、【最大距离】均为默认参数,参见图 3-1-49。单击 ≡(切削层)按钮,打开【切削层】对话框,在【每刀切削深度】中输入"1.0",其余参数保持默认,单击【确定】按钮,如图 3-1-63 所示。

图 3-1-59　刀具轨迹 5

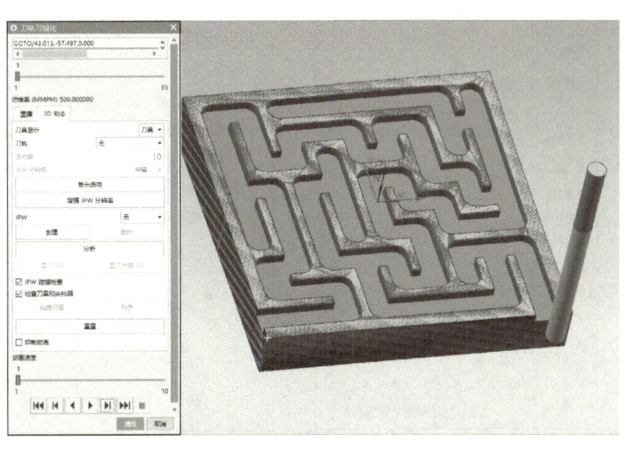

图 3-1-60　模拟仿真刀具轨迹 5

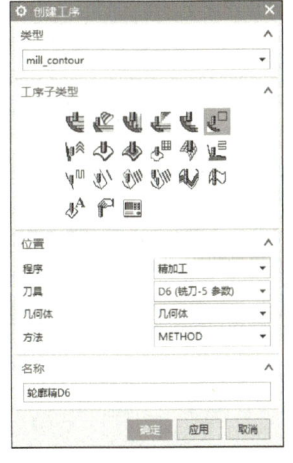

图 3-1-61　【创建工序】对话框 6

图 3-1-62　【切削区域】对话框 5

单击 ▦(切削参数)按钮,打开【切削参数】对话框,在【余量】中取消勾选"使底面余量与侧面余量一致",在【部件侧面余量】中输入"0",在【部件底面余量】中输入"0.02",在【公差】→【内公差】、【外公差】中均输入"0.01",单击【确定】按钮,如图 3-1-64 所示。单击 ▦(非切削移动)按钮,参考粗加工,单击【确定】按钮。单击 ▦(进给率和速度)按钮,打开【进给率和速度】对话框,勾选"主轴速度",在【主轴速度】中输入"6000",在【进给率】→【切削】中输入"500",单击【主轴速度】后面 ▦(计算)按钮,单击【确定】按钮,如图 3-1-65 所示。

单击 ▶(生成)按钮,生成迷宫轮廓精加工刀具轨迹,如图 3-1-66 所示。单击 ▦(确定)按钮,模拟仿真刀具轨迹,单击【确定】按钮,如图 3-1-67 所示。在【深度轮廓铣】对话框中单击【确定】按钮。

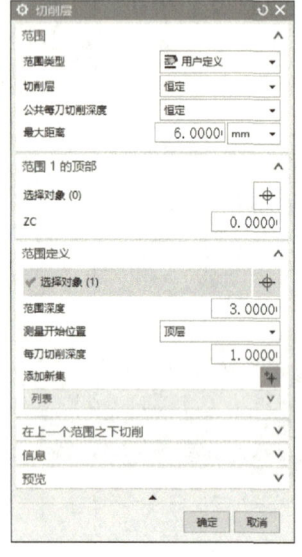
图 3-1-63 【切削层】对话框 5

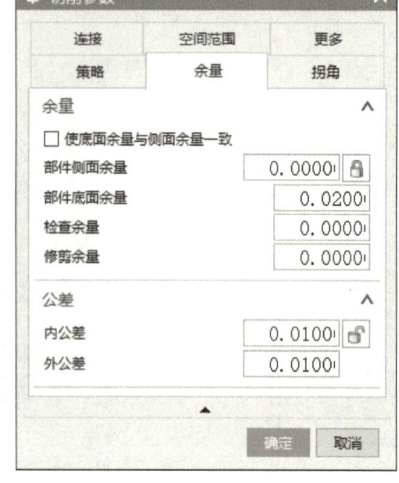
图 3-1-64 【切削参数】对话框 7

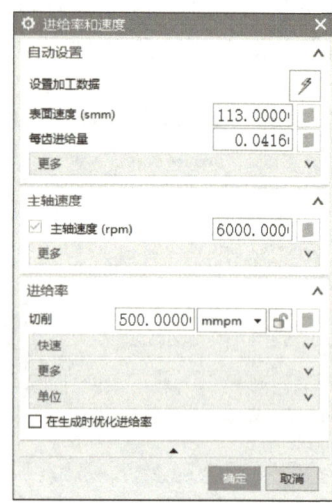
图 3-1-65 【进给率和速度】对话框 6

图 3-1-66 刀具轨迹 6

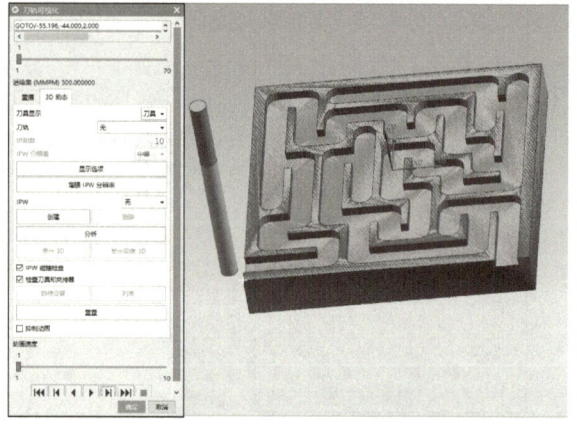
图 3-1-67 模拟仿真刀具轨迹 6

3.1.4 任务注释——刀具创建

（创建刀具）：生成刀具路径的必要条件，刀具路径是根据刀具大小确定刀具路径补偿的，参见图 3-1-10。

【创建刀具】对话框中各选项的功能说明如下：

【类型】：创建刀具的类型，如轮廓加工刀具、型腔加工刀具等，一般选择默认即可。

【库】：从库中直接选择调用已创建好的刀具或设备。

【刀具子类型】：选择所需要刀具类型，如立铣刀、牛鼻刀和球头刀等。

【位置】：选择创建刀具所在位置。

【名称】：命名所创建的刀具。

3.1.5 任务注释——创建几何体

（创建几何体）：是生成刀具路径的必要条件，是刀具路径轨迹的依据，参见图3-1-12。

【创建几何体】对话框中各选项的功能说明如下：

【类型】：创建几何体类型，如轮廓加工、型腔加工等。

【几何体子类型】：创建几何体子类型，如坐标系、模型和毛坯等。

【位置】：创建几何体所属位置。

【名称】：命名所创建的几何体。

3.1.6 任务注释——创建工序

（创建工序）：是生成刀具路径的策略，确定用怎么样的方法生成路径，如图3-1-68所示。

【创建工序】对话框中各选项的功能说明如下：

【类型】：选择加工类型，如轮廓加工、型腔加工和多轴加工等。

【工序子类型】：选择加工策略方式，如底壁加工、带边界面铣等。

【位置】：选择设置完成的程序、刀具和几何体等。

【名称】：命名此刀具路径。

3.1.7 任务注释——创建程序

（创建程序）：创建程序对象，如图3-1-69所示。

图 3-1-68 【创建工序】对话框

图 3-1-69 【创建程序】对话框

【创建程序】对话框中各选项的功能说明如下：

【类型】：选择加工类型，如轮廓加工、型腔加工和多轴加工等。

【位置】：创建程序所属位置。
【名称】：命名此程序。

3.1.8 任务注释——平面铣策略

平面铣是 UG NX 提供的一种基本且常用的加工方式，主要用于对具有平面特征的面和岛进行加工。它是一种 2.5 轴的加工方式，在加工过程中首先完成水平方向 XY 两轴联动，再对零件进行 Z 轴切削。这种方式可以加工零件的直壁、岛屿顶面和腔槽底面为平面的部分。平面铣不能加工底面与侧壁不垂直的部位。

3.1.9 任务注释——轮廓铣策略

轮廓铣包括等高轮廓铣和固定轴轮廓铣等类型。等高轮廓铣主要用于零件的半精加工或精加工，切除零件表面上的少许余量，以达到零件的半精加工要求或最终精加工要求。其刀轨为水平层状，切削层垂直于刀具轴线，每一切削层都切削到零件轮廓；而固定轴轮廓铣则是一种针对需要高精度、高效率的轮廓加工而设计的加工方案，在这种加工过程中，铣刀在轴线方向上不变，而工件则在 X、Y 两个方向上移动，铣刀通过双向切割，对工件进行加工，最终达到所需的轮廓形状。

3.1.10 任务拓展

根据图 3-1-70 所示 2D 工程图，利用 UG 软件创建三维模型，并运用深度轮廓铣和底壁铣策略，生成数控加工刀具路径轨迹。

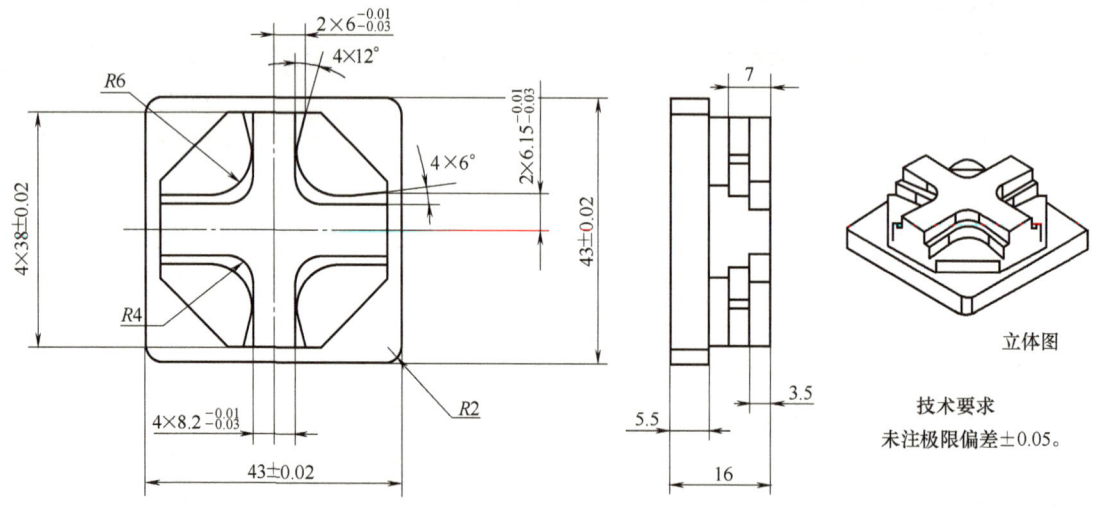

图 3-1-70 拓展练习

任务 3.2 胸章模型的设计及加工

本任务是根据如图 3-2-1 所示胸章的 2D 工程图和 3D 模型，完成胸章模型的建模和数控加工路径编辑。

项目3 平面类产品的加工

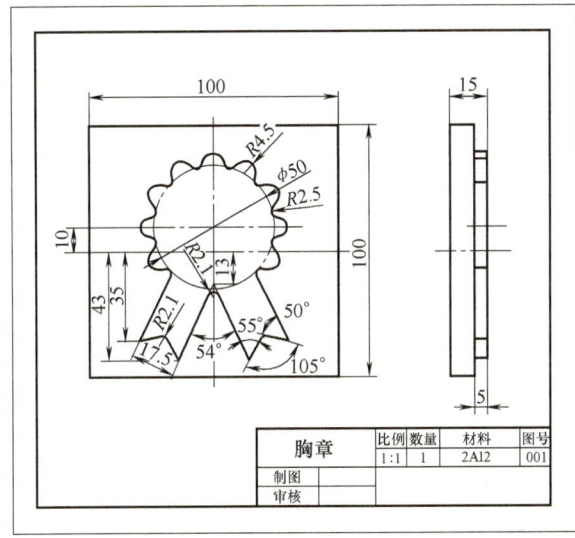
a)

b)

图 3-2-1 胸章图
a) 2D 工程图 b) 3D 模型

3.2.1 任务目标

1. 知识目标

1) 掌握正确的三维建模方法。
2) 理解加工策略的选择原理。
3) 掌握加工策略的使用方法。

2. 技能目标

1) 熟悉软件界面和基本功能。
2) 掌握平面、轮廓铣削加工。
3) 熟练掌握剩余铣策略应用。

3. 素养目标

1) 引领学生正确认识我国制造强国的国际地位和未来发展态势，站在专业角度，培养学生的奉献精神和爱国情怀，激励学生以专业之力投身新时代制造强国建设。

2) 培养学生严谨细致、一丝不苟、精益求精、追求卓越的工匠精神，引导学生意识到制图建模、加工制造的严谨性和重要性，树立匠人之心，塑造专业匠人。

3.2.2 任务分析

利用 UG 建模模块，运用草图拉伸功能创建胸章模型底座，再运用草图拉伸、求和方式创建胸章模型主体。完成胸章模型三维设计后，运用 UG 加工模块，使用深度轮廓铣、剩余铣、底壁铣策略，自动生成数控加工路径，加工步骤如图 3-2-2a~f 所示。

知识要点：

(1) 掌握胸章模型的三维建模。
(2) 学会运用深度轮廓铣、剩余铣、底壁铣策略自动生成数控加工轨迹路径及参数设置。

图 3-2-2 加工步骤

a）胸章模型 b）胸章粗加工 c）胸章残余加工 d）胸章底面加工
e）胸章外形精加工 f）胸章上表面精加工

3.2.3 任务实施

1. 创建胸章三维模型

（1）新建文件。

选择菜单中的【文件】→【新建】命令，或选择 图标，打开【新建】对话框。在【模型】→【模板】栏中选择"建模"，在【单位】下拉列表框中选择"毫米"，单击【确定】按钮，如图 3-2-3 所示。

3-2 胸章模型的设计及加工

（2）创建草图。

选择菜单中的 （草图）命令，创建以 XY 平面为基准的草图，单击【确定】按钮，如图 3-2-4 所示。

（3）创建外形。

选择菜单中的 （矩形）命令，绘制 100mm×100mm 的正方形。选择菜单中的 （拉伸）命令，系统弹出【拉伸】对话框，在【开始】中选择"值"，在【距离】中输入"-5"，在【结束】中选择"值"，在【距离】中输入"-15"，在【布尔】中选择"自动判断"，单击【确定】按钮，如图 3-2-5 所示。

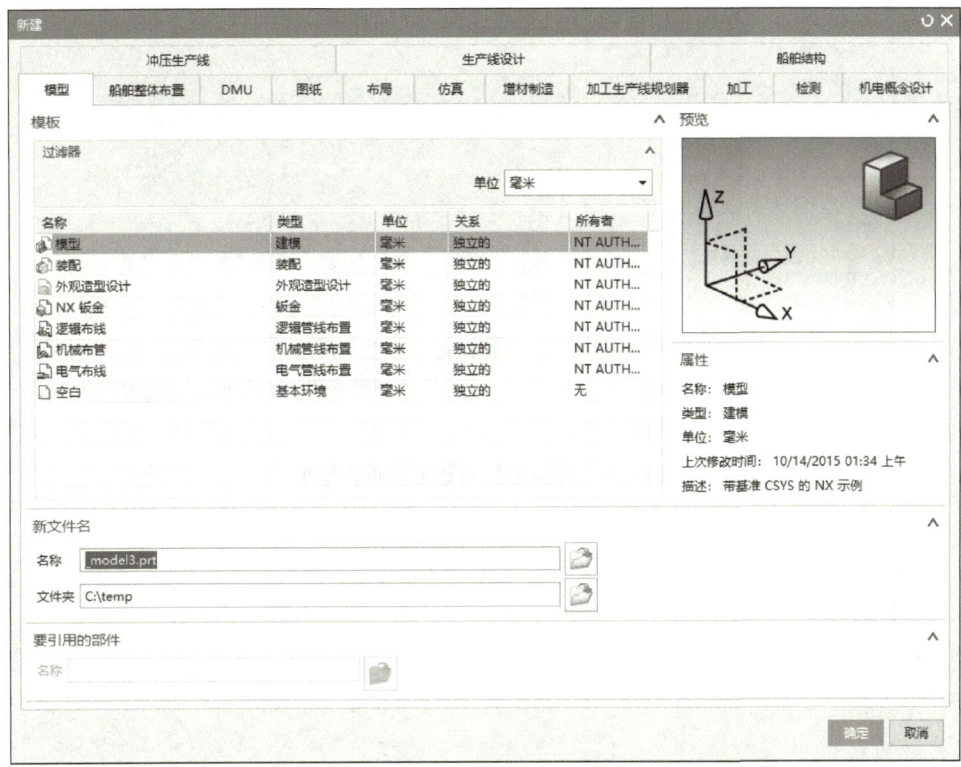

图 3-2-3 【新建】对话框

图 3-2-4 创建草图

（4）创建胸章外形。

以创建的长方体顶面为基准平面，创建草图，绘制胸章模型轮廓，如图 3-2-6 所示。选择菜单中的 （拉伸）命令，系统弹出【拉伸】对话框，在【开始】中选择"值"，在【距离】中输入"0"，在【结束】中选择"值"，在【距离】中输入"5"，在【布尔】中选择"求和"，【选择体】选择之前创建的长方体模型，单击【确定】按钮，如图 3-2-7 所示。

保存建模文件至适当位置。

 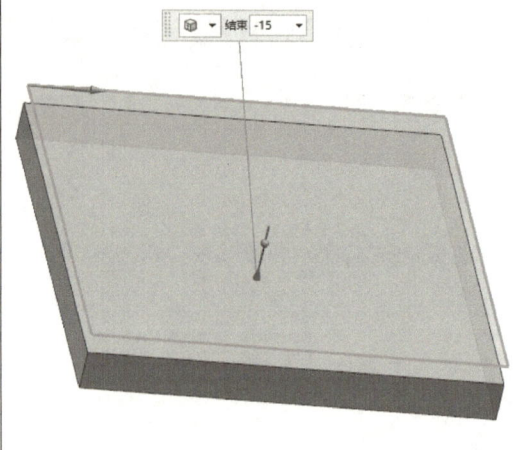

图 3-2-5 【拉伸】对话框及拉伸结果

 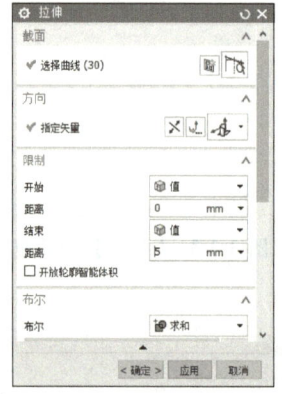 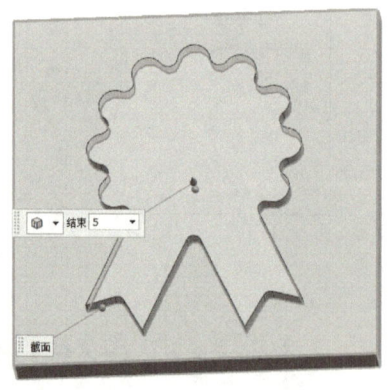

图 3-2-6 绘制胸章轮廓　　　　　　　图 3-2-7 【拉伸】对话框及拉伸结果

2. 打开文件

选择菜单中的【打开】命令，或单击 图标，系统弹出【打开】对话框，在对话框中选择对应文件"胸章"，单击【OK】按钮。

3. 进入加工环境

选择菜单中的【文件】→【加工】命令，进入加工环境。

4. 创建刀具

根据分析，模型最小圆角为 $R2.1mm$。

选择菜单中的【创建刀具】命令，创建"D16.0"mm 和"D4.0"mm 的立铣刀。

5. 创建几何体

选择菜单中的【创建几何体】命令，创建"MCS""工件"和"几何体"。

6. 创建程序

选择菜单中的【创建程序】命令，创建"粗加工""半精加工"和"精加工"程序列表。

7. 创建工序

（1）胸章外形粗加工。

参考任务 3.1 中型腔铣参数设置方法。创建【型腔铣】工序，选择"D16.0"立铣刀，每层切深0.5mm。生成胸章外形粗加工刀具轨迹，如图3-2-8、图3-2-9所示。在【型腔铣】对话框中，单击【确定】按钮。

图3-2-8 刀具轨迹1

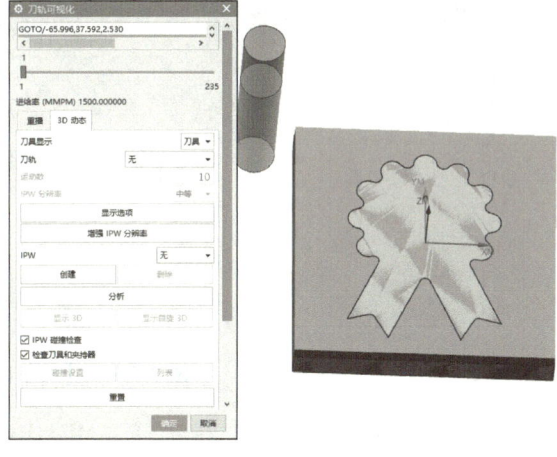

图3-2-9 模拟仿真刀具轨迹1

（2）胸章外形半精加工。

选择菜单中的【创建工序】命令，系统弹出【创建工序】对话框，如图3-2-10所示。在【类型】中选择"mill_contour"，在【工序子类型】中选择"剩余铣"，在【位置】→【程序】中选择"半精加工"，在【刀具】中选择"D4（铣刀-5参数）"铣刀，在【几何体】中选择"几何体"，在【方法】中选择"METHOD"，在【名称】中输入"残余清除D4"，单击【确定】按钮，打开【剩余铣】对话框，如图3-2-11所示。在【几何体】中选择"几何体"，【指定部件】默认自动选择，在【指定切削区域】中单击 按钮，打开【切削区域】对话框，选择工件所有加工面，如图3-2-12所示，单击【确定】按钮。

图3-2-10 【创建工序】对话框

图3-2-11 【剩余铣】对话框

图 3-2-12 【切削区域】对话框

在【刀轨设置】→【方法】中选择"METHOD",在【切削模式】中选择"跟随部件",在【步距】中选择"%刀具平直",在【平面直径百分比】中输入"20.0",在【公共每刀切削深度】中选择"恒定",在【最大距离】中输入"2.0",如图 3-2-11 所示。单击 (切削层)按钮,打开【切削层】对话框,在【范围定义】→【选择对象】中单击需要切削的底面,自动计算【范围深度】,也可以在【范围深度】中输入"5.0",在【测量开始位置】中选择"顶层",在【每刀切削深度】中输入"0.5",其余参数保持默认,如图 3-2-13 所示,单击【确定】按钮。单击 (切削参数)按钮,打开【切削参数】对话框,在【策略】→【切削方向】中选择"顺铣",在【切削顺序】中选择"深度优先",如图 3-2-14 所示。在【余量】中勾选"使底面余量与侧面余量一致",在【部件侧面余量】中输入"0.3",在【公差】→【内公差】、【外公差】中均输入"0.01",其余参数保持默认,如图 3-2-15 所示,单击【确定】按钮。

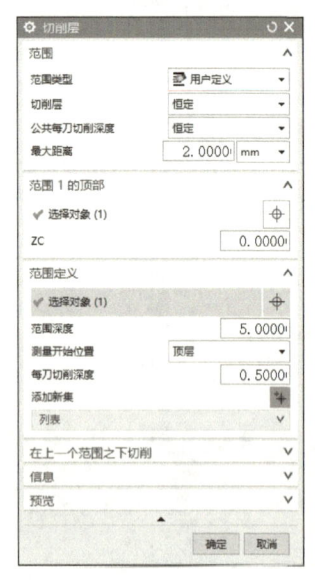

图 3-2-13 【切削层】对话框

图 3-2-14 【切削参数】→【策略】

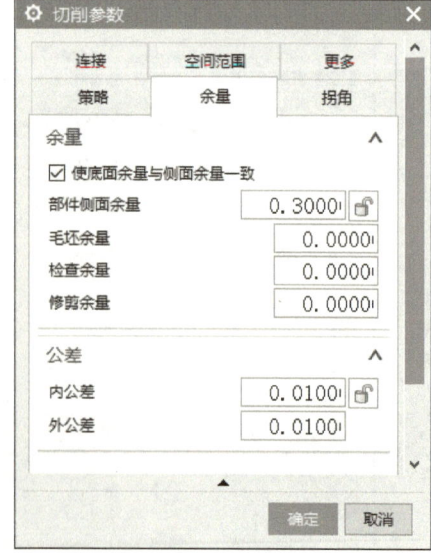

图 3-2-15 【切削参数】→【余量】

单击 ![icon] (非切削移动) 按钮,打开【非切削移动】对话框,在【进刀】→【开放区域】→【进刀类型】中选择"线性",在【长度】中输入"50.0",其余参数保持默认,如图 3-2-16 所示,单击【确定】按钮。单击 ![icon] (进给率和速度) 按钮,打开【进给率和速度】对话框,勾选"主轴速度",在【主轴速度】中输入"6500",在【进给率】→【切削】中输入"800",单击【主轴速度】后面 ![icon] (计算) 按钮,如图 3-2-17 所示,单击【确定】按钮。

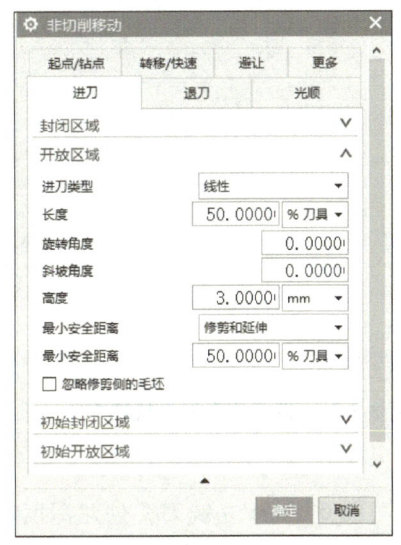

图 3-2-16 【非切削移动】对话框

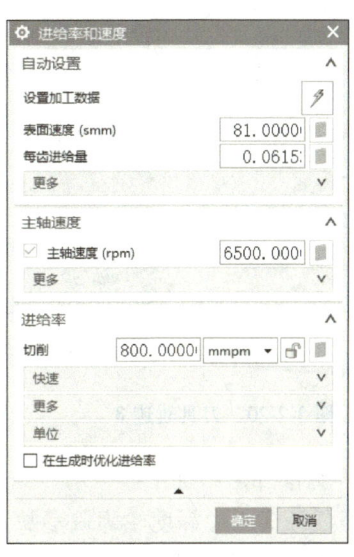

图 3-2-17 【进给率和速度】对话框

单击 ![icon] (生成) 按钮,生成胸章外形半精加工刀具轨迹,如图 3-2-18 所示。单击 ![icon] (确定) 按钮,模拟仿真刀具轨迹,如图 3-2-19 所示。在【剩余铣】对话框中单击【确定】按钮。

图 3-2-18 刀具轨迹 2

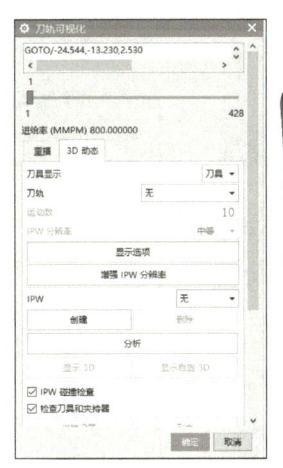

图 3-2-19 模拟仿真刀具轨迹 2

(3) 胸章底面精铣。

参考任务 3.1 中底壁铣参数设置方法,创建底壁铣工序,选用"D4.0"立铣刀,在【刀轨设置】→【最大距离】中输入"70",在【切削模式】中选择"跟随周边",在【切削参数】→【策略】→【切削方向】中选择"顺铣",在【刀路方向】中选择"向内",在【精加工刀路】中勾选"添加精加工刀路",在【刀路数】中输入"1",在【精加工步距】中输入"0.2"。在【余量】→【部件余量】中输入"0.3",在【壁余量】中输入"0.3",在【最终底面余量】中输入"0.0"。生成的胸章底面精铣刀具轨迹如图 3-2-20 所示,模拟仿真刀具轨迹如图 3-2-21 所示。在【底壁铣】对话框中单击【确定】按钮。

图 3-2-20　刀具轨迹 3　　　　　　　　图 3-2-21　模拟仿真刀具轨迹 3

(4) 胸章外形精加工。

参考任务 3.1 中深度轮廓铣参数设置方法,选用"D4.0"mm 立铣刀,创建深度轮廓铣工序,在【切削层】→【每刀切削深度】中输入"1",其余参数保持默认,在【切削参数】→【余量】中取消勾选"使底面余量与侧面余量一致",在【部件侧面余量】中输入"0.0",在【部件底面余量】中输入"0.01",在【公差】→【内公差】、【外公差】中均输入"0.01",在【进给率和速度】中勾选"主轴速度",在【主轴速度】中输入"6500",在【进给率】→【切削】中输入"800",生成胸章外形精加工刀具轨迹,如图 3-2-22 所示。模拟仿真刀具轨迹,如图 3-2-23 所示。在【深度轮廓铣】对话框中单击【确定】按钮。

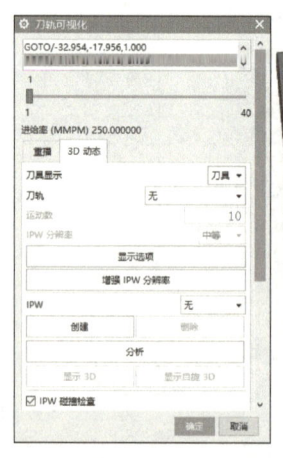

图 3-2-22　刀具轨迹 4　　　　　　　　图 3-2-23　模拟仿真刀具轨迹 4

(5) 胸章顶面精加工。

参考任务 3.1 中底壁铣参数设置方法,创建底壁铣工序,选用"D16.0"立铣刀,在【刀轨设置】→【最大距离】中输入"70",在【切削模式】中选择"往复",在【切削参数】→【余量】→【部件余量】、【壁余量】中均输入"0.0",生成胸章顶面精加工刀具轨迹,如图 3-2-24 所示。模拟仿真刀具轨迹,如图 3-2-25 所示。在【底壁铣】对话框中单击【确定】按钮。

图 3-2-24　刀具轨迹 5　　　　　　　　　图 3-2-25　模拟仿真刀具轨迹 5

3.2.4　任务注释——深度轮廓铣策略

深度轮廓铣主要用于精加工或半精加工轮廓外形边与表面轮廓,其设计目的是对从多个切削层中的实体/面建模的部件进行轮廓铣。在使用深度轮廓铣时,需要设置一系列参数,包括切削模式、刀具路径和切削深度等。此外,还可以选择顺铣或逆铣,以及设置加工余量,以确保加工精度和效率。

深度轮廓铣的特点在于它能够指定陡峭角度从而将陡峭区域与非陡峭区域分开,这使得它非常适合一些具有陡峭面的圆弧以及斜度面的精加工。当选择球头铣刀或带 r 角的牛鼻刀作为加工刀具时,加工出来的圆弧与斜面的表面粗糙度值会非常小。

深度轮廓铣能够满足各种复杂轮廓的加工需求,通过合理使用这个命令,对于高速加工特别有效,能够显著提高加工效率,同时保证加工质量。

3.2.5　任务注释——剩余铣策略

剩余铣是一种专门用于清除之前工序遗留下的材料的加工技术,可提高加工效率和产品质量。特别是当使用型腔铣工序进行加工时,由于型腔铣的切削原理是逐层切削,对于带有倾角的侧壁,可能会留有一些余量。这时,剩余铣加工方法就派上了用场。

剩余铣加工方法的主要目的是通过铣削侧壁来移除这些余量材料,从而达到更高的加工精度和表面质量。

在操作过程中,用户需要确保部件和毛坯几何体使用正确的父级几何体进行定义,同时切削区域应由上一道工序的 IPW(在制品工件)来定义。此外,还需要根据实际情况选择合适的刀具和切削参数,以确保加工过程的顺利进行。

3.2.6　任务拓展

根据图 3-2-26 所示 2D 工程图,利用 UG 软件创建三维模型,并运用深度轮廓铣、剩余铣和底壁铣策略生成该零件的数控加工刀具路径轨迹。

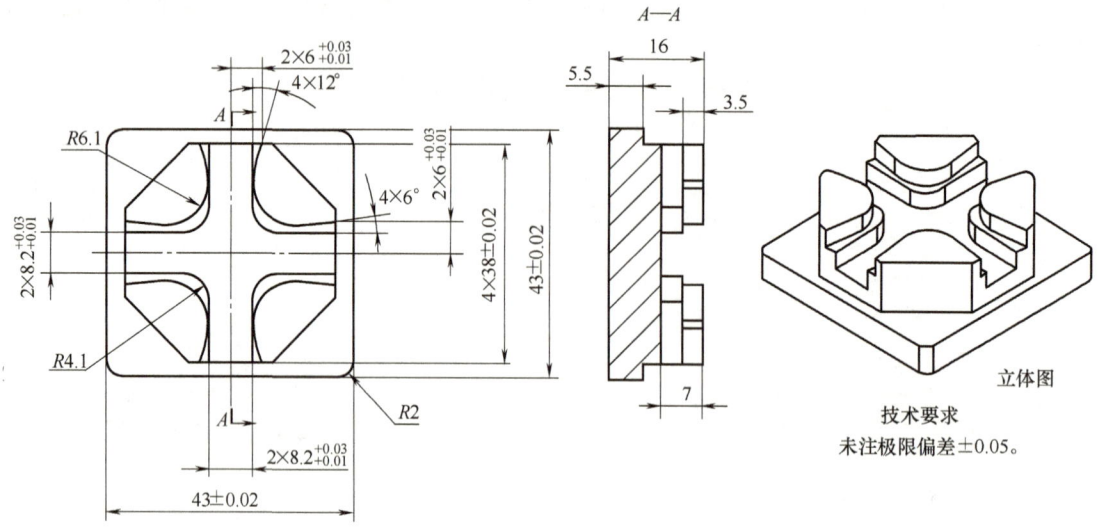

图 3-2-26　拓展练习

任务 3.3　象棋模型的设计及加工

本任务是根据如图 3-3-1 所示象棋的 2D 工程图和 3D 模型，完成象棋模型的建模和数控加工路径编辑。

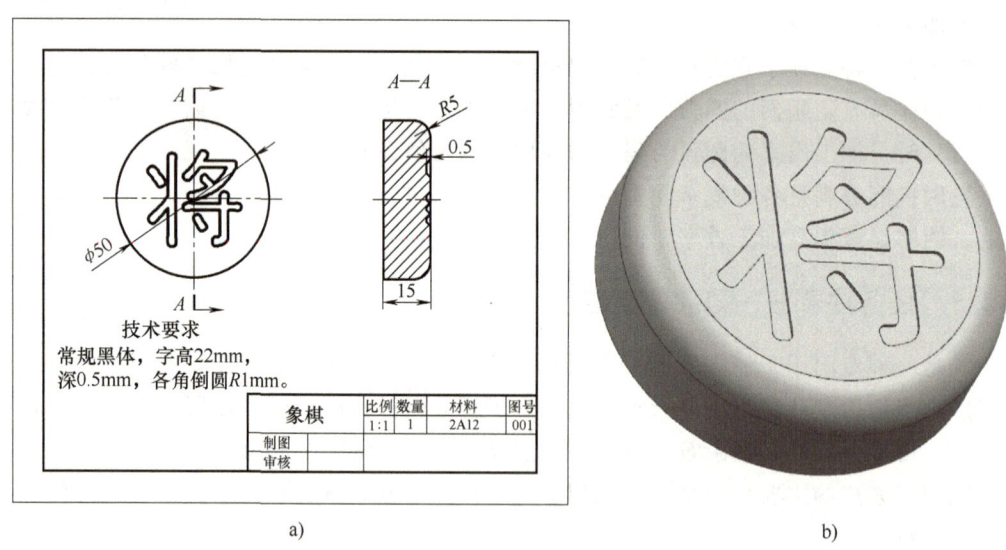

图 3-3-1　象棋
a）2D 工程图　b）3D 模型

3.3.1　任务目标

1. 知识目标

1）掌握正确的三维建模方法。

2）理解加工策略的选择原理。
3）掌握加工策略的使用方法。

2. 技能目标

1）掌握平面、轮廓、槽铣削加工。
2）熟练运用深度轮廓铣策略。

3. 素养目标

1）引领学生正确认识我国制造强国的国际地位和未来发展态势，站在专业角度，培养学生的奉献精神和爱国情怀，激励学生以专业之力投身新时代制造强国建设。
2）培养学生严谨细致、一丝不苟、精益求精、追求卓越的工匠精神，引导学生意识到制图建模、加工制造的严谨性和重要性，树立匠人之心，塑造专业匠人。

3.3.2 任务分析

首先利用 UG 建模模块和草图拉伸功能创建象棋模型主体，再运用文本拉伸并求减的方式创建象棋字体，然后通过倒圆角功能完善象棋模型。完成象棋模型三维设计后，运用 UG 加工模块，使用底壁铣、深度轮廓铣和型腔铣策略自动生成数控加工路径，加工步骤如图 3-3-2a～g 所示。

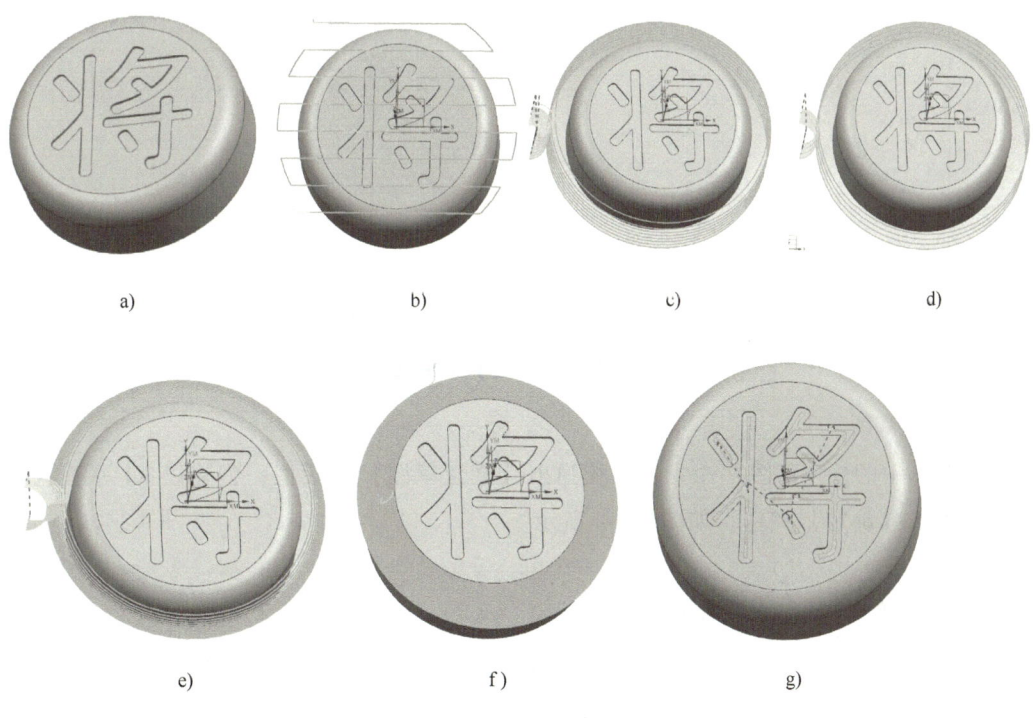

图 3-3-2 加工步骤
a）创建模型 b）上平面加工 c）外形粗加工 d）外形精加工
e）圆角粗加工 f）圆角精加工 g）字体加工

知识要点：
（1）掌握象棋模型的三维建模。
（2）学会运用底壁铣、深度轮廓铣和型腔铣策略，自动生成数控加工轨迹路径及参数设置。

3.3.3 任务实施

1. 创建象棋三维模型

（1）新建文件。

选择菜单中的【文件】→【新建】命令，或选择图标，打开【新建】对话框。在【模型】→【模板】栏中选择"建模"，在【单位】下拉列表框中选择"毫米"，单击【确定】按钮，如图 3-3-3 所示。

图 3-3 象棋模型的设计及加工

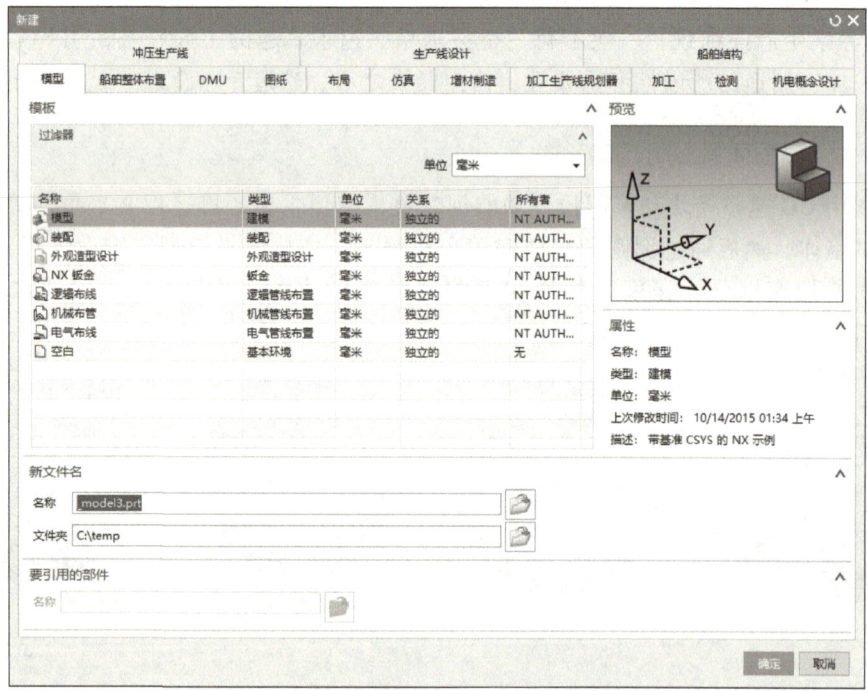

图 3-3-3 【新建】对话框

（2）创建草图。

选择菜单中的（草图）命令，系统弹出【创建草图】对话框，创建以 XY 平面为基准的草图，单击【确定】按钮，如图 3-3-4 所示。

图 3-3-4 【创建草图】对话框

项目3 平面类产品的加工

(3) 创建象棋外形。

选择菜单中的〇（圆）命令，选择【圆方法】为"圆心和直径定圆"，【输入模式】为"坐标模式"，绘制直径为50mm的圆，如图3-3-5所示。选择菜单中的（拉伸）命令，系统弹出【拉伸】对话框，在【开始】中选择"值"，在【距离】中输入"0"，在【结束】中选择"值"，在【距离】中输入"-15"，在【布尔】中选择"自动判断"，单击【确定】按钮，如图3-3-6所示。

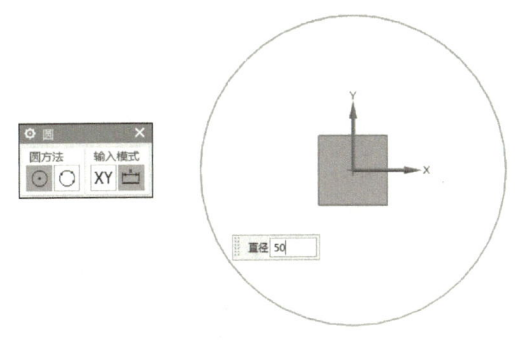

图 3-3-5　创建草图

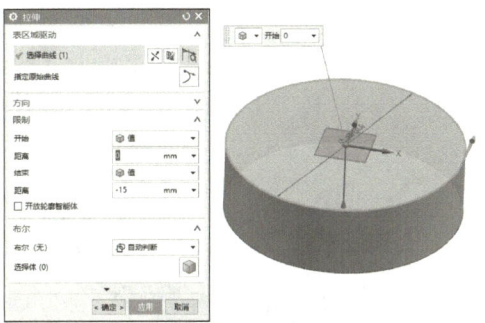

图 3-3-6　【拉伸】对话框及拉伸结果

(4) 创建"将"字模型。

绘制"将"字字体轮廓曲线，选择菜单栏中的【曲线】→【文本】命令创建字体，系统弹出【文本】对话框，在【类型】中选择"平面副"，在【文本属性】文本框中输入"将"，在【线型】中选择"黑体"，在【脚本】中选择"GB2312"，在【字型】中选择"常规"，勾选"使用字距调整"，在【文本框】→【锚点位置】中选择"中心"，如图3-3-7所示。在【锚点放置】→【指定点】中单击（点对话框）按钮，系统弹出【点】对话框，在【类型】中选择"自动判断的点"，在【输出坐标】→【参考】中选择"WCS"，在【XC】、【YC】、【ZC】中均输入"0"，在【偏置】→【偏置选项】中选择"无"，如图3-3-8所示。

图 3-3-7　【文本】对话框

图 3-3-8　【点】对话框

调整字体大小，首先确保任意箭头的【剪切】为"0"，如图3-3-9所示。单击任意圆点设置字体大小参数，在【高度】中输入"22"，在【W比例】中输入"100"，在【长度】中保持默认即可，如图3-3-10所示，单击【确定】按钮。

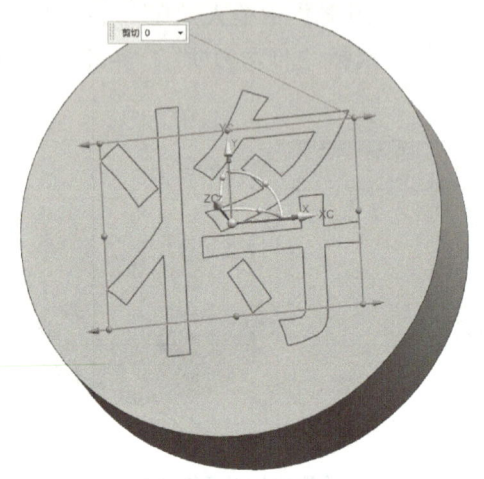 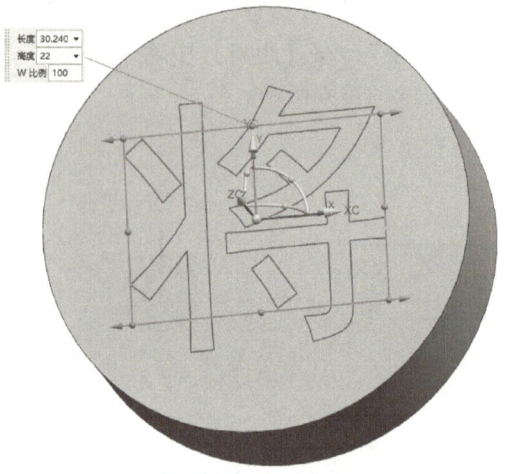

图3-3-9 剪切　　　　　　　　　　　　　图3-3-10 字高

选择菜单中的 （拉伸）命令，在【开始】中选择"值"，在【距离】中输入"0"，在【结束】中选择"值"，在【距离】中输入"-0.5"，在【布尔】中选择"减去"，在【选择体】中选择之前创建的圆柱体模型，单击【确定】按钮，如图3-3-11所示。对"将"字内部进行倒圆角，选择菜单中的 （边倒圆）命令，在【边】→【连续性】中选择"G1（相切）"，在【选择边】中选择"将"字轮廓所有的内角，在【形状】中选择"圆形"，在【半径1】中输入"1"，单击【确定】按钮，如图3-3-12所示。

  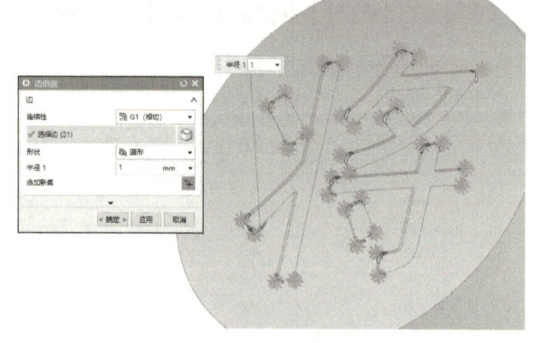

图3-3-11 【拉伸】对话框及结果　　　　　图3-3-12 【边倒圆】对话框及结果

（5）象棋模型倒圆角。

对象棋轮廓边倒圆角，设置方法同上，在【半径1】中输入"5"，单击【确定】按钮，如图3-3-13所示。

保存象棋模型文件至适当位置。

2. 打开象棋三维模型文件

选择菜单中的【打开】命令或选择 图标，系统弹出【打开】对话框，在对话框中选择对应文件"象棋"，单击【OK】按钮。

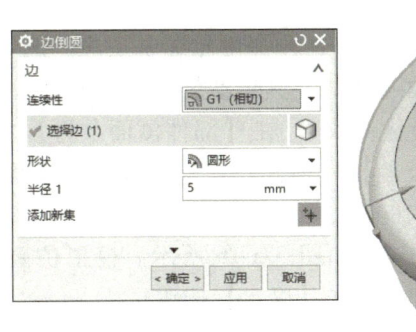

图 3-3-13　【边倒圆】对话框及倒圆结果

3. 进入加工环境

选择菜单中的【文件】→【加工】命令，进入加工环境。

4. 创建刀具

根据分析得知模型最小圆角为 $R1mm$。

选择菜单中的【创建刀具】命令，创建"D10.0"立铣刀、"D2.0"立铣刀和"D6R3"球头铣刀。

5. 创建几何体

选择菜单中的【创建几何体】命令，创建"MCS""工件"和"几何体"。

6. 创建程序

选择菜单中的【创建程序】命令，创建"外形""圆角"和"字体"程序列表。

7. 创建工序

（1）象棋顶面精加工。

参考任务 3.1 中底壁铣的参数设置方法，创建底壁铣工序，选用"D10.0"立铣刀，在【刀轨设置】→【最大距离】中输入"70"，在【切削模式】中选择"往复"，在【切削参数】→【余量】→【部件余量】、【壁余量】中均输入"0.0"，生成象棋顶面精加工刀具轨迹，如图 3-3-14 所示。模拟仿真刀具轨迹，如图 3-3-15 所示。在【底壁铣】对话框中，单击【确定】按钮。

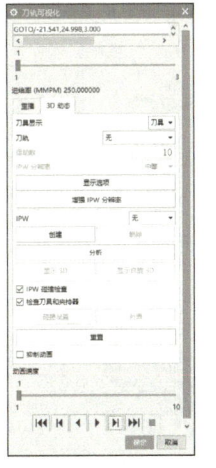

图 3-3-14　刀具轨迹 1　　　　　　　　图 3-3-15　模拟仿真刀具轨迹 1

(2) 象棋外形粗加工。

参考任务 3.1 中深度轮廓铣的参数设置方法，创建深度轮廓铣工序，选用"D10.0"立铣刀，在【切削层】→【每刀切削深度】中输入"2"，其余参数保持默认。在【切削参数】→【余量】中取消勾选"使底面余量与侧面余量一致"，在【部件侧面余量】中输入"0.0"，在【部件底面余量】中输入"0.3"，在【公差】→【内公差】、【外公差】中均输入"0.01"，在【进给率和速度】中勾选"主轴速度"，在其后输入"4000"，在【进给率】→【切削】中输入"800"，生成象棋外形粗加工刀具轨迹，如图 3-3-16 所示。模拟仿真刀具轨迹，如图 3-3-17 所示。在【深度轮廓铣】对话框中，单击【确定】按钮。

图 3-3-16　刀具轨迹 2

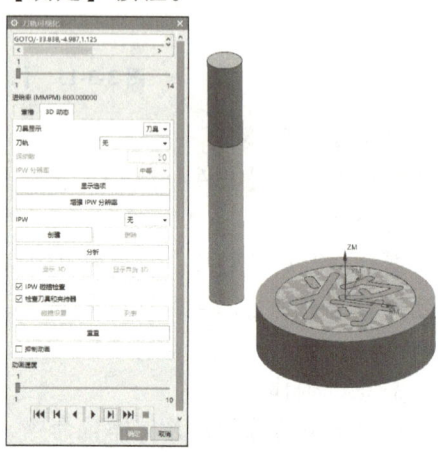

图 3-3-17　模拟仿真刀具轨迹 2

(3) 象棋外形精加工。

参考任务 3.1 中深度轮廓铣的参数设置方法，创建深度轮廓铣工序，选用"D10.0"立铣刀，在【切削层】→【每刀切削深度】中输入"3"，其余参数保持默认。在【切削参数】→【余量】中取消勾选"使底面余量与侧面余量一致"，在【部件侧面余量】中输入"0.0"，在【部件底面余量】中输入"0.0"，在【公差】→【内公差】、【外公差】中均输入"0.01"，在【进给率和速度】中勾选"主轴速度"，在其后输入"4500"，在【进给率】→【切削】中输入"500"，生成象棋外形精加工刀具轨迹，如图 3-3-18 所示。模拟仿真刀具轨迹，如图 3-3-19 所示。在【深度轮廓铣】对话框中，单击【确定】按钮。

图 3-3-18　刀具轨迹 3

图 3-3-19　模拟仿真刀具轨迹 3

(4)象棋圆角粗加工。

参考任务 3.1 中型腔铣的参数设置方法,创建型腔铣工序,选择"D10.0"立铣刀,在【切削层】→【每刀切削深度】中输入"0.3",其余参数保持默认。在【切削参数】→【余量】中勾选"使底面余量与侧面余量一致",在【部件侧面余量】中输入"0.3",在【公差】→【内公差】、【外公差】中均输入"0.01",在【进给率和速度】中勾选"主轴速度",在其后中输入"4000",在【进给率】→【切削】中输入"1200",生成象棋圆角粗加工刀具轨迹,如图 3-3-20 所示。模拟仿真刀具轨迹,如图 3-3-21 所示。在【型腔铣】对话框中,单击【确定】按钮。

图 3-3-20 刀具轨迹 4

图 3-3-21 模拟仿真刀具轨迹 4

(5)象棋圆角精加工。

参考任务 3.1 中深度轮廓铣的参数设置方法,创建深度轮廓铣工序,选用"D6R3"球头铣刀,在【切削层】→【范围】→【切削层】中选择"最优化",在【每刀切削深度】中输入"0.1",其余参数保持默认,如图 3-3-22 所示。在【切削参数】→【连接】→【层到层】中选择"沿部件交叉斜进刀",在【斜坡角】中输入"10.0",如图 3-3-23 所示。在【策略】→【延伸路径】中勾选"在边上延伸",在【距离】中输入"55.0",如图 3-3-24 所示。在【余量】中勾选"使底面余量与侧面余量一致",在【部件侧面余量】中输入"0.0",在【公差】→【内公差】、【外公差】中均输入"0.01",在【主轴速度】中输入"6000",在【进给率】→【切削】中输入"2000",生成象棋圆角精加工刀具轨迹,如图 3-3-25 所示。模拟仿真刀具轨迹,如图 3-3-26 所示。在【深度轮廓铣】对话框中,单击【确定】按钮。

(6)象棋"将"字加工。

参考任务 3.1 中型腔铣的参数设置方法,创建型腔铣工序,选择"D2.0"立铣刀,在【切削层】→【每刀切削深度】中输入"0.1",其余参数保持默认。在【切削参数】→【余量】中勾选"使底面余量与侧面余量一致",在【部件侧面余量】中输入"0",在【公差】→【内公差】、【外公差】中均输入"0.01",在【进给率和速度】中勾选"主轴速度",在其后输入"8500",在【进给率】→【切削】中输入"300",生成象棋"将"字加工刀具轨迹,如图 3-3-27 所示。模拟仿真刀具轨迹,如图 3-3-28 所示。在【型腔铣】对话框中,单击【确定】按钮。

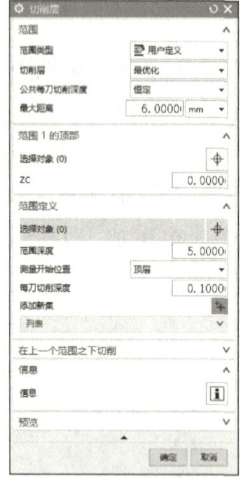 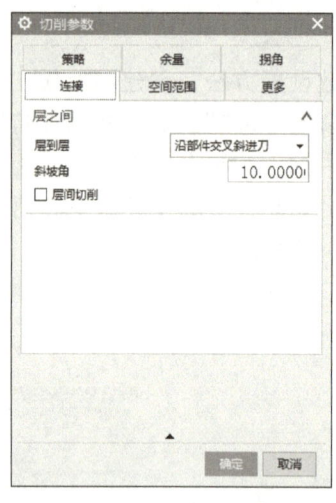 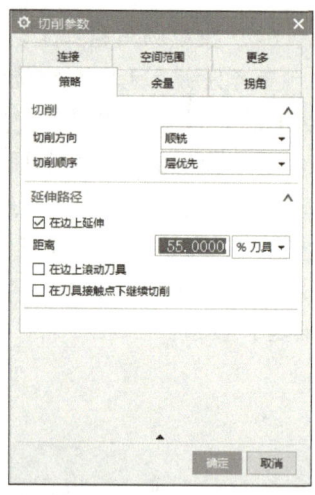

图 3-3-22 【切削层】对话框　　图 3-3-23 【切削参数】→【连接】　　图 3-3-24 【切削参数】→【策略】

图 3-3-25　刀具轨迹 5　　　　　　　　图 3-3-26　模拟仿真刀具轨迹 5

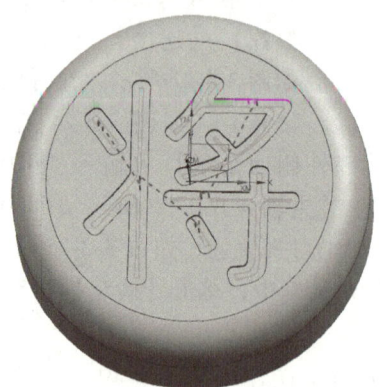 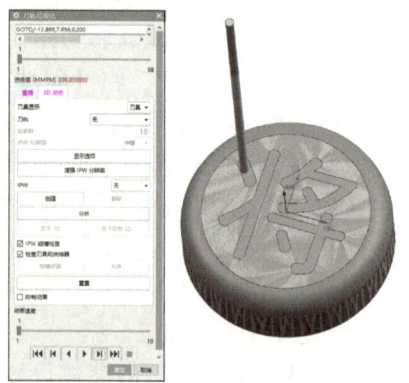

图 3-3-27　刀具轨迹 6　　　　　　　　图 3-3-28　模拟仿真刀具轨迹 6

3.3.4　任务注释——底壁铣策略

底壁铣特别适用于加工面积较大、厚度较小的零件的上表面和下表面等。这种加工方法可以通过采用圆盘刀具或端面刀具来完成加工，其加工精度和表面粗糙度都相对容易控制，还可以通过调整刀具的参数和切削用量等来优化加工效果。

底壁铣具有一些显著的特点和优势。首先，它不受部件控制，可以随意选择边界进行加工，使得加工过程方便且快捷；其次，底壁铣可以高效地加工棱柱部件和特征，特别是在使用底壁加工或底壁加工 IPW 工序子类型时；同时，底壁铣还可以同时加工底面、壁以及底面和壁的组合，提高了加工效率。然而，底壁铣在某些情况下可能并不适用，例如，对于侧边还有余量的部件，不推荐使用此方法，因为可能会造成吃掉侧边余量过多导致断刀的情况。因此，在选择是否使用底壁铣时，需要根据具体的加工需求和工件特点进行综合考虑。

3.3.5 任务注释——型腔铣策略

型腔铣的加工特征是刀具路径在同一高度内完成一层切削，遇到曲面时将其绕过，下降一个高度进行下一层的切削。系统按照零件在不同深度的截面形状，计算各层的刀路轨迹，如图 3-3-29 所示。

型腔铣应用于大部分零件的粗加工，以及直壁或者斜度不大的侧壁的精加工。通过限定高度值，型腔铣可用于平面的精加工以及清角加工等。

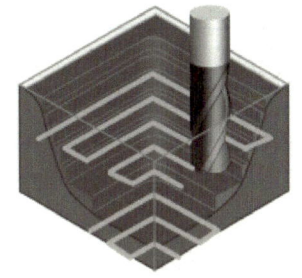

型腔铣

通过移除垂直于固定刀轴的平面切削层中的材料对轮廓形状进行粗加工。

必须定义部件和毛坯几何体。

建议用于移除模具型腔与型芯、凹模、铸造件和锻造件上的大量材料。

图 3-3-29　型腔铣

3.3.6 任务拓展

根据图 3-3-30 所示 2D 工程图，利用 UG 软件创建三维模型，并运用深度轮廓铣、型腔铣和底壁铣策略生成该零件的数控加工刀具轨迹。

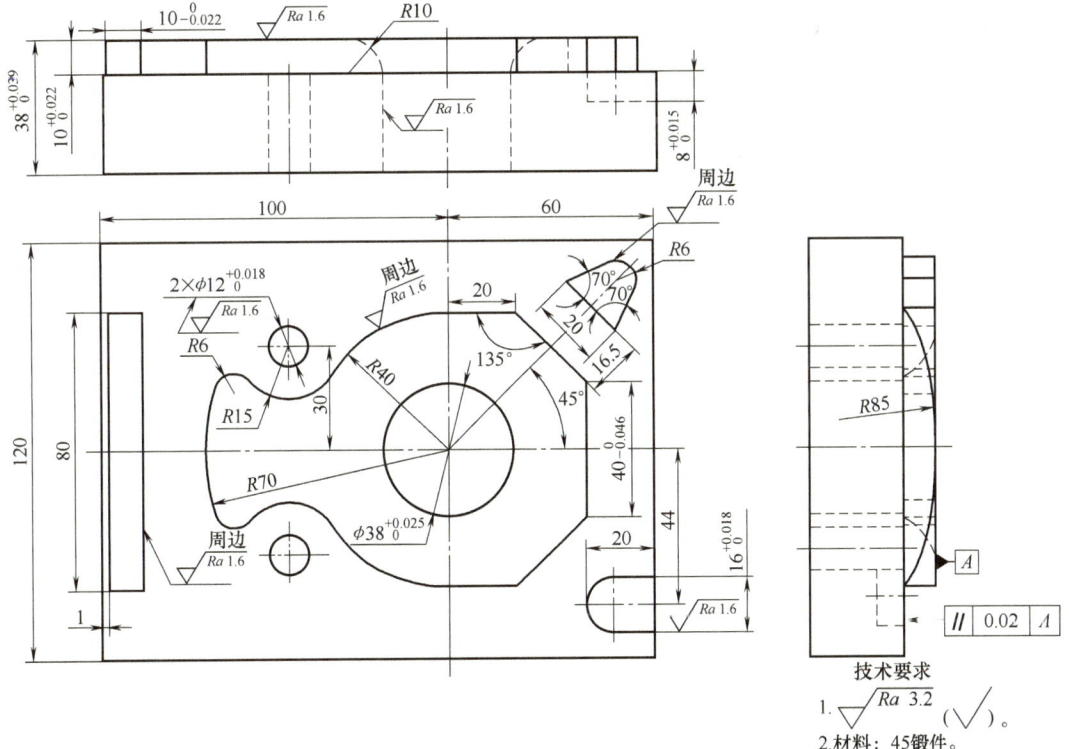

图 3-3-30　拓展练习

项目 4　　曲面类产品的加工

任务 4.1　鼠标外壳模型的加工

本任务是根据如图 4-1-1 所示鼠标的 3D 模型，完成鼠标数控加工路径编辑。

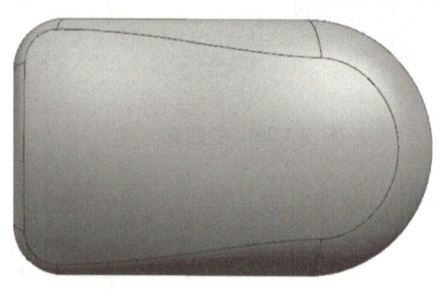 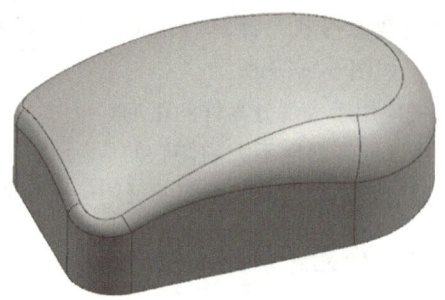

图 4-1-1　鼠标 3D 模型

4.1.1　任务目标

1. 知识目标

1）理解加工策略的选择原理。
2）掌握加工策略的使用方法。
3）了解曲面加工的一般策略。

2. 技能目标

1）熟练运用平面铣策略。
2）熟练运用型腔铣策略。
3）掌握曲面加工的一般方法。

3. 素养目标

1）引领学生正确认识我国制造强国的国际地位和未来发展态势，站在专业角度，培养学生的奉献精神和爱国情怀，激励学生以专业之力投身新时代制造强国建设。

2）培养学生严谨细致、一丝不苟、精益求精、追求卓越的工匠精神，引导学生意识到制图建模、加工制造的严谨性和重要性，树立匠人之心，塑造专业匠人。

4.1.2　任务分析

利用已有 3D 模型，运用 UG 加工模块使用型腔铣、深度轮廓铣、曲面区域轮廓铣和区域轮廓铣策略自动生成数控加工路径，加工步骤如图 4-1-2a～d 所示。

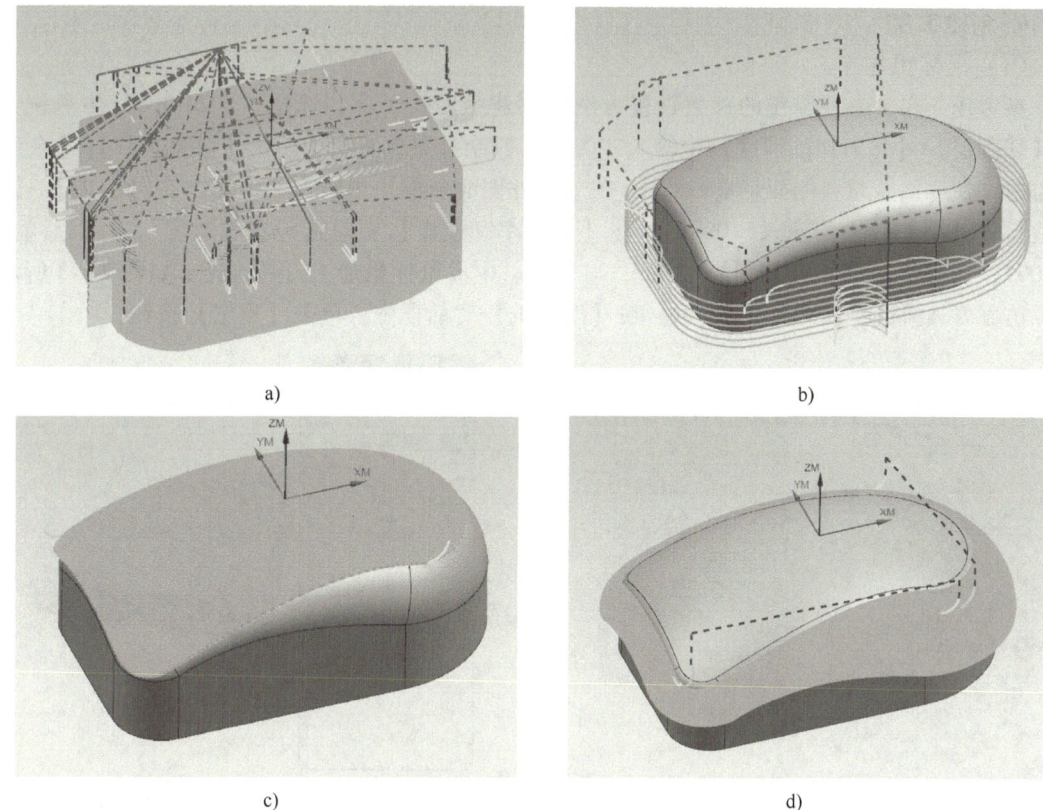

图 4-1-2 加工步骤

a）鼠标粗加工　b）鼠标外形精加工　c）鼠标上曲面精加工　d）鼠标圆角精加工

知识要点：

（1）掌握鼠标模型的加工工艺分析。

（2）学会运用型腔铣、深度轮廓铣、曲面区域轮廓铣和区域轮廓铣策略自动生成数控加工轨迹路径及参数设置。

4-1 鼠标外壳模型的加工

4.1.3　任务实施

1. 打开文件

选择菜单中的【打开】命令或选择 图标，系统弹出【打开】对话框，在对话框中选择对应文件"鼠标"，单击【OK】按钮。

2. 进入加工环境

选择菜单中的【文件】→【加工】命令，进入加工环境。

3. 创建刀具

选择菜单中的【创建刀具】命令，创建"D16R0.8"牛鼻铣刀、"D16.0"立铣刀和"D10R5"球头铣刀。

4. 创建几何体

选择菜单中的【创建几何体】命令，创建"MCS""工件"和"几何体"。

5. 创建程序

选择菜单中的【创建程序】命令，创建"粗加工"和"精加工"程序列表。

6. 创建工序

（1）鼠标粗加工。

参考任务3.1中型腔铣的参数设置方法，创建型腔铣工序，选择"D16R0.8"牛鼻铣刀，在【切削层】→【每刀切削深度】中输入"0.5"，其余参数保持默认。在【切削参数】→【余量】中勾选"使底面余量与侧面余量一致"，在【部件侧面余量】中输入"0.2"，在【公差】→【内公差】、【外公差】中均输入"0.01"，在【进给率和速度】中勾选"主轴速度"，在其后输入"3500"，在【进给率】→【切削】中输入"1500"。生成鼠标粗加工刀具轨迹，如图4-1-3所示。模拟仿真刀具轨迹，如图4-1-4所示。在【型腔铣】对话框中，单击【确定】按钮。

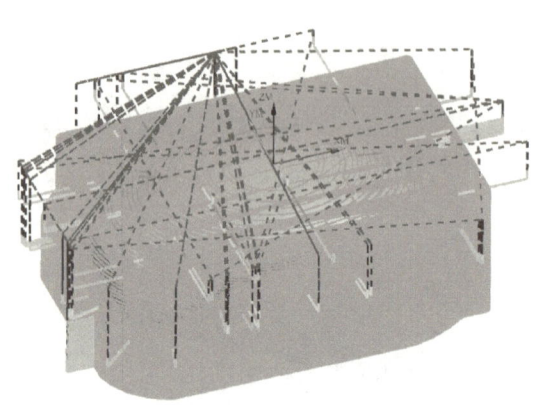

图 4-1-3　刀具轨迹 1

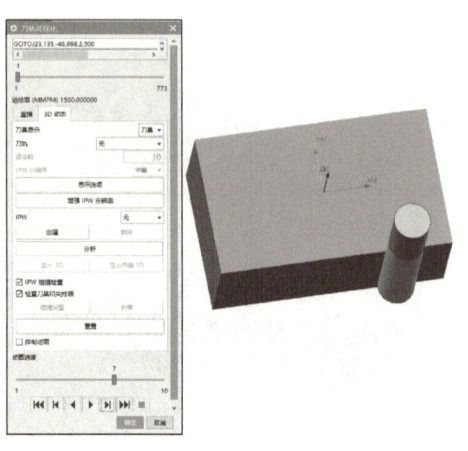

图 4-1-4　模拟仿真刀具轨迹 1

（2）鼠标外形精加工。

参考任务3.1中深度轮廓铣的参数设置方法，创建深度轮廓铣工序，选用"D16.0"立铣刀，在【切削层】→【每刀切削深度】中输入"3"，其余参数保持默认。在【切削参数】→【余量】中取消勾选"使底面余量与侧面余量一致"，在【部件侧面余量】中输入"0.0"，在【部件底面余量】中输入"0.0"，在【公差】→【内公差】、【外公差】中均输入"0.01"，在【进给率和速度】中勾选"主轴速度"，在其后输入"4500"，在【进给率】→【切削】中输入"500"。生成鼠标外形精加工刀具轨迹，如图4-1-5所示。模拟仿真刀具轨迹，如图4-1-6所示。在【深度轮廓铣】对话框中，单击【确定】按钮。

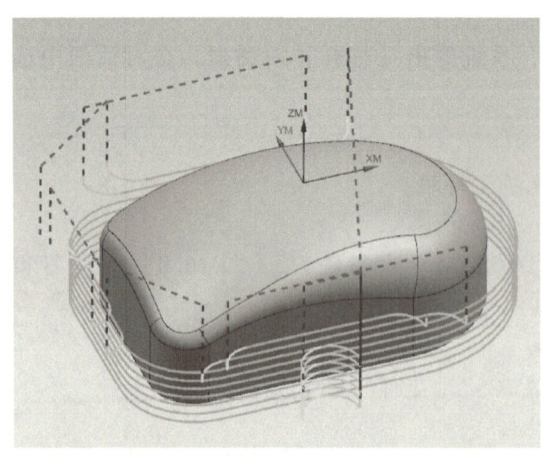

图 4-1-5　刀具轨迹 2

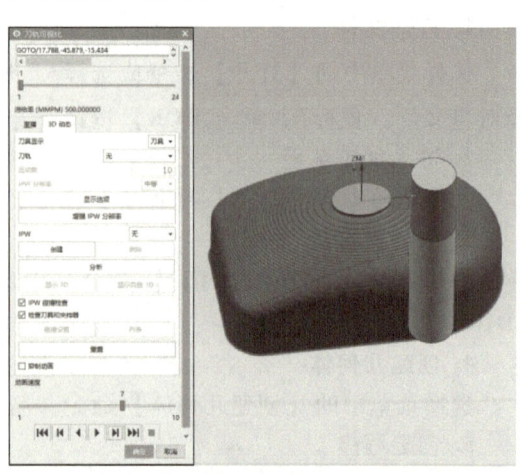

图 4-1-6　模拟仿真刀具轨迹 2

(3) 鼠标上曲面精加工。

选择菜单中的【创建工序】命令，系统弹出【创建工序】对话框，如图4-1-7所示。在【类型】中选择"mill_contour"，在【工序子类型】中选择"⬇"，在【位置】→【程序】中选择"精加工"，在【刀具】中选择"D10R5（铣刀-球头铣）"，在【几何体】中选择"几何体"，在【方法】中选择"METHOD"，在【名称】文本框中输入"上曲精D10R5"，单击【确定】按钮，打开【区域轮廓铣】对话框，如图4-1-8所示。在【几何体】在选择"几何体"，在【指定部件】中自动会选择上，在【指定切削区域】中单击🗂按钮，打开【切削区域】对话框，选择工件所有加工面，如图4-1-9所示，单击【确定】按钮。

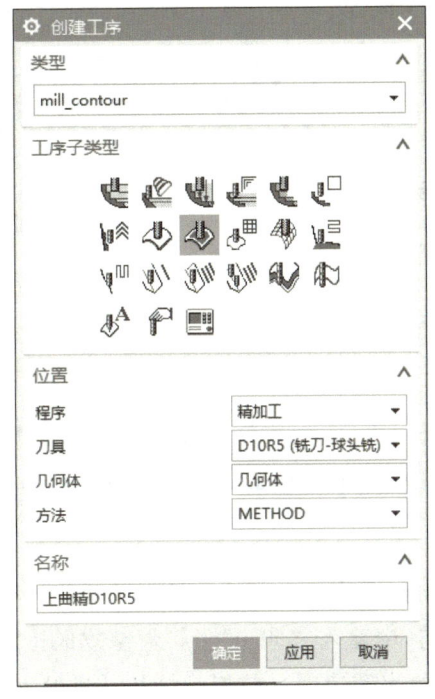

图4-1-7 【创建工序】对话框

图4-1-8 【区域轮廓铣】对话框

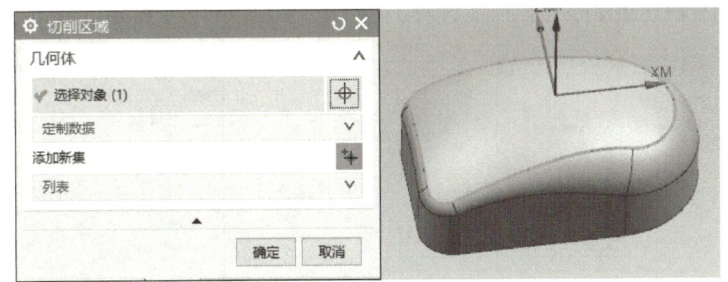

图4-1-9 【切削区域】对话框

在【驱动方法】→【方法】中选择"区域铣削"，单击🔧（编辑）按钮，打开【区域铣削驱动方法】对话框，如图4-1-10所示。在【驱动设置】→【非陡峭切削】→【非陡峭切削模式】中选择"往复"，在【切削方向】中选择"顺铣"，在【步距】中选择"恒定"，在【最大距离】中输入"0.1"，在【步距已应用】中选择"在平面上"，在【剖切角】中选择

"自动",其余参数选择默认,单击【确定】按钮。单击(切削参数)按钮,打开【切削参数】对话框,在【策略】→【切削方向】中选择"顺铣",在【剖切角】中选择"自动",在【延伸路径】中勾选"在边上延伸",在【距离】中输入"0.5",如图 4-1-11 所示。在【余量】→【部件余量】中输入"0.0",在【公差】→【内公差】、【外公差】中均输入"0.005",其余参数保持默认,如图 4-1-12 所示,单击【确定】按钮。

图 4-1-10 【区域铣削驱动方法】对话框

图 4-1-11 【切削参数】→【策略】

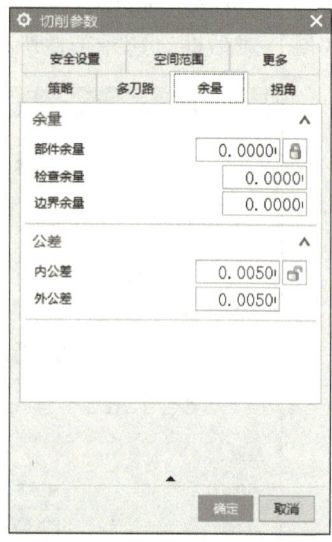

图 4-1-12 【切削参数】→【余量】

单击(非切削移动)按钮,打开【非切削移动】对话框,在【进刀】→【开放区域】→【进刀类型】中选择"圆弧-平行于刀轴",在【半径】中输入"50.0"。其余参数保持默认,如图 4-1-13 所示,单击【确定】按钮。单击(进给率和速度)按钮,打开【进给率和速度】对话框,勾选"主轴速度",在其后输入"6000",在【进给率】→【切削】中输入"2000",单击【主轴速度】后面(计算)按钮,如图 4-1-14 所示,单击【确定】按钮。

图 4-1-13 【非切削移动】对话框

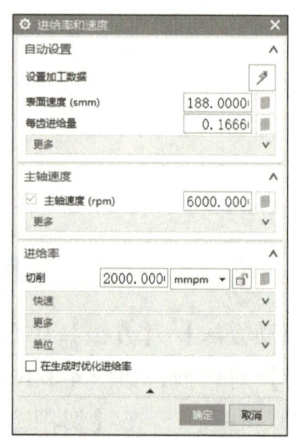

图 4-1-14 【进给率和速度】对话框

单击 ![](生成）按钮，生成鼠标上曲面精加工刀具轨迹，如图 4-1-15 所示。单击（确定）按钮，模拟仿真刀具轨迹，如图 4-1-16 所示。在【区域轮廓铣】对话框中，单击【确定】按钮。

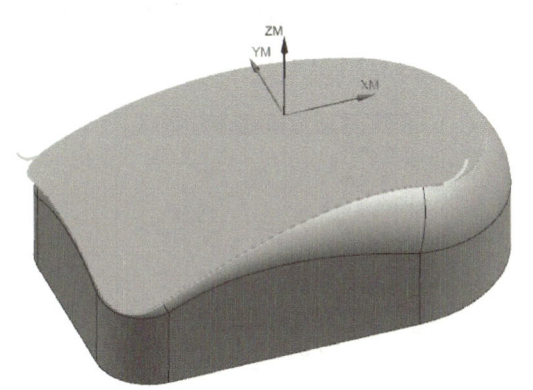

图 4-1-15　刀具轨迹 3

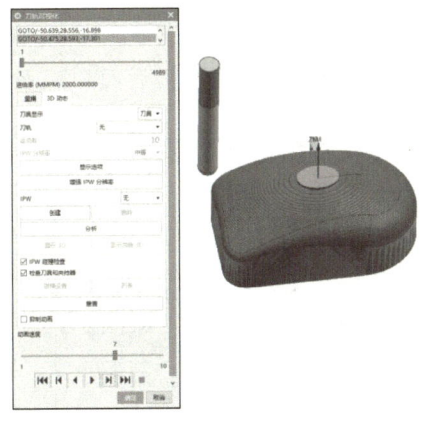

图 4-1-16　模拟仿真刀具轨迹 3

（4）鼠标圆角精加工。

参考鼠标上曲面精加工区域轮廓铣参数设置方法，创建区域轮廓铣工序，选择"D10R5（铣刀-球头铣）"，在【驱动方法】→【方法】中选择"区域铣削"，单击 （编辑）按钮，系统弹出【区域铣削驱动方法】对话框。在【驱动设置】→【非陡峭切削】→【非陡峭切削模式】中选择"跟随周边"，在【刀路方向】中选择"向内"，在【切削方向】中选择"顺铣"，在【步距】中选择"残余高度"，在【最大残余高度】中输入"0.001"，在【步距已应用】中选择"在部件上"，其余参数选择默认，如图 4-1-17 所示，单击【确定】按钮。单击 （切削参数）按钮，打开【切削参数】对话框，在【余量】→【部件余量】中输入"0.0"，在【公差】→【内公差】、【外公差】中均输入"0.005"，其余参数保持默认，如图 4-1-18 所示，单击【确定】按钮。

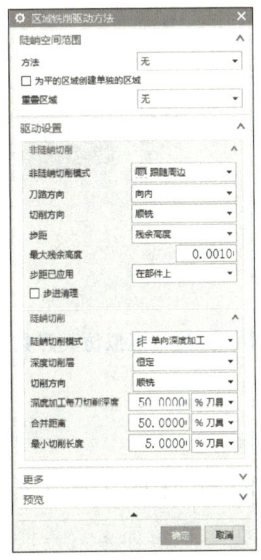

图 4-1-17　【区域铣削驱动方法】对话框

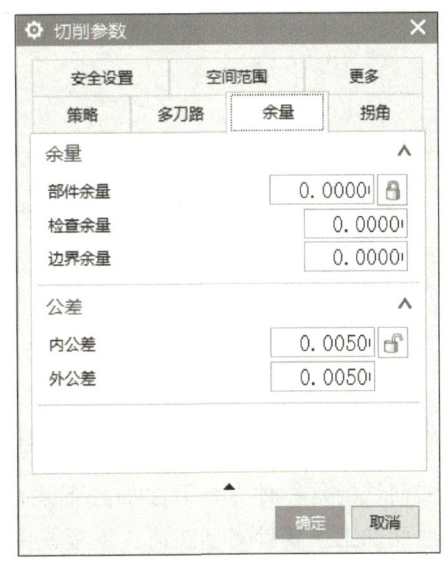

图 4-1-18　【切削参数】对话框

单击 按钮，打开【非切削移动】对话框，在【进刀】→【开放区域】→【进刀类型】中选择"圆弧-平行于刀轴"，在【半径】中输入"50.0"，其余所有参数保持默认，如图 4-1-19 所示，单击【确定】按钮。单击 按钮，打开【进给率和速度】对话框，勾选"主轴速度"，在其后输入"6000"，在【进给率】→【切削】中输入"2000"，单击【主轴速度】后面 ![] （计算）按钮，如图 4-1-20 所示，单击【确定】按钮。

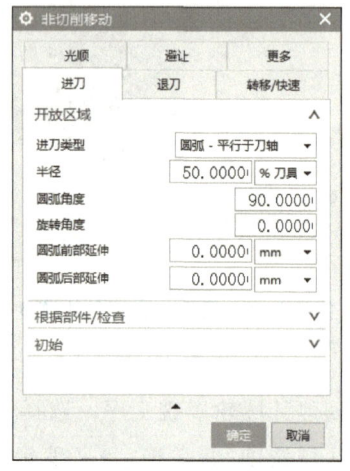

图 4-1-19 【非切削移动】对话框

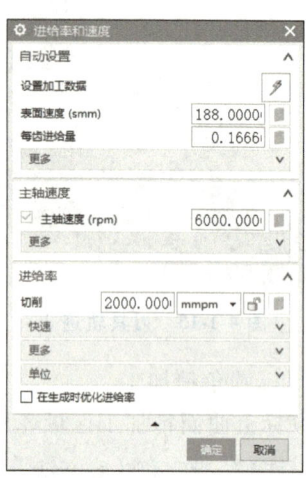

图 4-1-20 【进给率和速度】对话框

单击 按钮，生成鼠标圆角精加工刀具轨迹，如图 4-1-21 所示。单击 按钮，模拟仿真刀具轨迹，如图 4-1-22 所示。在【区域轮廓铣】对话框中，单击【确定】按钮。

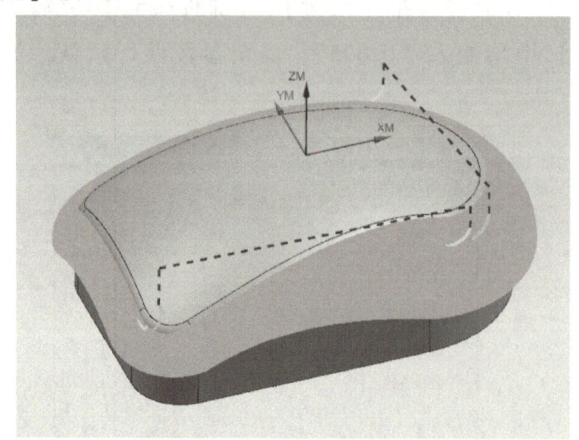

图 4-1-21 刀具轨迹 4

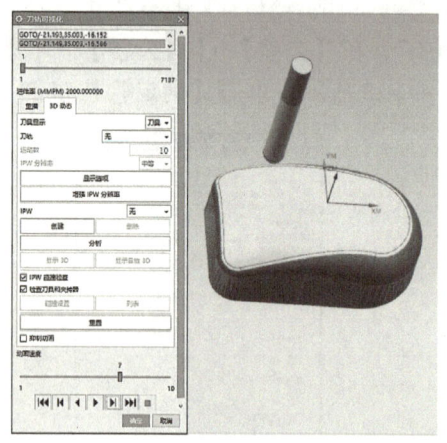

图 4-1-22 模拟仿真刀具轨迹 4

4.1.4 任务注释——曲面铣策略

曲面铣削是一种刀具沿曲面外形运动的加工类型，加工时机床的 X 轴、Y 轴和 Z 轴联动。曲面加工主要针对型腔面、手板模型、复杂零件的半精加工和精加工。具体步骤如下：

（1）设置几何体、刀具和方法等。

（2）创建曲面铣削操作。
（3）设置驱动方法。
（4）生成刀具轨迹。

曲面铣削中最重要的就是驱动方法。它用于设置切削区域的创建方法、刀具运动的图样（平行、轮廓、周边等）形式、刀具的步进等内容。驱动方法是决定曲面加工质量和机床运行效率的重要设置。如果驱动方法设置不当，零件的加工质量就会受到影响，严重情况下会造成过切。

4.1.5 任务注释——区域轮廓铣策略

区域轮廓铣是指根据用户定义的特定区域，在这个区域内进行轮廓铣削的操作。相比固定轴轮廓铣，区域轮廓铣更加灵活，可以适应更复杂的工件形状和铣削需求。使用区域轮廓铣，可以自定义刀具路径以适应不规则形状，同时还可以控制铣削过程中的切削条件和参数，如图 4-1-23 所示。

图 4-1-23 区域轮廓铣

4.1.6 任务拓展

根据图 4-1-24 所示 2D 工程图，利用 UG 软件创建三维模型，并运用型腔铣、深度轮廓铣、曲面区域轮廓铣和区域轮廓铣策略生成该零件的数控加工刀具轨迹。

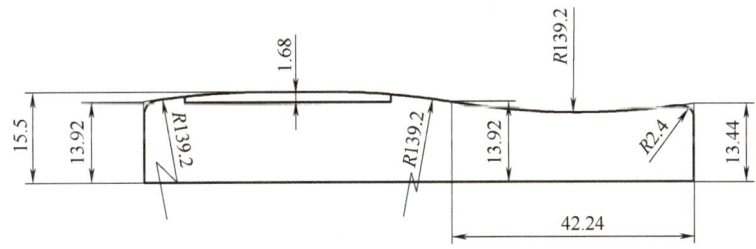
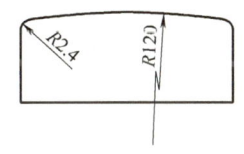
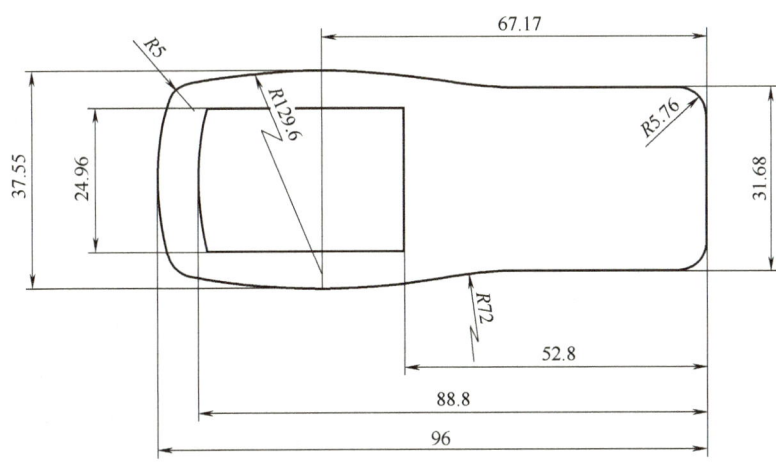

图 4-1-24 拓展练习

任务 4.2　玩具飞机模型的加工

本任务是根据如图 4-2-1 所示玩具飞机的 3D 模型，完成玩具飞机数控加工路径编辑。

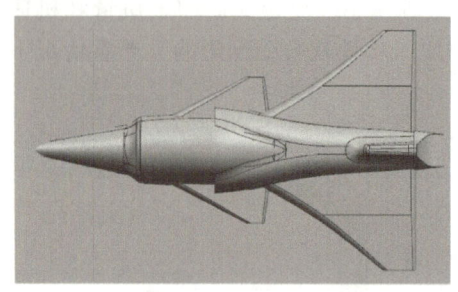 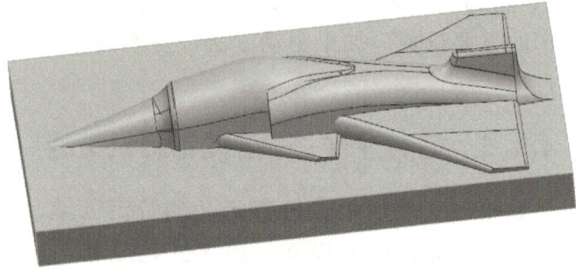

图 4-2-1　玩具飞机 3D 模型

4.2.1　任务目标

1. 知识目标

1）理解加工策略的选择原理。
2）掌握加工策略的使用方法。
3）了解曲面加工的一般策略。

2. 技能目标

1）熟练运用平面铣加工策略。
2）熟练运用型腔铣加工策略。
3）掌握曲面清根的策略方法。

3. 素养目标

1）引领学生正确认识我国制造强国的国际地位和未来发展态势，站在专业角度，培养学生的奉献精神和爱国情怀，激励学生以专业之力投身新时代制造强国建设。
2）培养学生严谨细致、一丝不苟、精益求精、追求卓越的工匠精神，引导学生意识到制图建模、加工制造的严谨性和重要性，树立匠人之心，塑造专业匠人。

4.2.2　任务分析

利用已有 3D 模型，运用 UG 加工模块，使用型腔铣、剩余铣、深度轮廓铣、底壁铣、区域轮廓铣和清根参考刀具策略，自动生成数控加工路径，加工步骤如图 4-2-2a～f 所示。

知识要点：
（1）掌握玩具飞机模型的加工工艺分析。
（2）学会运用型腔铣、剩余铣、深度轮廓铣、底壁铣、区域轮廓铣和清根参考刀具策略设置合理的参数，自动生成数控加工轨迹路径。

4.2.3　任务实施

1. 打开文件

选择菜单中的【打开】命令或选择图标，系统弹出【打开】对话框，

4-2　玩具飞机模型的加工

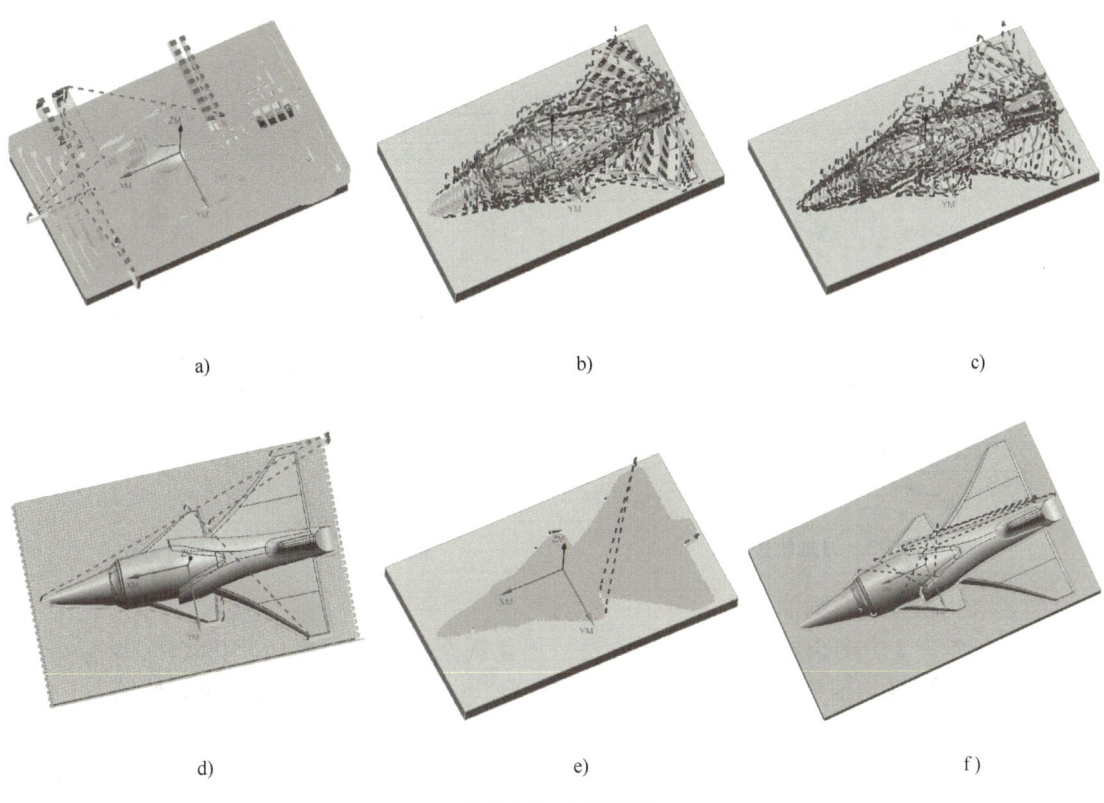

图 4-2-2 加工步骤

a) 飞机模型粗加工　b) 飞机模型剩余铣加工　c) 飞机模型二次剩余铣加工
d) 飞机模型底壁铣　e) 飞机模型整体精加工　f) 飞机模型清根加工

在对话框中选择对应文件"飞机",单击【OK】按钮。

2. 进入加工环境

选择菜单中的【文件】→【加工】命令,进入加工环境。

3. 创建刀具

选择菜单中的【创建刀具】命令,创建"D16R0.8"牛鼻铣刀、"D4"立铣刀、"D8R4"球头铣刀、"D4R2"球头铣刀和"D2R1"球头铣刀。

4. 创建几何体

选择菜单中的【创建几何体】命令,创建"MCS""工件"和"几何体"。

5. 创建程序

选择菜单中的【创建程序】命令,创建"粗加工""半精加工"和"精加工"程序列表。

6. 创建工序

(1) 飞机模型粗加工。

参考任务 3.1 中型腔铣的参数设置方法,创建型腔铣工序,选择"D16R0.8"牛鼻铣刀,在【切削层】→【每刀切削深度】中输入"0.5",其余参数保持默认。在【切削参数】→【余量】中勾选"使底面余量与侧面余量一致",在【部件侧面余量】中输入"0.2",在【公差】→【内公差】、【外公差】中均输入"0.01"。在【进给率和速度】中勾选"主轴速度",在其后输入"3500",在【进给率】→【切削】中输入"1500"。生成飞机模型粗加工刀具轨迹,如图4-2-3所示。模拟仿真刀具轨迹,如图4-2-4所示。在【型腔铣】对话框中,单击【确定】按钮。

图4-2-3 刀具轨迹1

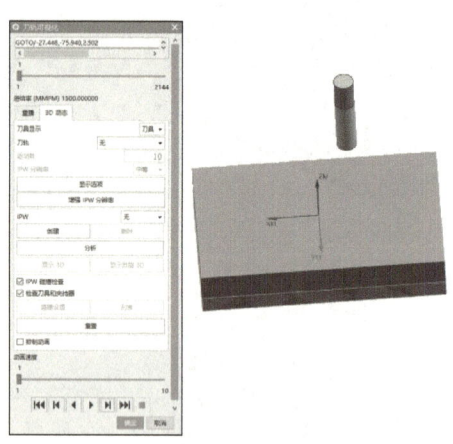

图4-2-4 模拟仿真刀具轨迹1

(2)飞机模型剩余铣加工。

参考任务3.2中剩余铣的参数设置方法,创建剩余铣工序,选用"D8R4"球头铣刀,在【刀轨设置】→【切削模式】中选择"跟随部件",在【步距】中选择"恒定",在【最大距离】中输入"1.0",在【公共每刀切削深度】中选择"恒定",在【最大距离】中输入"1.0",在【切削层】→【每刀切削深度】中输入"1",其余参数保持默认。在【切削参数】→【余量】中勾选"使底面余量与侧面余量一致",在【部件侧面余量】中输入"0.2",在【公差】→【内公差】、【外公差】中均输入"0.01",在【进给率和速度】中勾选"主轴速度",在其后输入"4500",在【进给率】→【切削】中输入"1000"。生成飞机模型剩余铣加工刀具轨迹,如图4-2-5所示。模拟仿真刀具轨迹,如图4-2-6所示。在【剩余铣】对话框中,单击【确定】按钮。

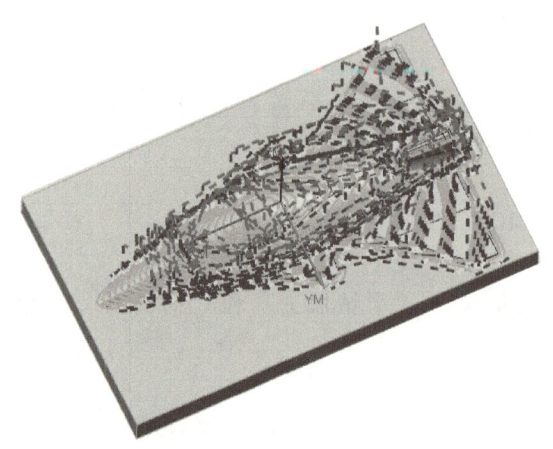

图4-2-5 刀具轨迹2

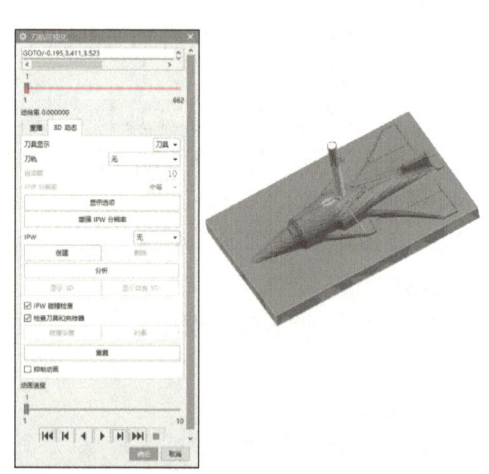

图4-2-6 模拟仿真刀具轨迹2

(3)飞机模型二次剩余铣加工。

参考上个刀具路径剩余铣参数设置方法,创建剩余铣工序,选用"D4R2"球头铣刀,在【刀轨设置】→【切削模式】中选择"跟随部件",在【步距】中选择"恒定",在【最大距离】中输入"0.5",在【公共每刀切削深度】中选择"恒定",在【最大距离】中输入"0.5",在【切削层】→【每刀切削深度】中输入"0.5",其余参数保持默认。在【切削参数】→【余量】中勾选"使底面余量与侧面余量一致",在【部件侧面余量】中输入"0.2",在【公差】→【内公差】、【外公差】中均输入"0.01",在【进给率和速度】中勾选"主轴速度",在其后输入"8000",在【进给率】→【切削】中输入"800"。生成飞机模型二次剩余铣加工刀具轨迹,如图 4-2-7 所示。模拟仿真刀具轨迹,如图 4-2-8 所示。在【剩余铣】对话框中,单击【确定】按钮。

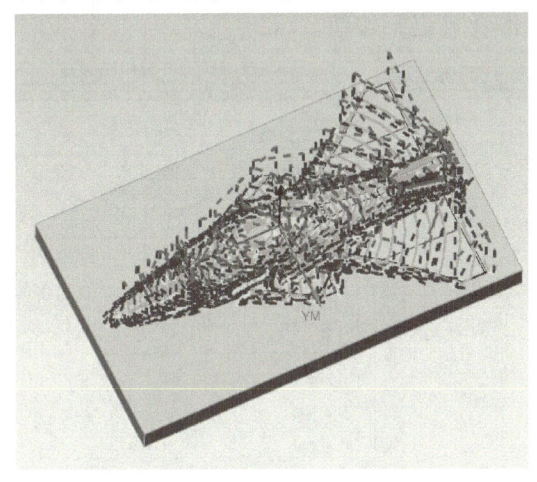

图 4-2-7 刀具轨迹 3

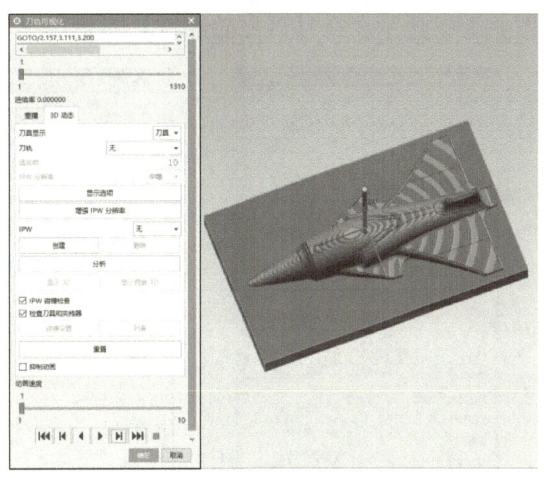

图 4-2-8 模拟仿真刀具轨迹 3

(4) 飞机模型底壁铣。

参考任务 3.1 中底壁铣的参数设置方法,创建底壁铣工序,选用"D4.0"立铣刀,在【刀轨设置】→【切削区域范围】中选择"底面",在【切削模式】中选择"往复",在【步距】中选择"恒定",在【最大距离】中输入"70",如图 4-2-9 所示。

在【切削参数】→【策略】→【切削方向】中选择"顺铣",在【剖切角】中选择"自动",在【精加工刀路】中勾选"添加精加工刀路",在【刀路数】中输入"1",在【精加工步距】中输入"0.2",如图 4-2-10 所示。在【余量】→【部件余量】中输入"0",在【公差】→【内公差】、【外公差】中均输入"0.005",如图 4-2-11 所示,在【进刀】→【封闭区域】→【进刀类型】中选择"与开放区域相同",在【开放区域】→【进刀类型】中选择"线性",在【长度】中输入"2.0",其余参数保持默认。在【进给率和速度】中勾选"主轴速度",在其后输入"6500",在【进给率】→【切削】中输入"800"。生成飞机模型底壁铣刀具轨迹,如图 4-2-12 所示。模拟仿真刀具轨迹,如图 4-2-13 所示。在【底壁铣】对话框中,单击【确定】按钮。

(5) 飞机模型整体精加工。

参考任务 4.1 中鼠标上曲面精加工区域轮廓铣的参数设置方法,创建区域轮廓铣工序,选择"D4R2"球头铣刀,在【驱动方法】→【方法】中选择"区域铣削",单击 按钮,进入【区域铣削驱动方法】对话框,在【驱动设置】→【非陡峭切削】→【非陡峭切削模式】中选择"往复",在【切削方向】中选择"顺铣",在【步距】中选择"恒定",在【最大距离】中输入"0.15",在【步距已应用】中选择"在部件上",其余参数选择默认。单击 按钮,打开【切削参数】对话框,在【余量】→【部件余量】中输入

"0.0",在【公差】→【内公差】、【外公差】中均输入"0.005",其余参数保持默认。单击 按钮,打开【非切削移动】对话框,在【进刀】→【开放区域】→【进刀类型】中选择"圆弧-相切逼近",在【半径】中输入"1.0",其余参数保持默认。单击 按钮,打开【进给率和速度】对话框,勾选"主轴速度",在其后输入"8000",在【进给率】→【切削】中输入"1500"。单击 按钮,生成飞机模型整体精加工刀具轨迹,如图4-2-14所示。单击 按钮,模拟仿真刀具轨迹,如图4-2-15所示。在【区域轮廓铣】对话框中,单击【确定】按钮。

图 4-2-9 【底壁铣】对话框

图 4-2-10 【切削参数】→【策略】

图 4-2-11 【切削参数】→【余量】

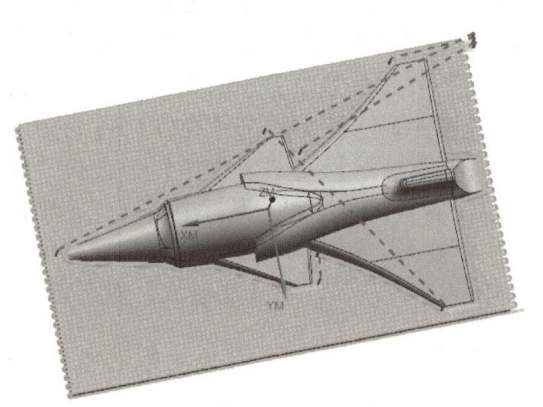

图 4-2-12 刀具轨迹 4

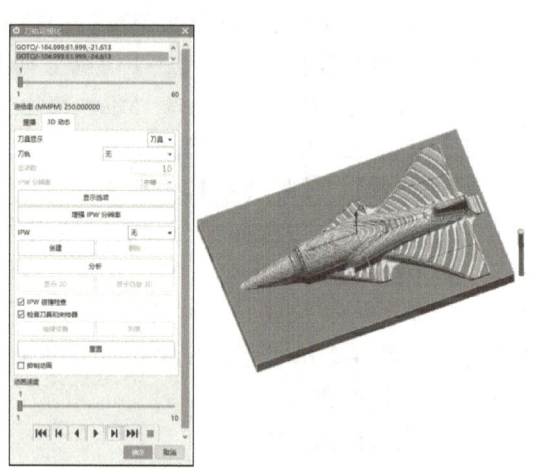

图 4-2-13 模拟仿真刀具轨迹 4

(6)飞机模型清根加工。

清根参考刀具,选择菜单中的【创建工序】命令,打开【创建工序】对话框,在【类型】中选择"mill contour",在【工序子类型】中选择 ![],在【位置】→【程序】中选择"精加工",在【刀具】中选择"MILL(D2R1)"球头铣刀,在【几何体】中选择"几何体",在【方法】中选择"METHOD",在【名称】文本框中输入"清根 D2R1",如图 4-2-16 所示,单击【确定】按钮。

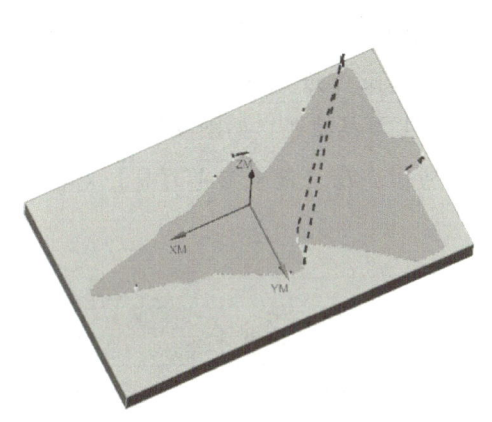

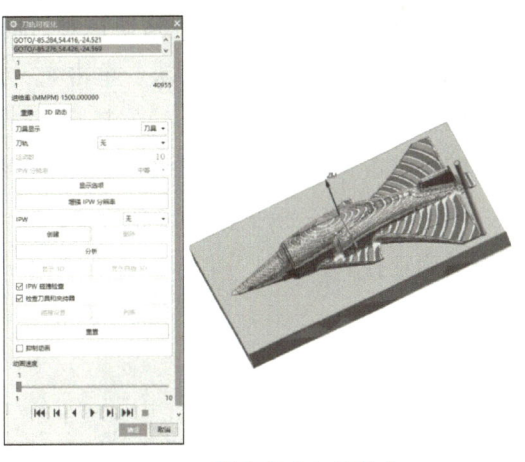

图 4-2-14　刀具轨迹 5　　　　　　　图 4-2-15　模拟仿真刀具轨迹 5

打开【清根参考刀具】对话框,【几何体】在上一步已选上,在【驱动方法】中选择"清根",【刀具】在上一步已选"MILL(D2R1)",在【刀轨设置】→【方法】中选择"METHOD",如图 4-2-17 所示。单击【驱动方法】→ 按钮,在【驱动几何体】→【最大凹度】中输入"179",在【最小切削长度】、【合并距离】中输入"50",在【驱动设置】→【清根类型】中选择"参考刀具偏置"。在【陡峭空间范围】→【陡峭壁角度】中输入"65"°,在【非陡峭切削】→【非陡峭切削模式】中选择"往复",在【步距】中输入"10",在【顺序】中选择"由外向内",【陡峭切削】设置参数一致。在【参考刀具】中选择"D4R2(铣刀-球头)",在【重叠距离】中输入"1",如图 4-2-18 所示,单击【确定】按钮。单击

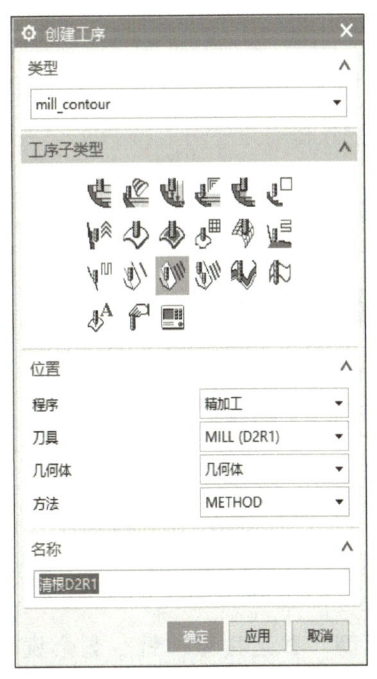
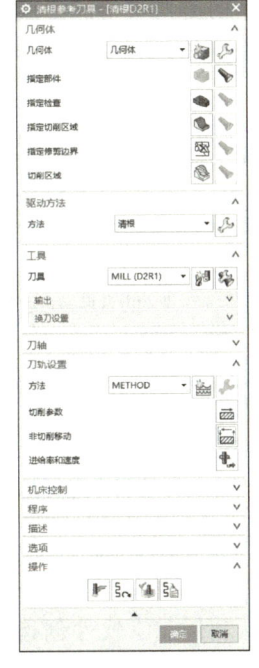

图 4-2-16　【创建工序】对话框　　图 4-2-17　【清根参考刀具】对话框　图 4-2-18　【清根驱动方法】对话框

（切削参数）按钮，打开【切削参数】对话框，在【余量】→【部件余量】中输入"0.0"，在【公差】→【内公差】、【外公差】中均输入"0.005"，其余参数保持默认。单击 （非切削移动）按钮，打开【非切削移动】对话框，在【进刀】→【开放区域】→【进刀类型】中选择"光顺"，其余参数保持默认。单击 （进给率和速度）按钮，打开【进给率和速度】对话框，勾选"主轴速度"，在其后输入"10000"，在【进给率】→【切削】中输入"1500"。单击 （生成）按钮，生成飞机模型清根加工刀具轨迹，如图 4-2-19 所示。单击 （确定）按钮，模拟仿真刀具轨迹，如图 4-2-20 所示。在【清根参考刀具】对话框中，单击【确定】按钮。

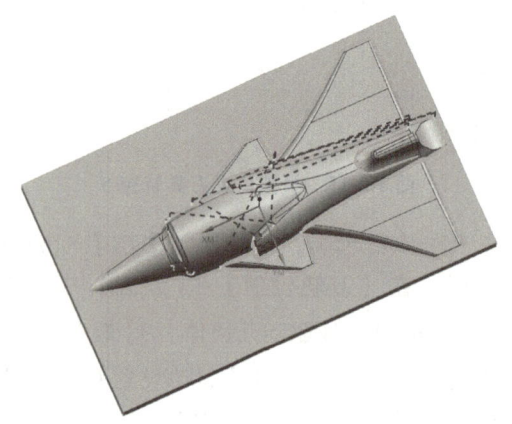

图 4-2-19　刀具轨迹 6

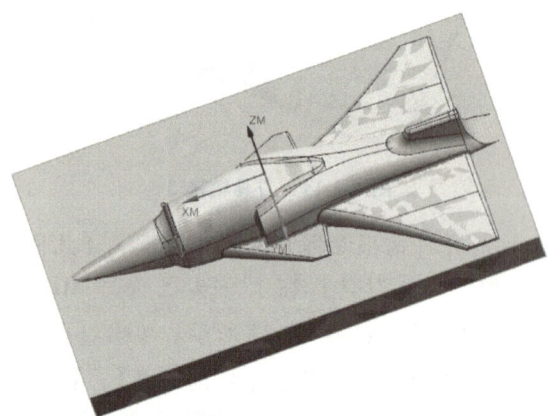

图 4-2-20　模拟仿真刀具轨迹 6

4.2.4　任务注释——清根参考刀具策略

清根参考刀具适用于小半径曲面的清角半精加工或精加工。

清根参考刀具 ：使用清根驱动方法，在指定参考刀具确定的切削区域中创建多刀路，如图 4-2-21 所示。

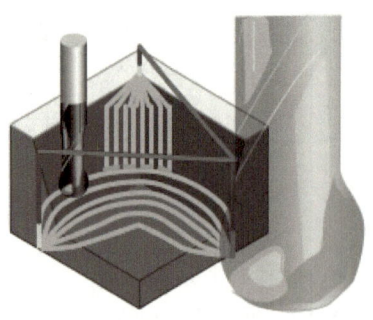

清根参考刀具
使用清根驱动方法在指定参考刀具确定的切削区域中创建多刀路。

指定部件几何体。根据需要选择面以指定切削区域。编辑驱动方法以指定切削模式和参考刀具。

建议用于移除由于之前刀具直径和拐角半径的原因而处理不到的拐角中的材料。

图 4-2-21　清根参考刀具策略

4.2.5　任务拓展

根据图 4-2-22 所示 2D 工程图，利用 UG 软件创建三维模型，并运用型腔铣、剩余铣、深度轮廓铣、底壁铣、区域轮廓铣和清根参考刀具策略生成该零件的数控加工刀具轨迹。

项目4 曲面类产品的加工

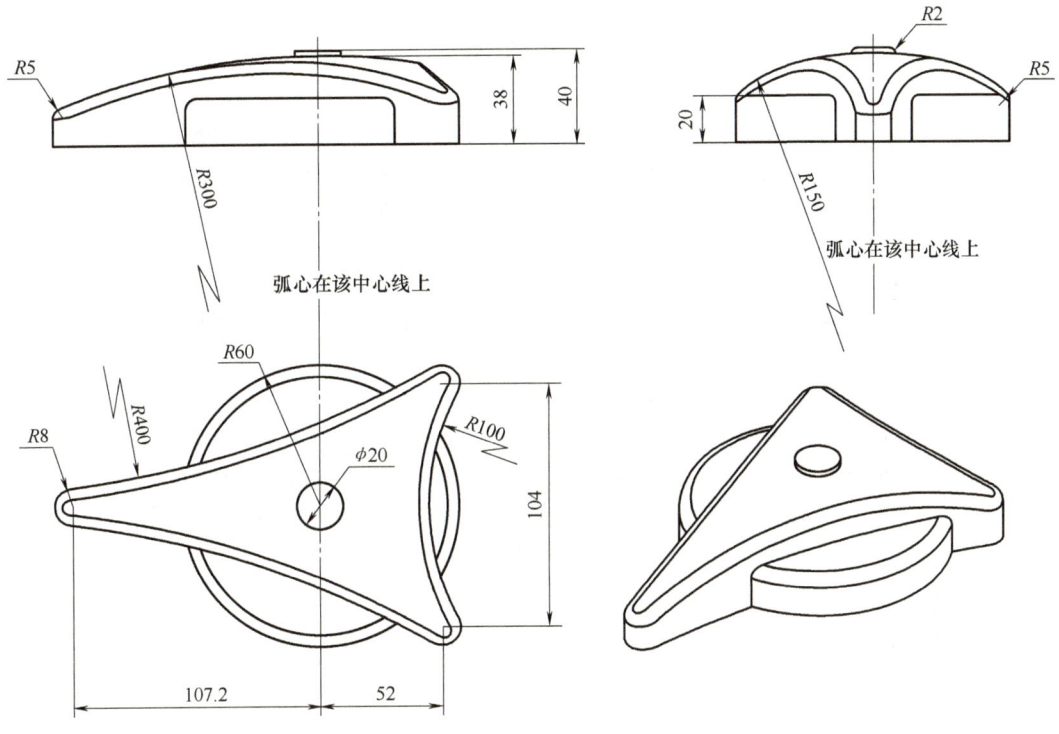

图 4-2-22 拓展练习

参 考 文 献

[1] 铭卓设计. UG NX 6产品造型设计实例详解[M]. 北京：清华大学出版社，2009.
[2] 付涛. UG NX 数控编程专家精讲[M]. 北京：中国铁道出版社，2010.
[3] 麓山科技. UG NX 7中文版曲面设计实例精讲[M]. 北京：机械工业出版社，2010.
[4] 李芬，何军. UG NX 项目式教程[M]. 武汉：华中科技大学出版社，2011.
[5] 刘宁. 中文版UG NX 8.0产品设计完全教程[M]. 北京：北京希望电子出版社，2012.
[6] 陈学翔. UG NX 6.0数控加工经典案例解析[M]. 北京：清华大学出版社，2009.
[7] 麓山文化. UG NX 9中文版机械与产品造型设计实例精讲[M]. 北京：机械工业出版社，2014.
[8] 徐岩. UG NX 产品设计实训教程[M]. 哈尔滨：哈尔滨工程大学出版社，2014.
[9] 蔡晋. UG NX 产品设计速查手册[M]. 北京：电子工业出版社，2014.
[10] 吴立军，勾东海，邓宇峰. UG NX 产品建模项目实践[M]. 杭州：浙江大学出版社，2015.
[11] 何镜奎，陈洪土，刘映群. UG NX 三维设计项目化教程[M]. 北京：中国铁道出版社，2018.
[12] 俞挺，黄浙剑. UG NX 产品造型设计项目教程[M]. 成都：西南交通大学出版社，2020.